北京市社会科学基金项目
“雄安新区资源环境承载力评价指标体系构建研究” 资助

雄安新区资源环境承载力评价指标体系构建研究

王 秦 著

北京交通大学出版社
·北京·

内容简介

本书通过对区域资源环境承载力的基础理论及国内外区域资源环境承载力评价典型案例的研究，基于对雄安新区资源禀赋和自然环境条件的深入调研，系统地分析了雄安新区资源环境与社会经济发展之间的耦合关系及作用机理，构建能够反映资源、环境、经济与社会系统之间协调发展程度的雄安新区资源环境承载力评价指标体系，对雄安新区资源环境承载力进行综合评价，揭示雄安新区资源环境承载力关键要素的变化及驱动机制。

本书适合环境经济与环境管理专业的教师和学生，以及科研人员阅读。

版权所有，侵权必究。

图书在版编目（CIP）数据

雄安新区资源环境承载力评价指标体系构建研究/王秦著．—北京：北京交通大学出版社，2021．4

ISBN 978-7-5121-4451-4

Ⅰ．①雄…　Ⅱ．①王…　Ⅲ．①区域生态环境-环境承载力-雄安新区　Ⅳ．①X321．223

中国版本图书馆 CIP 数据核字（2021）第 078815 号

雄安新区资源环境承载力评价指标体系构建研究

XIONG'AN XINQU ZIYUAN HUANJING CHENGZAILI PINGJIA ZHIBIAO TIXI GOUJIAN YANJIU

责任编辑：田秀青

出版发行：北京交通大学出版社　　电话：010-51686414　http：//www.bjtup.com.cn

地　　址：北京市海淀区高梁桥斜街 44 号　邮编：100044

印 刷 者：北京虎彩文化传播有限公司

经　　销：全国新华书店

开　　本：170 mm × 235 mm　　印张：17　　字数：353 千字

版 印 次：2021 年 4 月第 1 版　　2021 年 4 月第 1 次印刷

定　　价：69．00 元

本书如有质量问题，请向北京交通大学出版社质监组反映。

投诉电话：010-51686043，51686008；E-mail：press@ bjtu. edu. cn。

作者简介

王秦，男，1974年7月生，北京联合大学副教授，西安交通大学经济学硕士、北京交通大学管理学博士，从事环境经济分析与评价的理论研究及教学工作，具有系统扎实的理论功底和分析解决实际问题的能力。主持2项省部级课题，参与国家级、省部级和厅局级科研项目10多项，出版学术专著2部，以第一作者发表学术论文40多篇，其中，核心论文25篇，EI检索论文3篇，ISTP检索论文3篇。

前　言

设立雄安新区，是以习近平同志为核心的党中央深入推进京津冀协同发展作出的一项重大决策部署，是千年大计、国家大事。《河北雄安新区规划纲要》中明确指出："坚持以资源环境承载能力为刚性约束条件，……科学确定新区开发边界、人口规模、用地规模和开发强度。"《河北雄安新区总体规划（2018—2035 年）》更是提出基于资源环境承载能力统筹生产、生活、生态三大空间。

习近平总书记反复强调，要坚持人与自然和谐共生，坚持绿水青山就是金山银山，坚持良好的生态环境是最普惠的民生福祉。当前，生态环境是我国全面建成小康社会的突出短板，京津冀地区更是我国生态环境与社会经济发展矛盾大的地区，空气质量较差、水资源短缺、水污染严重。作为疏解北京非首都功能集中承载地，雄安新区要坚持"生态优先、绿色发展"的基本原则，着力建设绿色、森林、智慧、水城一体的新区，打造要素有序自由流动、主体功能约束有效、基本公共服务均等、资源环境可承载的区域协调发展示范区，为京津冀建设世界级城市群提供支撑。因此，雄安新区资源环境承载力评价的研究将有助于为雄安新区资源环境系统与社会经济系统的协调发展提供对策，走出一条资源节约、环境友好的绿色发展和可持续发展之路。

区域资源环境承载力评价研究的核心内容之一是构建区域资源环境承载力评价指标体系。科学、合理的区域资源环境承载力评价指标体系，既能涵盖区域资源环境系统与社会经济系统各个要素的相对情况，又能从时空维度上反映区域资源环境承载力的变化情况，为区域资源环境承载力的客观评价奠定基础。本书依托北京市社会科学基金项目"雄安新区资源环境承载力评价指标体系构建研究"（18LJB004），通过深入调研与系统分析雄安新区资源环境禀赋特征和社会经济发展的现状，基于"生态优先与绿色发展"的构建思路，以资源、环境、生态（绿色生态）与社会经济为一级指标，以土地资源、水资源、矿产资源、水环境、大气环境、地质环境、绿色治理、绿色生产、绿色生活、经济与社会为二级集成性指标，选取土地总面积、水资源总量、工业万元 GDP 废水排放量等 104 个三级基础性指标，在运用 SPSS 的相关性分析和主成分分析的基础上，优化选择了人均耕地面积、人均水资源量、蓝绿空间占比、农村居民人均可支配收入等 48 个三级指标，从定性地提出各项评价特征指标，到定量地识别主要影响因子，从而筛选评价指标，避免了指标选取仅仅依据影响因素的定性分析，缺乏定量依据而造成主观性较强的问题，最终设计出能够反映资源、环境、生态与社会经济系统之间协调发展程度的雄安新区资源环境承载力评价指标体系，旨在科学、客观地评价雄安新区的资源环境承载力，揭示雄安新区资源环境承载力关键要素的变化及驱动机制，提出具有可操作性的提升雄安新区资源环境承载力的对策与建议。

因此，本书对于丰富区域经济发展、可持续发展、系统工程、生态经济等相关理论的研究，以及雄安新区资源环境承载力评价的理论研究和实践探索，贯彻实施党的十九大报告提出的“高起点规划、高标准建设雄安新区”，真正落实《河北雄安新区规划纲要》提出的“雄安新区作为北京非首都功能疏解集中承载地、绿色生态宜居新城区与资源可承载的区域协调发展示范区”的目标和定位，最终实现雄安新区生态效益、经济效益与社会效益的协同最优化以及区域的可持续发展具有重要的学术价值和应用价值。

区域资源环境承载力评价指标体系构建的研究本身是一项复杂的工作，需要方方面面的研究和总结。受本人知识和研究水平的限制，书中肯定存在纰漏之处，敬请各位老师和专家批评指正，期望在今后的研究中不断完善和改进。

王秦

2021 年 3 月

目　　录

第1章
导　论

区域资源环境承载力评价是在确保生态弹性（可恢复）与可持续的前提下，对一定时期内区域资源环境系统承载社会经济发展需求的能力进行评估。通过评价区域资源环境承载力，可以综合衡量区域经济社会与资源环境系统间的协调性，定量地揭示区域社会经济发展存在的资源环境约束问题，为实施区域可持续发展战略提供操作性较强的调控对策。

1.1　选题背景

1.1.1　区域资源环境承载力研究的时代背景

近年来，作为描述发展限制的一个常用概念，资源环境承载力的研究受到了普遍关注。作为衡量人地关系协调发展的核心依据，区域资源环境承载力是评判区域可持续发展的主要指标，已经成为综合衡量区域资源、环境、生态与社会经济是否协调与可持续发展的重要方式。

1. 人口数量增长引发资源供需矛盾与生态环境问题

我国自然环境复杂多样，社会经济发展受地形条件、地质灾害、生态安全等因素的限制较大，加之人口数量增长导致我国资源供需矛盾与生态环境问题更加尖锐，资源环境系统对社会经济系统的强烈约束是客观存在的国情。

我国土地资源状况是“人多地少”，土地资源总量虽大，但人均土地面积较少、人均耕地面积更少，土地资源十分紧缺，人地矛盾凸显。2017年，全国的土地面积为144亿亩（960万km^2），其中，耕地面积占比9.90%，林地面积占比13.01%，草地面积占比33%，城市、工矿、交通用地面积占比8.33%，内陆水域面积占比2.99%，宜农宜林荒地面积占比13.4%，其他如流动沙丘、戈壁等无效土地面积占比19.37%，比例较大。我国的耕地面积居世界第4位，林地居第8位，草地居第3位，但人均占有量很低。截至2017年，我国人均耕地面积仅为1.499亩，远低于世界发达国家，仅为世界人均林地面积的1/3，全国666个县低于联合国粮农组织人均耕地面积0.8亩的警戒线；人均林地面积约为1.80亩，仅为世界人均林地面积的1/5；人均草地面积为5.17亩，不及世界人均草地面积的1/2。

据水利部2018年度的《中国水资源公报》显示：2018年，我国水资源总量为27 462.5亿m^3，其中，地表水资源量为26 323.2亿m^3，地下水资源量为8 246.5亿m^3，地下水与地表水资源不重复量为1 139.3亿m^3。我国水资源总量占全球水资源的6%，仅次于巴西、俄罗斯和加拿大，位居世界第4位，但人均水资源占有量仅为2 300 m^3，是世界人均水资源占有量的1/4，居世界第119位，属于全球13个贫水国之一。同时，国内水资源的时空分布不均匀，淮河流域及其以北区域的耕地面积占全国的63.5%，但水资源量仅占全国总量的19%，人均水资源占有量约为全国平均值的19%，单位面积耕地水资源占有量为全国平均值的15%；而南方长江流域、珠江流域、浙闽台诸河和西南诸河四片流域的耕地面积只占全国耕地面积的36.5%，但集中了全国水资源总量的81%，人均水资源占有量约为全国平均值的1.6倍，单位面积耕地水资源占有量为全国平均值的2.2倍，由此形成了北方耕地多、水量不足而南方水多、耕地少、水量有余的局面。我国水资源的年内、年际分配严重不均，大部分区域60%~80%的降水量集中在夏秋汛期，造成水旱灾害频繁。另外，我国用水浪费严重，水资源利用效率较低，农业用水利用率为40%~50%，灌溉用水有效利用系数为0.4；工业用水重复利用率低（仅为20%~40%），单位产品用水定额高，工业万元产值用水量为91 m^3，为发达国家的十倍以上。

据全国地质环境安全综合评价测算：我国地质环境极不安全区、不安全区合计占土地总面积的15.7%，属于地质灾害频发国家。据相关统计数据：2018年，国内发生各类地质灾害共2 966起，其中，特大型地质灾害21起，直接经济损失达2.6亿元；大型地质灾害36起，直接经济损失为2.3亿元；中型地质灾害259起，直接经济损失为5.8亿元；小型地质灾害 2 650 起，直接经济损失为 4.0 亿元。此外，生态脆弱性和敏感性日益凸显，2018 年，全国水土流失面积为 273.69 万 km^2，占土地面积的 28.5%，水土流失带来的经济损失相当于 GDP 的 2.20%，带来的生态环境损失难以估算。

2. 工业化与城镇化进程以过度消耗资源和牺牲生态环境为代价

长期以来，我国资源环境承载能力约束的客观性普遍被忽视，高速的经济增长和大规模的城镇化发展进程通常以过度消耗资源和牺牲生态环境为代价，经济发展与资源保障、环境容量、生态安全之间的矛盾日趋突出。

20 世纪 90 年代以来，我国进入了工业化与城市化的加速发展阶段。各地自然资源禀赋间的差异影响着区域经济发展的不平衡，而区域经济发展也给环境系统造成了不小的压力。当区域经济发展带来的环境压力超过区域环境系统的承载能力时，区域环境恶化就将进入一种不可逆转的状态。由于各区域普遍忽视自身的资源环境承载力与经济社会发展的客观需要，不断、快速地做大 GDP 与城市规模，造成区域发展的不可持续性问题愈演愈烈。在工业化与城镇化加速发展的进程中，一方面，大规模占用与开采土地，使得土地开发强度远超工业化国家同期的水平，工业园区和城镇形象工程的土地浪费情况严重，导致耕地与自然生态用地逐年减少，粮食安全和生态安全受到了严重威胁；另一方面，盲目做大，多数区域的发展规模和选址忽略了地质条件和灾害风险，带来了较大的安全隐患。部分地区虚高和冒进的工业化、城镇化进程导致区域产业的重复建设和城镇的无序蔓延，造成区域资源环境系统付出的代价过大，使得大多数自然条件相对优越、社会经济发展程度较高区域的人居环境没有提升反而不断恶化，区域发展综合竞争能力呈现下降趋势。而对于一些不具备发展条件的生态脆弱地区而言，资源的不断消耗、环境的日益破坏使得自然生态系统丧失了修复能力，造成这些地区不再拥有可持续发展的基本条件。

3. 区域资源环境承载力成为区域国土空间规划和发展决策的科学依据

近年来，以人口、资源、环境与发展为核心的人地关系综合研究成为可持续性科学研究的重要命题。作为人地关系相互作用研究的重要载体，区域资源环境承载力已经成为区域发展决策和国土空间规划的基本前提与科学依据。

《中华人民共和国国民经济和社会发展第十一个五年规划纲要》指出：

“根据资源环境承载能力、现有开发密度和发展潜力，统筹考虑未来我国人口分布、经济布局、国土利用和城镇化格局，将国土空间划分为优化开发、重点开发、限制开发和禁止开发四类主体功能区。”《中华人民共和国国民经济和社会发展第十二个五年规划纲要》提出：“优化开发人口密集、开发强度偏高、资源环境负荷过重的部分城市化地区，重点开发资源环境承载能力较强、集聚人口和经济条件较好的城市化地区。”国务院颁布的《全国主体功能区规划》提出“推进形成主体功能区，根据不同区域的资源环境承载能力、现有开发强度和发展潜力，统筹谋划人口分布、经济布局、国土利用和城镇化格局”，并强调“根据资源环境中的‘短板’因素确定可承载的人口规模、经济规模及适宜的产业机构”。

优化国土空间开发格局要以资源环境承载能力为基础。一是从国土作为经济社会活动载体的功能出发，运用空间经济学的理论分析区域经济社会发展的诉求，明确国土空间的开发需要，在分析资源环境适应性与限制性的基础上，优化国土空间开发布局；二是从国土作为经济社会活动所需基本物质原料（如淡水、能源、土地、矿产等）来源的功能出发，通过重要资源的配额控制或效率准入等差别化政策，实现资源优化与配置，促进形成与资源环境承载力相适应的国土空间开发格局；三是从国土作为支持生命系统的功能出发，大力加强国土综合整治，提升国土的整体功能。

4. 生态文明建设必须高度重视区域资源环境承载力

2012 年，党的十八大报告针对我国资源约束趋紧、环境污染严重、生态系统退化的严峻形势，提出“要按照人口资源环境相均衡、经济社会生态效益相统一的原则，控制开发强度，调整空间结构，促进生产空间集约高效、生活空间宜居适度、生态空间山清水秀，给自然留下更多修复空间，给农业留下更多良田，给子孙后代留下天蓝、地绿、水净的美好家园”。2013 年，党的十八届三中全会将“建立资源环境承载能力监测预警机制，对水土资源、环境容量和海洋资源超载区域实行限制性措施”作为新时期中央深化改革的重要任务之一。2016 年，《中华人民共和国国民经济和社会发展第十三个五规划纲要》提出：“根据资源环境承载力调节城市规模，实行绿色规划、设计、施工标准，实施生态廊道建设和生态系统修复工程，建设绿色城市。”国家发改委联合多部委发布《关于印发〈资源环境承载能力监测预警技术方法（试行）〉的通知》，要求开展以县级行政区为单元的资源环境承载能力试评价工作，科学评价、精准识别承载能力状况，分析超载成因，形成资源环境承载能力监测预警机制。2017 年，党的十九大报告将“坚持人与自然和谐共生”作为新时代坚持和发展中国特色社会主义基本战略的重要组成部分，必须树立和践行“绿水青山就是金山银山的理念”，形成节约资源和保护环境的空间格局、产业结构、生产方式与生活方式。

资源环境是生态文明的承载体，正确认识和评价区域资源环境承载力是生态文明建设的首要任务。作为国家的一项重大战略决策，生态文明建设是关系人民福祉、关乎民族未来的长远大计。面对资源约束趋紧、环境污染严重、生态系统退化的严峻形势，必须要树立尊重自然、顺应自然与保护自然的生态文明理念，将生态文明的建设放在突出地位，融入经济、政治、文化与社会建设的各个方面和全部过程，努力建设美丽中国。

1.1.2　雄安新区资源环境承载力研究的重要性

设立雄安新区，是以习近平同志为核心的党中央深入推进京津冀协同发展作出的一项重大决策部署，是千年大计、国家大事。党的十八大以来，习近平主席多次深入京津冀三地考察调研，研究决定和部署实施京津冀协同发展战略。习近平明确指示：要重点打造北京非首都功能疏解的集中承载地，在河北适合地段规划建设一座以新发展理念引领的现代新型城区。2016 年 5 月 27 日，中共中央政治局会议审议通过了《关于规划建设北京城市副中心和研究设立河北雄安新区的有关情况的汇报》。2017 年 2 月 23 日，习近平实地考察河北省安新县，主持召开了河北雄安新区规划建设工作座谈会。2017 年 4 月 1 日，中共中央、国务院印发通知，决定设立河北雄安新区。

党的十九大报告明确提出：“以疏解北京非首都功能为‘牛鼻子’推动京津冀协同发展，高起点规划、高标准建设雄安新区。”雄安新区的建设要充分考虑区域资源环境的承载状况，超过资源环境承载力，可能会实现疏解北京非首都功能的目的，但是无法建成生态空间山清水秀、生活空间宜居适度、生产空间集约高效的新区，也就不可能实现“建设绿色生态宜居新城区、协调发展示范区的目标和定位”，因此，开展雄安新区及周边区域资源环境承载力的战略评价，可以为编制雄安新区各项规划提供一定的参考和依据。

2018 年 4 月 21 日颁布的《河北雄安新区规划纲要》明确指出，“坚持以资源环境承载能力为刚性约束条件，以承接北京非首都功能疏解为重点，科学确定新区开发边界、人口规模、用地规模和开发强度，形成规模适度、空间有序、用地节约集约的城乡发展新格局”。2018 年 12 月获批的《雄安新区总体规划（2018—2035 年）》提出了“要坚持以资源环境承载能力为刚性约束条件，统筹生产、生活、生态三大空间，严守生态保护红线，严格保护永久基本农田，严控城镇规模和城镇开发边界，实现多规合一，将雄安新区蓝绿空间占比稳定在 70%，远景开发强度控制在 30%”。2019 年 1 月，《中共中央 国务院关于支持河北雄安新区全面深化改革和扩大开放的指导意见》提出了“建立资源环境承载能力监测预警长效机制，实施最严格的水资源管理制度，实行能源、水资源消费总量和强度‘双控’，开展地热等地质资源综合利用示范”；“依托国土空间基础信息平台，构建智能化资源环境监测网络系统和区域智慧资源环境监管体系，实行自然资源与环境统一监管”。因此，雄安新区资源环境承载力评价的研究将有助于为雄安新区资源环境系统与社会经济系统的协调发展提供对策，走出一条资源节约、环境友好的绿色发展和可持续发展之路。

1.2 国内外研究现状

20 世纪初期，资源环境承载力的概念已具雏形，最早可见于 1902 年 Pfaundler 的“物理观点之世界经济”与 1906 年的美国农业部年鉴。资源环境承载力不仅是区域可持续发展潜力的内生变量，而且是区域经济、社会发展规模和速度的刚性约束。国内外学者对于区域资源环境承载力的研究主要围绕资源环境承载力的基础理论研究、区域资源环境承载力评价指标体系的构建研究、区域资源环境承载力评价方法的选择研究与区域资源环境承载力评价的实证研究四个层面展开。

1.2.1 资源环境承载力的基础理论研究

国内外学者对资源环境承载力的研究经历了生态承载力→资源承载力→环境承载力→资源环境承载力的过程，基础理论研究主要围绕资源环境承载力的内涵与概念界定、构成要素与主要特征、理论依据和框架体系研究等方面展开。

1. 内涵与概念界定

承载力的研究可追溯到 Malthus 的人口论——重视环境因素对人口规

模的影响，之后地球能量承载力与美国畜牧承载力被相继估算。1921 年 Park 和 Burgess 将生态学领域的承载力概念界定为一定环境条件下某种个体生存的最高极限数量。1949 年 Vogt 以粮食为标准研究了土地资源承载力。1974 年 Bishop 指出，环境承载力表明一个区域能够承载人类活动的强烈程度；1978 年 Schneider 则强调，环境承载力是在不会遭到严重退化的前提下，自然环境系统对人口增长的容纳能力。20 世纪 80 年代初期，联合国教科文组织和粮农组织将资源承载力定义为基于一定地区内的自然资源与科学技术等条件，在一定时期内维持特定物质生活条件下所能持续供养的人口数量。1999 年首尔研究院将资源环境承载力定义为使自然资源环境系统持续发展的适度经济规模。2011 年 Byron 等提出运用生态系统质量平衡模型计算生态承载力。2016 年 Naimi 等认为水资源承载力是指在水环境没有严重退化的情况下，可用水资源能够承受的人类适当活动水平的能力。2018 年 Swiader 将环境承载力定义为人类压力的阈值水平，环境能够在不发生严重退化和不可逆转变化的情况下进行平衡与承受。

国内对资源环境承载力的研究由 1991 年福建省湄洲湾环境规划报告提出的“环境承载力”概念拉开帷幕，后期各位专家学者对资源环境承载力的内涵与概念进行了深入研究。1995 年刘殿生将资源与环境综合承载力界定为土地资源、水资源、生物资源、大气环境与水质环境 5 个单要素的环境承载力之和。2001 年毛汉英等提出：资源环境承载力指在一定时期和区域范围内，在确保资源合理开发利用与生态环境良性循环的条件下，资源环境能够承载的人口数量及其相应的经济和社会总量的能力。2003 年马爱锄提出：资源环境承载力指在一定时空范围和技术条件下，基于可持续发展的前提，资源与环境系统可以供养的一定生活水平下的人口数量。2005 年王旭东提出：资源环境承载力指在一定的时期和区域范围内，在维系区域资源结构符合可持续发展需要、区域环境功能符合稳态效应能力的条件下，区域资源环境系统能够承受人类各种社会经济活动的能力。2005 年刘辉等提出了资源环境承载力遵循最小因子限制定律。2009 年邱鹏提出：资源环境承载力指在维系良好生态环境的基础上，区域内资源禀赋和环境容量可以承载的人口与社会经济活动规模。2011 年蒋辉等指出：资源环境承载力是资源环境系统结构与功能的外在表征，可以用社会经济活动的规模与强度进行衡量。2013 年刘蕾认为，资源环境承载力指在某一时期内一定技术水平基础上，区域资源环境对经济发展与人类生存的支撑能力。2015 年叶文等指出：资源环境承载力是一定时期内一个地区（或国家）自然资源、地理地质、生态环境等综合条件所能承载的社会经济发展总体水平。

2016年封志明等提出：资源环境承载力指特定时空范围内资源环境基础的“最大负荷”或“有效载荷”。2017年王树清提出：资源环境承载力指在一定时期内，在确保资源合理开发利用和生态环境良性循环的条件下，区域资源环境能够承载的人口数量及相应的经济社会总量的能力。2018年牛方曲等认为，资源环境承载力的内涵包括地域系统、空间尺度、承载体、承载对象、承载模式、承载限值等多个要素。2019年岳文泽等认为，资源环境承载力的内涵可以解构为资源要素的承载、环境要素的容纳与生态要素的服务三个功能层次。

综上，国内外学者以人口数量、社会经济活动规模、人口数量及经济社会总量、经济发展及人类生存等为出口界定了资源环境承载力的概念。从不同学者对于资源环境承载力的概念与内涵的阐释来看，资源环境承载力着重研究探讨人类及其社会经济活动与资源环境协调发展的科学问题，可以被界定为：在一定社会经济发展水平下，基于维系良好生态环境与可持续发展的前提下，特定时空范围内资源环境系统可以承载的人口数量及社会经济发展规模。

2. 构成要素与主要特征研究

1977年Godshalk和Axler建议将土壤、坡向、植被、湿地、景观资源、自然的危险源、空气和水的质量、能源的利用效率作为影响承载力的因素。1994年Onishi运用铁路、道路、房屋、废弃物处置等指标衡量城市设施的承载力。2005年Kyushik Oh将资源环境承载力与环境生态类、城市设施类、公共意识类进行关联。2011年Byron等从大气环境、水环境、土地资源与经济增长相关性的视角分析了资源环境承载力的限制因素。

2003年马爱锄指出资源环境承载力包含承载物和承载对象两大基本要素。2005年齐亚彬指出资源环境承载力由承载体、承载对象和环境承载率三个要素构成。2005年陈南祥等提出，除自然因素外，管理、工程、技术、社会经济及宣传教育等都是影响水资源承载力的重要因素。2007年叶京京认为资源环境承载力的主要影响因素包括自然资源禀赋、经济社会发展水平和生态环境状况。2008年郭志伟提出了资源环境承载力的补偿效应原理，指出通过自然资源与其他资源要素的综合集成评价资源环境承载力。2010年刘玉娟等指出耕地资源、水资源与环境容量是影响资源环境承载力的关键因素。2011年陈修谦等提出，自然资源丰裕度、资源使用效率、环境治理能力与水平、生态环境破坏程度是影响资源环境承载力的四个主要因素。2011年张彦英认为资源环境的数量、质量与空间分布是资源环境承载力的决定性因素。2016年安海忠等指出，资源环境承载力处于动态变化之中，受自然条件、城镇化发展、人口规模、产业布局等多重因素的影响。2017年王红旗等认为，自然驱动力、生态结构和生态服务功能是影响资源环境承载力的主要因素。2017年马海龙指出：资源环境承载力由承载体和承载对象构成，承载体即资源环境系统（无机环境系统和资源系统），承载对象为社会经济系统及人类社会活动产生的附属（如污染物等）。从影响因素上分析，资源环境承载力受土地与水资源、水环境、地质条件等“先天性”因素的影响，同时城镇化进程、人口规模与密度、产业发展规划与布局等“后天性”因素也会制约资源环境承载力。

在资源环境承载力的基本特征研究上，1999年Khanna等提出承载力的基本特征为客观性、综合性与动态性。2003年马爱锄认为资源环境承载力具备客观存在性、相对有限性及有限可控性等基本特征。2004年Reed等指出环境承载力的基本特点为资源性、相对变异性与可调控性等。2007年樊杰提出资源环境承载力的基本特征为客观性和主观性、空间性和时间性、动态性和可调控性。2011年毕明指出资源环境承载力具有客观性与有限性、可变性与可控性两个方面的基本特征。2011年蒋辉等指出资源环境承载力的特点主要表现为确定性与变动性、层次性与综合性、区域性与时间性的统一。2014年张学良认为资源环境承载力的基本特征是动态稳定性、相对有限性、社会属性和区域空间性。2014年Dorini等认为资源环境承载力具有复合有机性、阈值性、时空性、跳跃性、脆弱性等主要特点。2016年封志明等提出资源环境承载力的突出特征是综合性与限制性。2017年王红旗指出资源环境承载力具备客观性、有限性、可变性、可控性和层次性的基本特征。2017年刘文政等认为资源环境承载力的基本特征表现在五个方面：①资源环境承载力是人类活动与自然环境不断相互作用的过程；②资源环境承载力通常指系统最大承载能力；③资源环境承载力的大小受到特定区域环境条件的制约；④资源环境承载力是资源环境系统结构特性的抽象表示；⑤人类活动的方向、强度及规模影响资源环境承载力的大小。

3. 理论依据和框架体系研究

资源环境承载力研究的理论依据主要包括可持续发展、区域发展与产业布局、资源稀缺与增长极限、系统工程、生态经济学等理论。可持续发展的基础理论（如人地系统及人口承载力等理论）和核心理论（如资源永续利用及外部性等理论）是资源环境承载力研究的指导思想和理论根基，以强调可持续发展为核心的资源环境承载力研究具体表现为资源的合理使用、环境的有效改善、生态的良性循环与人口的适度控制。

在资源环境承载力的框架体系研究上，2010 年 Graymore 提出了 SHCC（sustaining human carrying capacity），用于评价区域人口活动对生态系统的压力。2010 年顾晨洁提出了一个集成资源环境承载力评价、强度因子估算与情景分析等过程的资源环境承载力定量研究方法框架。2010 年 Murray 提出了综合系统分析、动态响应、风险水平、系统约束、对未来规划的适用性以及对区域边界划定考虑等的区域资源承载力模型。2011 年秦成等提出从“资源—环境—社会—经济”复合系统的视角进行资源环境承载力的研究。2012 年王帆提出涵盖可利用土地与水资源、经济发展水平、环境容量超载度等八大指标的资源与环境承载力综合模型。2014 年李悦等将资源环境承载力外延为资源环境支撑、保育、经济与消耗四个维度。2016 年安海忠提出以理论为基础、以方法和数据为支撑、以应用为导向，集理论、方法、数据、应用“四位一体”的资源环境承载力研究框架体系。2017 年刘文政等基于地理学的研究视角，指出区域性与综合性、人地关系协调是资源环境承载力研究的重要理论框架。

资源环境承载力的理论框架体系是资源环境承载力基础理论研究的重点，国内外学者从经济学、生态学、地理学、社会学等的视角进行了详尽研究。由于资源环境承载力是一个与生态—资源—环境—社会经济相关的复杂系统，因此，可以基于资源、环境、生态与经济社会四个要素进行资源环境承载力的内涵与外延研究，在明晰资源环境承载力的构成要素、基本特征等主要内容的前提下，探讨其承载机理（如承载体、承载对象、承载模式、承载限值等），构建资源环境承载力研究的理论框架体系。

1.2.2 区域资源环境承载力评价指标体系的构建研究

国内外学者从两条主线构建区域资源环境承载力评价指标体系：一是基于固定模型选取评价指标；二是遵循系统论，从多层面选取评价指标。

1. 基于固定模型选取评价指标

国内外一些学者以 PSR 模型作为指标体系的框架选取评价指标构建区域资源环境承载力评价指标体系，而 DSR、DPSIR、DPSIRM 等模型主要应用于区域水资源及生态环境承载力评价指标的选取。

1979年，加拿大学者David J. Rapport和Tony Friend提出了PSR（press-state-response，压力—状态—响应）模型：人类活动对环境施以压力（press），影响到环境质量和自然资源数量的变化状态（state），社会通过环境等相关政策以及自身意识与行为改变对这些变化做出响应（response）。1991年，经济合作与发展组织（OECD）将PSR模型应用于环境问题的研究。2001年Brown等通过对自然环境系统与社会经济活动之间协调发展的深入分析，设计了基于PSR模型的区域环境可持续发展指标体系。2002年周炳中等基于土地利用中的人地相互关系，运用PSR模型构建了南方丘陵山区土地可持续利用的评价指标体系。2006年Sen等基于PSR模型构建了城市规划环境评价指标体系。2013年吴书光等基于PSR模型选取了12个指标构建了土地可持续利用指标体系。2015年黄敬军等基于承载能力、承载状态与承载压力指标设计了城市规划区资源环境承载力评价指标体系。2016年皮庆等选择了与压力（P）、状态（S）与响应（R）相关的26个指标设计了武汉城市圈环境承载力评价指标体系。2017年王红旗运用PSR模型构建了中国重要生态功能区的资源环境承载力评价指标体系。2017年李丽红基于支撑（土地、水、空气、能量等资源）、约束（资源消耗、污染排放与治理）和压力指标（人口与经济）设计了城市资源环境承载力评价指标体系。PSR模型较好地阐述了环境压力与退化的因果关系，与可持续发展的环境目标相一致。

1996年联合国可持续发展委员会UNCSD提出了DSR（driving force-state-response，驱动力—状态—响应）模型：驱动力指标表示造成发展不可持续的人类活动和消费模式或经济系统的因素；状态指标表示可持续发展过程中系统的状态；响应指标表示人类为促进可持续发展进程采取的对策。2002年Ofoezie选择了与驱动力、状态和响应相关的21个指标构建了城市生态承载力评价指标体系。2009年Peters等基于PSR和DSR模型提出了“压力—状态—响应—潜力”的PSRP模型。2011年王学等运用DSR模型对山东省生态安全状态进行了评价与预测研究。2012年Singh等基于可持续发展指标对DSR模型进行了改进。2012年谈迎新基于DSR模型选择15项相关指标构建了淮河流域六安段生态安全评价指标体系。2015年郭巨海等在DSR模型基础上加入影响指标，构建了滩涂资源承载力评价指标体系。2016年张会恒等构建了以驱动力、状态与响应为准则层，以经济发展、环境友好、生态健康、社会和谐与管理科学为因素层的生态文明发展评价指标体系。基于DSR模型的评价指标体系可以更好地反映资源、环境与经济之间相互依存、制约的关系，解决了PSR模型缺乏经济指标的问题，其缺点是环境指标比重较大，容易造成区域可持续发展评价的片面性。

1997年欧洲共同体EEA整合了PSR模型和DSR模型的优点，建立了一个解决环境问题的DPSIR（driving force-press-state-impact-response，驱动力—压力—状态—影响—响应）模型："驱动力"指标是引发环境变化的潜在原因，如区域社会经济活动与产业发展趋势；"压力"指标指人类活动对自然环境的影响，主要表现为资源的消耗强度和废物排放强度；"状态"指标指环境在上述压力下所处的状况，主要表现为区域生态环境污染水平；"影响"指标指系统所处的状态对人类健康和社会经济结构的影响；"响应"指标表明人类在促进可持续发展的相关对策与政策，如提高资源利用效率、减少污染、增加投资等。2004年Wackernagel提出基于驱动力、压力、状态、影响和响应的23个单项指标的区域土地资源承载力评价指标体系。2012年Sutton等对DPSIR模型进行了扩展，建立了区域流域农业生态安全评价指标体系。2012年李玉照等在DPSIR模型的基础上引进社会经济活动因素，设计了金沙江流域生态安全的评价指标体系。2014年陈洋波等运用DPSIR模型设计了深圳市水资源承载能力评价指标体系。2017年于浩等基于DPSIR模型构建了福建省生态环境承载力评价指标体系。2019年任传堂等运用DPSIR模型构建了山东省生态文明评价指标体系。DPSIR模型强调了经济运行及其对环境影响之间的联系，主要应用于复杂资源环境系统的评价。

2009年杨俊考虑到人在环境管理中的关键作用，在DPSIR模型的基础上加入"管理类"指标，形成了DPSIRM（driving force-press-state-impact-response-management，驱动力—压力—状态—影响—响应—管理）模型。2012年杨俊等基于DPSIRM模型设计了大连市社区人居环境的评价指标体系。2014年张峰等基于人—地和谐发展的视角，运用DPSIRM模型建立了典型湖泊健康评价的水质—生态—社会经济综合评价指标体系。2017年郭倩等从驱动力、压力、状态、影响、响应与管理6个层面选取了17个相关指标构建了区域水资源承载力评价指标体系。2018年沈晓梅等构建了包括驱动力、压力、状态、影响、响应和管理6类指标的河长制综合评价指标体系。DPSIRM模型突出了自然环境、资源与人之间的耦合关系，主要用于评价区域人居环境安全、水资源承载力等。

PSR、DSR、DPSIR和DPSIRM四种模型各有其优劣势，构建评价指标体系的应用范围也各有侧重，具体分析与比较见表1-1。

表 1-1　基于 PSR、DSR、DPSIR 和 DPSIRM 模型设计区域资源环境承载力评价指标体系

模型名称	提出者	优势	不足	主要应用范围	典型应用
PSR 模型	1979 年 David 和 Tony	① 基于环境指标的构建而开发；② 较好地阐述了环境压力与退化的因果关系；③ 与可持续发展的环境目标相一致	① 缺乏经济指标；② 指标间存在部分重叠，压力与响应类指标有时可以互换；③ 仅限于空间状况差异较小的微观尺度区域评价	区域土地资源、水资源、环境承载力等评价指标体系	1991 年 OECD、2001 年 Brown 等、2006 年 Sen、2016 年皮庆等、2017 年李丽红
DSR 模型	1996 年 UNCSD	① 涵盖社会、经济与环境三个方面，解决了 PSR 模型缺乏经济指标的问题；② 逻辑性强，强调了环境的重要作用；③ 较好地反映了资源、环境与经济间相互依存及制约的关系	① 环境指标比重较大，易造成评价的片面性；② 指标归属存在一定的模糊性；③ 驱动力与状态指标间缺少逻辑关联	区域生态环境承载力评价指标体系	2002 年 Ofoezie、2009 年 Peters 等、2012 年谈迎新、2012 年 Singh 等、2015 年郭巨海等、2016 年张会恒等
DPSIR 模型	1997 年 EEA	① 整合 PSR、DSR 模型的优点；② 框架结构清晰，简明扼要；③ 强调经济运行对环境的影响，较好地阐述了环境与经济的因果关系	① 指标间属于简单线性因果关系，缺少整体协调；② 驱动力指标偏重非环境因素，缺少与生态系统的关联；③ 过于关注状态指标，忽略了状态变化与环境因素之间的相互关系	区域复杂环境系统、生态安全评价指标体系	2004 年 Wackernagel 等、2012 年 Sutton 等、2012 年李玉照等、2017 年于浩等、2019 年任传堂等
DPSIRM 模型	2009 年杨俊	① 突出人在环境管理中的关键作用；② 较好地解决了各个指标间的因果关系；③ 清楚地阐释了自然环境、资源与人之间的耦合关系	① 指标间缺少动态关联；② 管理类指标不易量化	区域人居环境安全、水资源承载力等评价指标体系	2012 年杨俊等、2014 年张峰等、2017 年郭倩等、2018 年沈晓梅等

2. 遵循系统论，从多层面选取评价指标

一是设计了涵盖土地、水、气候、能源等多因素的区域资源环境承载力评价指标体系。相关研究成果主要包括：针对澳大利亚的自然资源和环境污染，1973 年 Millington 等设计了一套基于大气、水、植被、生物多样性等十多个关键环境因子的区域承载力评价的计算方法。2003 年 Hubacek 等选取人均耕地面积、人均水资源使用量、人均可利用能源量等指标构建了城市环境承载力评价指标体系。2007 年叶京京基于土地、水、矿产等资源类指标和水、大气等环境类指标构建了西部地区资源环境承载力评价指标体系。2011 年董文等从土地、水文、大气、能源和生态五类要素中选取土地资源开发难度、水资源质量、大气环境容量、能源开发难度与生态敏感性等 16 项指标，设计了省级主体功能区资源环境承载力评价指标体系。2013 年 Nadia 等从土地、水、气候、能源、地质条件等因素中选取了 25 个指标分析了城市环境承载力。2013 年刘丽群从土地资源（城市人均建设用地面积、地均 GDP 等指标）、水资源（水资源总量、人口数量等指标）、水环境（水资源利用率、工业废水达标率等）和地质环境（区域工程地质稳定性、浅层地下水开采模数等指标）四个方面设计了山东半岛蓝色经济区资源环境承载力评价指标体系。2014 年程鹏等选取人均耕地面积、工业固废排放量、矿井水重复利用率与土地流失总治理度等 15 项指标，构建了西山矿区环境承载力评价指标体系。

二是构建了包含综合水资源、人类基础设施、社会经济、财政、生活质量等多项指标的区域资源环境承载力评价指标体系。相关研究成果主要包括：1996 年 Florida 社区事务厅与 URS 公司构建了涵盖社会经济、基础设施、水资源、生活质量等多项指标的区域资源环境承载力评价指标体系。2005 年 Esty 等选择人均水资源量、人口密度、人均消费支出、恩格尔系数、人均绿地面积等多个指标设计了区域环境承载力评价指标体系。2010 年李岩选择反映资源与环境综合承载力的土地面积、人口密度、地区生产总值、单位 GDP 能耗等 10 项指标构建了广东省资源与环境综合承载力评价指标体系。2011 年毕明从资源环境承载力、人口与社会经济发展压力两个层面选取 22 项指标构建了京津冀城市群资源环境承载力评价指标体系。2011 年高红丽从土地与水资源、科教、环境和交通等因素中选取 25 项指标设计了成渝城市群资源环境承载力评价指标体系。2015 年经卓玮选取人均耕地面积、人均水资源量、人均 GDP 等 30 项指标构建了安徽省资源环境承载力评价指标体系。2016 年 Dorini 等构建了涵盖财政、经济、社会等多个指标的城市环境承载力评价指标体系。2019年Sharomi等提出了涵盖物质资本、环境质量、人口等各项指标的环境承载力动态评价模型。

三是从资源、环境和社会经济三个层面设计了区域资源环境承载力评价指标体系。相关研究成果主要包括：2000年Saveriades从资源承载力、环境承载力与社会经济三个方面设计资源环境承载力评价指标体系。2001年王书华等从水土资源系统、生态环境系统与社会经济系统中选取土地利用率、植被覆盖率、GDP年增长率等30项指标构建了东部沿海地区土地综合承载力评价指标体系。2010年Graymore等从资源、环境与社会经济三个层面选择18项指标提出了可持续发展的承载力评价指标体系。2014年柴国平等基于资源承载力（可利用土地与水资源集成指标）、环境脆弱度（环境容量超载度与生态环境敏感性等集成指标）、社会经济发达度（经济发展水平与交通优势度等集成指标）建立了资源与环境承载力评价指标体系。2015年王奎峰构建了以资源与环境承载力为目标层，土地资源、水资源、矿产资源、旅游资源、地质环境、生态环境、海洋环境7个单因素承载力为一级准则层指标，耕地承载力、水资源负载指数等19个二级准则层集成性指标以及若干个基础指标为一体的综合性指标体系框架。2016年茶增芬等从资源、环境与社会经济三个层面选取人均耕地、污水处理率、人口密度等14项指标构建了罗平县资源环境承载力评价指标体系。2017年冯欢等从社会经济子系统、资源子系统和环境子系统三个维度构建了重庆市县域资源环境承载力评价体系。2017年焦露等从自然资源、环境和社会经济三个方面选取人均水资源占有量、工业固废排放强度、人均GDP、万元GDP能耗等21项指标设计了滇中新区资源环境承载力评价指标体系。2018年Swiader设计了涵盖资源、环境与社会经济32项指标的欧洲城市环境承载力评价指标体系。

四是基于经济、社会和生态环保三个系统建立区域资源环境承载力评价指标体系。相关研究成果主要包括：2004年Monte等设计了涵盖土地资源、水资源、交通与环境要素承载力相关指标的区域资源环境承载力评价指标体系。2012年Leidel等从经济、社会与生态三个维度选择23个指标设计了城市生态承载力评价指标体系。2013年陈万象基于经济发展、社会进步、环境保护三个层面构建了汶川地震灾区资源环境承载力评价指标体系。2014年卢必慧基于临安市自然资源与社会经济发展现状，从生态环境承载、社会承载、经济承载三个方面构建了土地资源承载力评价指标体系。2015年俞媛年从社会、生态环保与经济三个系统中选取13个指标构建了兰州新区土地综合承载力评价指标体系。2015年Widodo等基于经济、社会与生态环境选择人均 GDP、人口密度、绿化覆盖率、生活垃圾无公害处理率等多个指标构建了印尼日惹地区生态环境承载力评价指标体系。2016 年刘启君等选取经济、社会和生态环境三个层面的人均 GDP、城市化水平、工业废水排放达标率等 19 项指标建立了武汉市资源环境承载力评价指标体系。2016 年王敏从自然、经济与社会环境承载力三个方面构建了资源与环境承载力评价指标体系。

五是基于自然与社会资源、自然与社会环境四个维度设计区域资源环境承载力评价指标体系。相关研究成果主要包括：2005 年王友贞等从水资源、社会、经济、生态环境四个子系统相互依存与作用的关系入手，建立了区域水资源承载力评价指标体系。2009 年 Coleman 从资源系统、环境系统、社会经济系统和调节系统四个层面设计了区域地质环境承载力评价指标体系。2010 年樊杰等设计了包含自然地理、地质、生态环境与社会经济发展基础 12 项指标的灾后重建区资源环境承载力评价指标体系。2010 年 Lane 选择人均耕地面积、人均 GDP、人均固定资产投资额、生活垃圾无害化处理率、城市化水平等指标构建了区域资源环境承载力评价指标体系。2013 年王红旗等基于生态支撑、资源供给、社会经济与调节四个系统选取相对湿度、人均水资源量、城镇化率、三产占 GDP 比重等 20 项指标设计了资源环境承载力指标体系。2014 年张栩等从地形、资源、环境、社会经济条件四个维度选取人均建设用地、水质达标率、人口密度等 13 项指标设计了陇川县资源环境承载力评价指标体系。2016 年付云鹏从自然与社会资源、自然与社会环境四个维度选取人均供水量、人均地区生产总值、城市污水日处理能力、城市化率等 28 项指标构建了区域资源环境承载力评价指标体系。2019 年曾浩等基于经济系统、社会系统、资源系统和环境系统四个维度，选取人均 GDP、人口密度、人均耕地面积、人均绿地面积等 31 个指标设计了长江经济带城市资源环境承载力评价指标体系。

上述研究成果是遵循系统论，从多层面选取评价指标设计区域资源环境承载力评价指标体系，见表 1-2。

区域资源环境承载力评价研究的核心内容之一就是构建区域资源环境承载力评价指标体系。综述国内外关于区域资源环境承载力评价指标体系构建的相关研究成果，主要是基于科学性、系统性、动态性、可量化及体现人地关系协调性因素等原则，按照目标层—准则层—要素层—指标层的结构，以区域资源环境承载力为目标层，基于区域资源系统、环境系统和社会经济系统等准则层选取若干相关指标设计区域资源环境承载力评价指标体系。

表 1-2 基于多层面选取评价指标设计区域资源环境承载力评价指标体系

层面	目标层	准则层	要素层	指标层	典型应用
① 涵盖土地、水、气候、能源等多个因素	区域资源环境承载力		土地	人均耕地面积、土地质量分布、土地利用率等	1973 年 Millington 等、2003 年 Hubacek 等、2007 年叶京京、2011 年董文等、2013 年 Nadia 等、2014 年程鹏等
			水文	人均水资源量、单位有效灌溉面积、水资源利用率等	
			大气	大气环境容量、工业固废排放量等	
			能源	可开发能源量、人均可利用能源量等	
			生态	物种丰富度指数、土壤渗透性、自然灾害危害性等	
② 包含综合水资源、人类基础设施、社会经济、财政、生活质量等多项指标				综合水资源类主要指标：可利用水资源量、人均水资源量、工业废水排放量等 人类基础设施类主要指标：人均道路面积、生活污水处理率、人均公共绿地面积等 社会经济类主要指标：GDP 年增长率、人均 GDP、城镇化率等 财政类主要指标：财政收入规模、财政收入增速、财政收支平衡性等 生活质量类主要指标：城镇居民人均可支配收入、城镇居民人均消费支出、恩格尔系数、环境保护投资指数等	1996 年 Florida 社区事务厅与 URS 公司、2005 年 Esty 等、2010 年李岩、2011 年毕明、2011 年高红丽、2015 年经卓玮、2016 年 Dorini 等、2019 年 Sharomi 等
③ 基于资源、环境和社会经济三个层面		资源	土地资源	人均耕地、人均建设用地、人均林地等	2000 年 Saveriade、2001 年王书华等、2010 年 Graymore 等、2014 年柴国平等、2015 年王奎峰等、2016 年茶增芬等、2017 年焦露等、2018 年 Swiader
			水资源	人均水资源占有量、人均年用水量等	
		环境	水环境	氨氮排放强度、化学需氧排放强度、污水处理率等	
			大气环境	氮氧化物排放强度、AQI 优良天数等	
			生态环境	森林覆盖率、建成区绿化覆盖率等	

续表

层面	目标层	准则层	要素层	指标层	典型应用
	区域资源环境承载力	社会经济	经济发展水平	人均 GDP、人均固定资产投资额等	
			人口集聚度	人口密度、人口流动强度等	
			交通优势度	区位优势度、路网密度等	
④基于经济、社会和生态环保三个系统		经济		GDP、人均 GDP、人均固定资产投资额、路网密度等	2004 年 Monte 等、2012 年 Leidel 等、2013 年陈万象、2015 年俞媛年、2015 年 Widodo 等、2016 年刘启君等
		社会		城镇化水平、人均可支配收入、农民平均受教育程度、恩格尔系数等	
		生态环保		绿化覆盖率、人均公共绿地面积、工业废水排放达标率、空气质量优良率等	
⑤基于自然与社会资源、自然与社会环境四个维度		自然资源		人均耕地面积、人均水资源量、人均供电量、森林覆盖率等	2009 年 Coleman、2010 年樊杰等、2010 年 Lane、2013 年王红旗等、2014 年张翊等、2016 年付云鹏、2019 年曾浩等
		社会资源		GDP 年增长率、人均 GDP、人均固定资产投资额、人均建设用地面积等	
		自然环境		水质达标率、城市污水日处理能力、工业固废综合利用率、生活垃圾无害化处理率等	
		社会环境		人口密度、人均绿地面积、人均城市道路面积、城市登记失业率等	

1.2.3 区域资源环境承载力评价方法的选择研究

通过综述国内外区域资源环境承载力评价方法选择的研究成果，系统动力学法、生态足迹法、模糊综合评价法、能值分析法、主成分分析法、状态空间法等方法被广泛运用在区域资源环境承载力评价之中，见表 1-3。

表 1-3　区域资源环境承载力评价方法的选择

评价方法	评价方法的优劣势	典型应用
系统动力学法	① 从系统协调发展的视角进行承载力的动态评价；② 较好地反映了人口、资源环境与发展的驱动关系；③ 主要应用于土地承载力、环境承载力和生态承载力的评价；④ 参变量难以把握与地域限制性较强，容易导致系统动力学模型设计不合理的问题	1984 年 Meadows 等、1990 年 Schneider 等、1992 年张志良等、1999 年方创琳等、2012 年黄蕊等、2016 年吕道夫
生态足迹法	① 评价过程中综合考虑了生物物理因素；② 使用简单、可操作性强；③ 生态足迹指标的可参考性强，但过于单一；④ 没有综合考虑技术、管理等因素的影响，难以实现动态预测	1992 年 Rees、1998 年 Bicknell 等、2007 年金书勤等、2013 年刘澄等、2017 年赵晨艳等
聚类分析法	① 直观，结果简单易懂；② 通过样本的聚类，有利于进行区域资源环境承载力的空间差异分析；③ 不适用于样本量较多的承载力评价问题	1993 年 Garey、2010 年赵荣钦等、2013 年陈海波等、2015 年李影、2018 年王锦等
模糊综合评价法	① 评价结果清晰、逻辑性强；② 量化评价较科学，适用于解决模糊、难以量化的问题；③ 计算复杂，指标权重确定的主观性较强	1993 年许有鹏、2004 年闵庆文等、2014 年马蕾、2016 年矫立军
情景分析法	① 直观的定性预测方法；② 适用于区域资源环境未来变化不明显的情况；③ 数据随机性较强、有效性不足，容易造成评价结果的不准确	1994 年 Pankovet 等、2010 年汪嘉杨等、2018 年赵新宇等
能值分析法	① 采用一致的能值标准，便于量化与比较分析；② 适用于生态—经济系统的可持续分析与评价；③ 方法过于简化，评价结果不够客观	1997 年 Brown 等、2012 年李睿倩、2017 年胡晓芬等
主成分分析法	① 运用降维技术，简化了指标分析；② 基于主成分函数的计算评价具有较强的科学性；③ 数据随机性较强，评价结果可能不够准确	1999 年傅湘等、2010 年郇彬、2015 年王春杰、2016 年荼增芬等

续表

评价方法	评价方法的优劣势	典型应用
状态空间法	① 基于承载状态点进行区域承载状况研究，适用于区域资源环境系统较复杂的情况； ② 便于计算机处理，可以全面地反映评价变量之间的逻辑关系； ③ 数学模型设计要求较高； ④ 难以定量计算，对于人类活动的影响程度重视不够	2001 年毛汉英等、2004 年 Deal 等、2010 年龙志和等、2015 年叶文等、2015 年郭轲等、2018 年徐扬等
集对分析法	① 信息描述全面、直观，计算简便； ② 较好地反映复杂系统的不确定性，广泛用于生态承载力评价； ③ 联系度的差异系数和相反系数过粗，无法满足多级评价的问题	2004 年 Owen 等、2012 年唐凯等、2013 年王红旗等、2019 年杨兰等
GIS 空间分析法	① 以地理空间为对象，图形直观； ② 可以进行空间相关性分析，能够揭示隐藏在空间数据的重要信息或一般规律； ③ 适用于资源环境状况的动态评价与预测； ④ 数据质量无法保证，数据精度不足	2008 年 Barrett、2009 年张燕等、2009 年彭立、2013 年王雪军等、2014 年卢小兰、2017 年欧弢、2018 年赵桔青等

1. 系统动力学法

20 世纪 50 年代后期，Forrester 基于系统动力模型提出了系统动力学法，其解决问题的过程是寻求较优的系统功能，在土地承载力、资源承载力、环境承载力和生态承载力评价方面得到了广泛应用。1984 年 Meadows 等应用系统动力学法设计 ECCO 模型对土地承载能力进行了研究。1990 年 Schneider 等利用系统动力学模型研究了区域承载力和承载状况的变化。1992 年张志良等基于系统动力学法评价了新疆、青海、甘肃、陕西等省区的土地承载力。1999 年方创琳等运用系统动力学法研究了柴达木盆地的水资源承载力。2012 年黄蕊等基于系统动力学的原理与方法，建立了咸阳市水资源承载力的系统动力模型。2016 年吕道夫结合区域资源、环境、经济、社会等方面的数据，构建了鄂尔多斯市资源环境承载力的系统动力学模型。系统动力模型的驱动关系明晰，能够有效反映人口、资源、环境与发展的关系，从整体协调的角度对区域资源环境承载力进行动态计算。然而，由于参变量不好掌握及受地域性限制等，系统动力模型可能会导致不合理的结论。

2. 生态足迹法

生态足迹法是国内外学者评价区域资源环境承载力最常用的方法之一。1992 年 Rees 提出了生态足迹法。1996 年 Rees 和 Wackernagel 引入了"产量因子"和"当量因子"，综合利用不同类型的土地形成了生态足迹的基本模型，生态足迹通常是指为特定人口数量提供持续支持所需要的具有生产力的地域空间总量。生态足迹法考虑了区域内所有生物物理方面的影响，其被提出至今，许多学者对其进行了改进和创新，如 1998 年 Bicknell 等增加了投入产出的分析；2007 年金书勤等基于 1981—2001 年中国社会的消费数据，在生态足迹的基础上引入"用"的概念反映生态系统的超载现象；2013 年刘澄等采用生态足迹法分别核算了 2007—2011 年京津冀区域的生态足迹与生态承载力；2017 年赵晨艳等采用生态足迹的计算方法，对长治县资源环境承载力进行了分析评价。生态足迹分析法需要的资料相对容易获取，具有较强的可操作性和可重复性。该方法的不足之处在于：一是指标表征单一、简化，过于强调人类发展对环境系统的影响及其可持续性，而没有考虑人类对现有消费模式的满意程度；二是难以反映人类活动方式、管理水平和技术进步等因素的影响；三是基于静态数据的分析方法，难以进行动态模拟与预测。

3. 聚类分析法

聚类分析法是定量研究地理事物分类与分区问题的主要方法，通过确定样本之间的亲疏关系对样本进行聚类。聚类分析法主要包括系统聚类法、动态聚类法和模糊聚类法等。1993 年 Garey 首次将聚类分析法应用于生态功能区划。2010 年赵荣钦等借助 SPSS 软件，对江苏省沿海地区 3 个地市 20 个行政单元的土地利用分区进行了系统聚类分析。2013 年陈海波等运用层次分析法和聚类分析法对江苏省 13 个市区的城市资源环境承载力进行了空间差异比较研究。2015 年李影采用多指标面板数据的聚类分析方法分析了我国 29 个省市的环境承载力，并进行了重新的区域划分。2018 年王锦等通过模糊聚类分析对天津市 2000—2014 年生态环境承载力水平及变化趋势进行了深入研究。

4. 模糊综合评价法

作为资源环境承载力评价的常用方法之一，模糊综合评价法依据模糊数学的隶属度理论将定性评价转化为定量评价，即用模糊数学对受到多种因素制约的事物或对象做出一个总体评价，其具有结果清晰、系统性强的特点，能够较好地解决模糊的、难以量化的问题。1993 年许有鹏基于模糊综合评价法对新疆和田河流域水资源承载能力进行了评价。2004 年闵庆文等应用模糊综合评价法评价了山西省河津市水资源承载力。2005 年黄兴国等运用模糊综合评价法分析了咸阳市区地下、地表水环境的时空变化。2006 年秦奋等基于模糊综合评价法评价了河南省水资源承载力状况。2014 年马蔷基于模糊综合评价法对黑龙江省水资源承载力进行了研究。2015 年蒋春林等通过建立模糊综合评判模型，选取水资源、社会经济、生态环境三个系统 12 个评价指标，对辽宁省 14 个行政分区进行了水资源承载能力评价。2016 年矫立军基于模糊综合评价法评价了京津冀大气环境承载力，找出了阻碍区域经济发展的因素。

5. 情景分析法

情景分析法又称脚本法或前景描述法，是在假定某种现象或趋势将持续到未来的前提下，对预测对象可能出现的情况或引起的后果作出预测的方法，是一种直观的定性预测方法。1994 年 Pankovet 等模拟了四种情景，对美国西部小镇的土地承载力进行了分析。1999 年徐中民结合黑河流域的具体情况，基于情景分析法提出了一种新的水资源承载力分析框架。2005 年朱一中等基于水—生态环境—社会经济耦合系统的原理建立了水资源承载力的动态整合模型——投入产出多目标情景决策分析模型。2008 年赵亚峰等运用多目标情景分析方法，对银川市水资源在 50%、75%和 95%三种保证率条件下分别达到富裕与小康标准的水资源承载力进行了计算分析。2010 年汪嘉杨等构建了衡量东湖流域水资源承载力变化特征的多目标指数模型，对 2002—2008 年东湖流域水资源承载力进行了评价与分析。2018 年赵新宇等选取水资源利用比例、灌溉面积比例等 12 个指标，对各种情景下的九江市山塘水资源承载能力进行了评价。

6. 能值分析法

能值分析法可以对资源环境的可持续发展进行评价，是目前国内外较为普遍运用的承载力评价方法。20 世纪 80 年代初，Odum 创立了能值理论，用来定量分析资源环境与经济活动的真实价值以及两者之间的关系。能值是指“某种流动或储存的能量所包含的另一种类别能量的数量”和“产品或劳务形成过程中直接或间接投入应用的一种有效能总量”。1997 年 Brown 等将能值理论运用于资源环境承载力分析中，开发出承载能力评价指标——ESI（energy sustainable index，能值可持续指标）。能值分析法主要应用于某一区域资源环境承载力及可持续发展的评价。1998 年 Campbell 基于能值分析法对美国缅因州人口承载力进行了研究。1998 年严茂超等运用能值分析法评价了西藏生态经济系统承载力。2003 年陆宏芳等运用能值分析法进行了珠江三角洲生态系统分析。2010 年胡晓东等利用能值分析法对中国西部地区农业生态系统的能值投入产出、环境承载与生态系统运行情况进行了定量分析。2012 年李睿倩通过构建能值指标体系对海阳港区自然生态环境系统与经济可持续性发展进行了评价分析。2017 年胡晓芬等基于能值分析法计算了 1980—2008 年定西市、甘南藏族自治州与临夏回族自治州的环境承载状况。

7. 主成分分析法

主成分分析法是衡量多变量间相关性的一种统计方法，旨在运用降维的思想，把多个指标转化为少数几个综合指标（即主成分），每个主成分都能够反映原始变量的大部分信息，且所含信息互不重复。1999 年傅湘等运用主成分分析法综合评价区域水资源承载力。2008 年麻荣永等运用主成分分析法分析提炼影响广西水资源可持续利用的 26 个评价指标，综合评价广西水资源的可持续利用情况。2010 年邬彬基于主成分分析方法对深圳市资源环境承载力进行了综合评价。2013 年刘锐等运用主成分分析法评价了武汉市 2003—2010 年水资源承载力的变化情况，分析出影响武汉市水资源的两个主成分，即社会经济发展、水资源利用与人口情况。2015 年王春杰利用主成分分析法定量分析了影响辽河干流水资源承载力变化情况的主要驱动因素。2016 年茶增芬等基于全局主成分分析方法对 2005—2014 年罗平县资源环境承载力进行了动态评价。

8. 状态空间法

状态空间法采用欧氏几何空间定量描述系统状态，由表示系统各个要素状态向量的三维状态空间轴组成（通常为人口轴、社会经济轴和资源环境轴），通过构造承载能力曲面，利用其中的承载状态点研究一定尺度内区域的不同承载状况。2001 年毛汉英等指出状态空间的矢量模数能够表示区域承载能力 RCC（regional carrying capacity）的大小。2004 年 Deal 等运用状态空间法分析了区域环境承载情况。2010 年龙志和等运用状态空间法，选择压力、承压和潜力三类指标分析了 2002—2007 年广州市承载力的变动情况。2015 年叶文等运用状态空间法定量分析了秦巴山水源涵养区的资源环境承载力。2015年郭轲等基于状态空间模型科学地测量了京津冀地区的资源环境承载力，并结合时间序列Tobit模型分析了影响京津冀地区资源环境承载力的驱动因素。2018年徐扬等基于状态空间法建立了旅游环境承载力评价系统测算模型，定量分析了2016年山东半岛蓝色经济区5个地市的旅游环境承载力。

9. 集对分析法

集对分析法是1989年赵克勤提出的一种新的系统分析方法。集对分析的核心思想是将确定与不确定视为一个确定不确定系统，确定性和不确定性相互联系、影响与制约，并在一定条件下相互转化，用联系度统一描述模糊、随机、中介和信息不完全所导致的各种不确定性，从而将对不确定性的辩证认识转换成具体的数学运算。由于反映了复杂系统的不确定性，集对分析法被广泛用于生态学评价。2004年Owen等运用集对分析法对英国西米德兰兹郡的生态环境进行了评价。2006年邓红霞等基于集对分析法建立了评价区域生态承载能力的新方法，并对盐城滨海湿地区域的生态承载力进行了综合评价。2012年唐凯等基于集对分析法评价了2001—2009年长株潭城市群的资源环境承载力。2013年王红旗等运用集对分析模型对内蒙古自治区资源环境承力进行了评价。2014年何慧爽基于集对分析与置信度相结合的方法，对中原经济区的经济、社会、资源利用和环境保护情况进行了研究。2019年杨兰等建立了基于集对分析法的区域水资源承载力评估模型，对2013—2017年淮北市水资源承载力进行了评估。

10. GIS空间分析法

GIS空间分析法指运用GIS（geographic information system，地理信息系统）分析空间数据，即从空间数据中获取有关地理对象的空间位置、分布、形态、形成和演变等信息并进行分析，揭示隐藏在空间数据后的重要信息或一般规律。2008年Barrett运用GIS空间分析法研究了美国新泽西州资源环境承载力状况。2009年张燕等基于GIS空间分析法对2000年和2006年31个省（自治区、直辖市）的区域发展潜力和资源环境承载力的空间关联性规律及其演变过程进行了分析。2009年彭立运用GIS和RS技术综合评价了汶川、玉树地区的资源环境状况。2011年彭海琴等基于GIS技术，建立了上海市18个区县的图层数据库和对应的水资源承载力指标数据库，分析了上海市水资源承载力的空间差异情况。2013年王雪军等基于GIS空间分析法研究了赣州市资源环境承载力状况。2014年卢小兰基于空间统计方法分析了中国省域资源环境承载情况的空间相关性。2015年张静静运用GIS空间分析法对四川省若尔盖县资源环境承载力进行了评价。2016年廖顺宽等基于ArcGIS平台建立了评价模型，采取多因素打分加权求和分级的方式综合评价了云南省河口县的资源环境承载力。2017年欧弢运用GIS空间分析法计算了云南省永德县的资源环境综合承载力。2018年赵桔青等运用GIS空间分析技术构建资源环境承载力评价模型，测算了云南省寻甸县的土地资源环境承载力。

11. 多种评价方法的综合使用

近年来，越来越多的学者在区域资源环境承载力评价研究上综合运用多种评价方法进行研究，相关研究成果主要包括：2003年杨勋林结合系统动力学法和GIS技术研究了桂西北石山区生态承载力。2004年Simon等通过引入能值分析改进了生态足迹法，提出一种新的生态足迹计算方法。2006年徐晓锋等结合生态足迹法和GIS技术，对甘肃省生态承载力进行了时空动态分析。2008年孟祥飞结合系统动力学与GIS技术，系统分析了石家庄市土地综合承载力。2011年张雪花等运用能值—生态足迹整合模型评价了2001—2008年天津市生态承载力状况。2012年虞晓芬等结合模糊综合评价法、聚类分析法和均方差决策法，对杭州市土地综合承载力进行了横纵向的比较分析。2013年王雪军等结合状态空间法和GIS空间分析技术，研究了江西省赣州市资源环境承载力状况。2013年吴书光等将主成分分析法和聚类分析法相结合，实证研究了山东省17个市的土地可持续利用水平。2014年黄珊等基于空间分析、层次分析、主成分分析、格网分析等方法，运用ArcGIS、Yaahp、SPSS等软件对徐州市城市综合承载力进行了定量研究。2015年陈先鹏结合系统动力学法与主成分分析法，评价了浙江省义乌市国土资源环境承载力。2015年郭轲等结合状态空间法与时间序列Tobit模型综合评价了京津冀地区的资源环境承载力。2015年王奎峰基于K-means聚类分析与ArcGIS空间图层叠加分析建立了山东半岛资源环境承载力综合评价与区划模型。2016年李云霞基于K-means聚类分析与GIS空间分析技术，对四川省彭山县地质环境承载力进行了评价。2016年茶增芬结合全局主成分分析方法与GIS空间分析方法，动态评价了云南省罗平县资源环境承载力。2018年王红瑞等结合状态空间法和向量模法，评价了内蒙古自治区资源环境承载力。2019年邵艳坡等基于GIS技术，运用聚类分析法进行了山东省荣成市的资源环境承载力评价与空间布局优化研究。

1.2.4 区域资源环境承载力评价的实证研究

区域空间尺度大小不一，主要按照行政、地理和经济区域进行划分。本书从宏观尺度（主要指全球、国家、综合经济区、省域等）、中观尺度（主要指城市群地区、二级流域区等）和微观尺度（主要指市域、县域、城市单体、产业园区等）三个层面分析国内外区域资源环境承载力评价的实证研究成果，见表 1-4。

表 1-4 区域资源环境承载力评价的实证研究

区域空间尺度	研究范围	数据精度	典型应用	主要研究价值
宏观尺度	全球、国家、综合经济区、省域	国家级、省级行政单元	①全球尺度：1970 年 Meadows 等“世界模型”、1990 年 Slesser“ECCO”模型、2009 年 Coleman 全球生态足迹； ②国家尺度：2002 年 USEPA 美国主要城镇与湖泊、2003 年 Senbel 等北美地区、2009 年张燕等中国 31 个省（自治区、直辖市）、2014 年卢小兰除西藏自治区以外的中国 30 个省（自治区、直辖市）、2015 年付云鹏等中国 31 个省（自治区、直辖市）； ③跨区域的大尺度：1999 年毛汉英等环渤海区域、2005 年丁任重西部 12 个省市自治区、2011 年陈修谦等我国中部六省（豫、晋、湘、鄂、皖、赣）、2016 年程广斌等丝绸之路经济带、2019 年段佩利等京津冀、山东半岛、辽中南、长三角及珠三角五大城市群	预警区域资源环境压力状态，制定国家国土空间开发与管制策略
中观尺度	城市群地区、二级流域区	地市级、区县级行政单元	①城市群区域尺度：2012 年唐凯等长株潭城市群、2013 年陈万象汶川极重灾区 10 县（市）、2014 年 Lane 等澳大利亚昆士兰州、2014 年周小舟西部地区、2017 年李丽红京津冀地区、2019 年 Swiader 等德国萨克森州	探讨资源与环境要素约束下的区域资源环境承载力调控机理，认知区域可持续发展状况

续表

区域空间尺度	研究范围	数据精度	典型应用	主要研究价值
微观尺度	市域、县域、城市单体、产业园区	乡镇级行政单元、自然地理单元	① 市域尺度：2007 年 Ramesh 等印度海得拉巴市、2008 年张天宇青岛市、2015 年曾浩等武汉市、2015 年 Widodo 等印尼日惹地区、2017 年 Irankhahi 等伊朗谢米兰市、2019 年徐志伟等天津市、2019 年王亮等北京市 ② 县域尺度：2016 年荼增芬等云南省罗平县、2016 年 Vishnuprasad 等印度特里凡得琅城市、2018 年白嘎力等安徽郎溪县、2018 年马海龙宁夏回族自治区县级行政单元、2019 年卢青等湖北团风县 ③ 产业园区尺度：2015 年程超等云南滇中新区、2015 年赵宏波等长吉图开发开放先导区、2017 年王树强等河北雄安新区	区域人口容量合理测算、产业布局与发展导向制定等

1. 宏观尺度区域资源环境承载力评价的实证研究

全球尺度的区域资源环境承载力评价的实证研究最早始于 20 世纪 60 年代末到 70 年代初，Meadows 等基于系统动力学模型，对全球范围内的资源、环境与人类间的关系进行了评价。1990 年，Slesser 基于对人口—资源—环境—发展之间相互关系的分析，提出了 ECCO（enhancement of carrying capacity options）模型，旨在研究区域资源环境承载力与人口增长、经济发展之间的动态变化趋势。2009 年 Coleman 对全球的生态足迹进行了研究。在国家尺度的研究上，2002 年 USEPA 评价了美国主要城镇与湖泊的环境承载力。2003 年 Senbel 等对北美地区环境承载力进行了评价。2009 年张燕等探究了 2000 年和 2006 年中国 31 个省（自治区、直辖市）的发展潜力和资源环境承载力的空间关联性规律及其演变过程；2014 年卢小兰对 2006—2011 年中国除西藏自治区以外的 30 个省（自治区、直辖市）的资源环境压力、承载力和承载率的空间相关性进行了研究；2015 年付云鹏等分析了中国 31 个省（自治区、直辖市）资源环境承载力的时空变化特征。在跨区域的大尺度研究中，1999 年毛汉英等对环渤海区域承载能力和承载状况的变化趋势进行了评价与预测；2005 年丁任重对西部 12 个省（自治区、直辖市）的资源承载力进行了研究；2011 年陈修谦等从自然资源丰裕度、资源使用效率、环境治理能力与水平、生态环境破坏程度四个维度对 2003—2007 年中部六省（豫、晋、湘、鄂、皖、赣）的资源环境承载力进行了评价与比较；2016 年程广斌等综合评价了 2011—2014 年丝绸之路经济带我国西北段城市群的资源环境承载力；2019 年段佩利等评价了 2015 年京津冀、山东半岛、辽中南、长三角及珠三角五大城市群资源环境承载力与区域开发强度的协调程度。宏观尺度区域资源环境承载力评价研究的主要意义在于预警区域资源环境的压力状态，从而有效地制定国家国土空间开发与管制策略。

2. 中观尺度区域资源环境承载力评价的实证研究

在城市群区域尺度的研究上，2012 年唐凯等分析了 2000—2008 年长株潭城市群资源环境承载力的基本情况；2013 年陈万象对汶川极重灾区 10 县（市）的资源环境承载力进行了评价；2014 年 Lane 等实证研究了澳大利亚昆士兰州资源环境压力、承载力和承载率之间的空间相关性；2014 年周小舟综合分析了 2004—2010 年西部地区资源环境承载力状况；2017 年李丽红通过搜集 2004—2015 年面板数据建立熵值分析模型，对京津冀地区 13 个城市的资源环境承载力进行了评价；2019 年 Swiader 等基于生态足迹影响因子的多元线性回归模型评价了 2011—2015 年德国萨克森州的生态环境承载力。在流域区域尺度的研究上，2003 年方创琳等研究了塔里木河下游干旱地区“三生”（生态—生产—生活）承载力变化情况；2006 年 Sawunyama 等研究了津巴布韦林波波河流域环境承载力的基本状况；2012 年 Leidel 等对 2001—2010 年乌克兰巴格河流域的承载力进行了分析；2016 年 Sangam 评价了日本东北地方的环境承载力；2019 年王德怀等从时空维度探究了 2004—2016 年贵州乌江流域 43 个区域的资源环境承载力。在省域尺度的研究上，2007 年程雨光计算了 1998—2002 年江西省的相对资源环境承载力；2015 年贾立斌分析研究了贵州省资源环境承载力的本底、约束和潜力；2015 年焦晓东等运用投影寻踪模型、粒子群算法和 Matlab 仿真模拟编程方法，对江苏省 13 个城市的资源环境承载力进行了评价；2016 年邹荟霞等综合评价了 2014 年山东省 17 个地级市的资源环境承载力。中观尺度区域资源环境承载力评价研究的主要意义在于探讨资源与环境要素约束下的区域资源环境承载力调控机理，从而认知区域的可持续发展状况。

3. 微观尺度区域资源环境承载力评价的实证研究

在市域尺度的研究上，2007 年 Ramesh 等分析研究了印度海得拉巴市的资源环境承载力；2008 年张天宇分析了 2000—2005 年青岛市环境承载量、承载力与承载率的变化状况；2015 年曾浩等基于时空差异的视角，研究了2002—2011年武汉城市圈9个城市的资源环境承载力；2015年Widodo等对2012年印尼日惹地区的资源环境承载力进行了评价；2017年Irankhahi等研究了2010—2014年伊朗谢米兰市资源环境承载力的基本情况；2019年徐志伟等从国土资源承载力的基础评价（建设用地与耕地开发的压力状态）与修正评价（水资源、生态条件和环境质量）两个层面对天津市武清区国土资源环境承载力进行了预警分析；2019年王亮等基于PS-DR-DP（压力与支撑力—破坏力与恢复力—退化力与提升力）的理论模型，对2010—2015年北京市资源环境承载力的变化状况进行了实证研究。在县域尺度的研究上，2016年茶增芬等对2005—2014年云南罗平县资源环境承载力进行了动态评价；2016年Vishnuprasad等研究了印度特里凡得琅城市的资源环境承载情况；2018年白嘎力等采用多情景、多类型的人口和经济承载力计算方法，对安徽省郎溪县资源环境承载力进行了评价；2018年马海龙对2006年、2010年和2015年宁夏回族自治区县级行政单元的资源环境状况进行了质量、空间分布、承载力、开发适宜性及监测预警评价；2019年卢青等对湖北省团风县的资源环境承载力进行了定量测算。在产业园区尺度的研究上，2015年程超等对2006—2013年云南滇中新区经济发展水平和资源环境承载力的脱钩程度与时序变化进行了实证研究；2015年赵宏波等分析了2000—2011年长吉图开发开放先导区环境承载力的时序变化特征与影响因子；2017年王树强等综合评价了雄安新区的综合生态环境承载力。微观尺度区域资源环境承载力评价研究的主要意义在于进行区域人口容量的合理测算，制定产业发展布局与规划导向等。

总之，通过区域资源环境承载力评价的实证研究，旨在清晰地认知区域资源环境的禀赋特征、承载能力及承载水平、主要障碍因子等，探讨区域社会经济发展与资源配置、环境保护之间的关系及其协调运作模式，为区域经济、社会与生态的可持续发展提供一定的理论指导。

1.2.5 研究总结与展望

把握当前区域资源环境承载力评价研究的进程是指导未来研究方向的基础。自从“十八大”以来，党和国家非常重视区域资源环境承载力的评价与预警工作，区域资源环境承载力评价也成为学者研究的热点话题之一。目前，相关的研究取得了一定的进展，但也存在一些问题，总结如下。

1. 研究不足

1）区域资源环境承载力的基础理论研究较少

目前，资源环境承载力的理论研究成果颇丰，学者们从概念与内涵、构成要素与主要特征、理论依据和框架体系三个层面进行了大量深入的研究，为后续研究奠定了良好的理论基础。但是，区域资源环境承载力的理论研究成果还较少，围绕区域资源环境承载力的理论研究体系尚未形成，尤其是区域资源环境承载力的内涵与外延、构成要素、主要类型与基本特征、影响因素、承载机理和演化机制等基础理论的研究亟待加强。

2）区域资源环境承载力评价指标体系的指标选取缺乏定量依据

区域资源环境承载力评价指标体系研究成果颇丰，但尚未形成统一的认识和标准。无论是基于 PSR、DSR 等固定模型选择指标，或是遵循系统论、从多层面选择指标，学者大多是尽可能全面地列出与资源、环境系统相关的一系列指标，涉及范围广、覆盖面大，但是缺乏针对性。同时，指标选取主要依据影响区域资源与环境状况因素的定性分析，缺乏定量依据，主观性较强，容易造成评价结果的片面化。因此，区域资源环境承载力评价指标体系中指标选取的定量优化研究十分必要。

3）区域资源环境承载力单一评价方法应用的局限性

无论是基于单一的定性分析方法（如情景分析法等），或是应用单一的静态定量分析方法（如生态足迹与能值分析法等）、动态定量分析方法（如状态空间与系统动力学法等）评价区域资源环境承载力，都存在一些不足，如：情景分析法的数据有效性问题；生态足迹法的指标相对单一、无法进行动态模拟与预测；能值分析法过于简化，影响了评价结果的准确性；系统动力学法的参变量不易掌握，使得模型不甚合理；状态空间法难以定量计算等。

梳理近期的研究成果，区域资源环境承载力评价方法的选择反映了从单一到综合、定性到定量、统计描述到数学建模的发展趋势，呈现出多元化、定量化与系统化的特征，多种评价方法的综合运用已经成为区域资源环境承载力评价的主流。

4）区域资源环境承载力评价的实证研究需要关注空间尺度的多元性与区域系统的开放性

一方面，人、地系统间的相互作用过程在不同空间尺度上的多样性和灵活性，容易造成区域资源环境承载力的明显差异，因此如果实证研究中区域空间尺度选择不当，就无法全面、客观地揭示区域资源环境承载力的影响要素与演变机理，同时会增加基于评价尺度的自然数据与人文数据空间融合的难度，制约宏观、中观及微观尺度评价分析结果间的转换，给精确、系统地定量化评价区域资源环境承载力带来一定的困难。另一方面，区域资源环境系统不是孤立存在的，其表现出明显的开放性，即与其他区域系统间资源环境要素的物质能量交换，这种持续与广泛的交换与传递是区域资源环境系统产生有序结构的必要条件。区域资源环境系统的“短板”要素可以通过区际资源流动而提升，“长板”要素则可能被干扰影响而导致变化。因此，区域资源环境承载力评价的实证研究需要考虑地域系统的开放性。

2. 研究展望

1）加强基础理论研究

区域资源环境承载力研究涉及区域经济学、地理学、生态学、社会学及管理学等多个学科，因此，要运用多学科交叉的研究方法对区域资源环境承载力的基础理论进行深入透彻的分析。一方面，区域资源环境承载力的研究目标是实现区域的可持续发展，所以基于可持续发展理论的区域发展、资源稀缺与增长极限、生态经济学、系统工程等理论是区域资源环境承载力研究的主要理论依据。另一方面，区域资源环境承载力是一个与资源—环境—生态—社会经济相关的复杂系统，可以考虑从区域资源要素的支撑、区域环境要素的约束、区域生态要素的调节以及区域社会经济要素的压力四个维度研究区域资源环境承载力的内涵与外延，在此基础上提炼区域资源环境承载力的构成要素、基本特征及影响因素等；同时基于系统思维与人的系统相互作用的机理，重点从资源、环境、生态与经济社会四个维度研究区域资源环境承载力的承载机理与演进机制，构建多层次、多维度的理论分析框架。

2）基于定量方法选取区域资源环境承载力评价指标的研究

科学、合理的区域资源环境承载力评价指标体系，既能涵盖区域资源环境与社会经济系统各个要素的相对情况，又能从时空维度上反映区域资源环境承载力的变化情况，有利于实现区域资源环境承载力的客观评价。由于国内区域资源环境禀赋的空间差异显著与经济社会发展的地域分异明显，无法形成统一的区域资源环境承载力评价指标体系，因此，要有针对性地从区域资源、环境、生态与社会经济系统间物质、能量的交换入手，选择能够全面反映区域资源环境承载力各个方面要求、且有代表意义的一组特征指标。建议通过对区域资源环境禀赋特征和社会经济发展现状的深入调研和系统分析，基于区域协调发展、人与自然和谐及可持续发展等理论和相关的基本概念、原则，按照目标层—准则层—指标层的层次性结构，从资源、环境、生态与社会经济四个维度设计区域资源环境承载力评价指标体系，依据区域发展的现实状况选择二级准则层集成性指标及若干个基础指标，并运用SPSS的相关性分析消除各项特征指标间信息重叠的问题，实现评价指标的初步筛选，之后运用主成分分析法等相关方法对评价的各项特征指标进行再次筛选，这样可避免指标选取仅仅依赖影响因素的定性分析，最终设计出符合区域自身特征的区域资源环境承载力评价指标体系。

3）基于定性与定量相结合的方法评价区域资源环境承载力

基于定性与定量相结合的方法评价区域资源环境承载力，如：能值—生态足迹整合模型（弥补了生态足迹法没有考虑技术进步及人类活动的影响，可以更加全面地反映区域的生态足迹与承载力情况，使得评价结果更加准确）、模糊综合评价法结合聚类分析法（模糊聚类分析通过建立模糊相似关系进行聚类分析，解决了聚类分析受困于样本量大的问题）、系统动力学法结合主成分分析法（运用主成分分析法筛选评价指标并确定权重，增强了系统动力学模型评价结果的可靠性）等，可以有效提炼区域资源环境承载力的主要评价因素，挖掘区域资源环境承载力评价的重要特征指标，实现区域资源环境承载力的科学评价。近年来，RS、GIS、大数据处理技术等方法已经应用于区域资源环境承载力评价，尤其是以GIS为代表的地理空间技术方法，能够实现对区域中各评价单元资源环境承载力的空间叠置分析，有助于探究区域资源环境承载力的空间变化特征和演变规律，更加客观、真实地评价区域资源环境承载力，为下一步的区域国土资源规划与空间开发、主体功能区划等打下了良好的基础。

4）实证研究要充分考虑地域的开放性与互通性

目前，国内区域资源环境承载力实证研究的空间区域可以划分为宏观、中观和微观尺度的区域，宏观尺度的数据精度为国家级、省级行政单元，中观尺度的数据精度为地市级、区县级行政单元，微观尺度的数据精度为乡镇级行政单元与自然地理单元，以此为界定，不同的资源环境要素承载力应落实在适宜的行政层级与空间尺度上，即明确边界，保证区域资源环境承载力评价的合理结果。同时，必须要考虑到地域系统的开放性与资源跨区域流动对于区域资源环境承载力的深刻影响，对充分利用本区域和可能获得外来环境资源（自然、经济、人力资源等）前提下的区域资源与环境系统承载情况进行评价。因此，一方面综合运用GIS技术、大数据处理技术等，综合考虑区域内、区域间的资源环境状况；另一方面，建立动态可视化的监测与预警平台，实时监测区域资源与环境状况动态。总之，区域资源环境承载力评价是一个复杂的综合性评价，既要考虑不同时间尺度各类自然资源的数量、质量、空间分布及开发所引起环境系统的变化，又要兼顾相互关联的自然资源与生态环境系统，使得区域资源环境承载力评价结果尽量客观真实，为区域资源环境承载力评价长效机制及监测预警工作提供参考，为区域资源环境与社会经济的协调发展提供对策。

总之，区域资源环境承载力评价的研究有助于清晰地认知区域资源环境的禀赋特征、承载能力及承载水平、主要障碍因子等，探讨区域资源环境与社会经济发展之间的耦合关系及作用机理，为区域的可持续发展提供参考。

1.3　研究目标与意义

1.3.1　研究目标

1. 总体目标

通过对雄安新区资源环境承载力评价指标体系的研究，旨在清晰地认知雄安新区资源环境的禀赋特征、承载能力及承载水平、主要障碍因子等，探讨雄安新区社会经济发展与资源配置、环境保护之间的关系及其协调运作模式，为雄安新区经济、社会与生态的可持续发展提供一定的理论指导。

2. 具体目标

① 研究区域资源环境承载力的内涵、特征、承载机理与演进机制等基本理论；② 分析雄安新区资源环境禀赋的主要特征、人口与产业发展现状、资源环境与经济发展的匹配性等因素；③ 把握雄安新区资源环境承载力评价的核心要素，设计科学合理的雄安新区资源环境承载力评价指标体系；④ 动态评价雄安新区的资源环境承载力，深入剖析雄安新区资源环境承载力的时空变化特征，提炼影响雄安新区资源环境承载力的主要障碍因子；⑤ 从区域资源环境开发利用、规划建设及可持续发展三个层面提出具有可操作性的雄安新区资源环境承载力提升的对策与建议。

1.3.2 研究价值与意义

设立河北雄安新区是千年大计、国家大事，是以习近平同志为核心的党中央作出的重大历史性战略选择，对于集中疏解北京非首都功能、探索人口经济密集地区优化开发新模式、调整优化京津冀城市布局和空间结构、培育创新驱动发展新引擎，具有重大的现实意义和深远的历史意义。

（1）学术价值。①对于区域资源环境承载力的理论分析与框架体系研究，有助于丰富区域经济学、资源与环境经济学、生态经济学等相关理论的研究。②对于区域资源环境承载力评价指标体系构建的系统性分析与研究，有助于丰富经济学、地理学、生态学、社会学等多学科交叉的研究方法。③对于区域资源环境承载力提升对策的探索性研究，有助于拓展区域可持续发展、系统工程、资源配置及增长极限等理论的应用范畴。

（2）应用价值。①宏观上为贯彻实施党的十九大报告“高起点规划、高标准建设雄安新区”，真正落实《河北雄安新区规划纲要》“雄安新区作为北京非首都功能疏解集中承载地、绿色生态宜居新城区与资源可承载的区域协调发展示范区”的目标和定位提供依据。②中观上为雄安新区政府因地制宜制定生态环境与社会经济协调发展的政策，实现新区生态效益、经济效益与社会效益的协同最优化以及可持续发展提供参考。③微观上为雄安新区企业和居民推行生态环境保护政策、实施绿色生产方式与生活方式等提供实施指导。

1.4 研究思路、内容与方法

1.4.1 研究思路

本书从理论和实证两个层面对雄安新区资源环境承载力评价指标体系展开系统研究。第一，在对区域资源环境承载力的内涵与本质特征深入剖析的基础上，探讨区域资源环境承载力的承载机理与演进机制；第二，通过案例分析展开国内外区域资源环境承载力评价的实证研究，主要从评价方法选择、评价指标选取、评价指标体系构建、实证研究等方面借鉴成功经验；第三，基于雄安新区资源禀赋和自然环境条件的深入调研，系统地分析雄安新区资源环境与社会经济发展之间的耦合关系及作用机理；第四，基于科学性、系统性、动态性、人地关系协调性及可持续发展等主要原则，构建能够反映资源、环境、生态与社会经济系统之间协调发展程度的雄安新区资源环境承载力评价指标体系；第五，基于雄安新区资源环境承载力评价指标体系，运用模糊综合评价法对雄安新区资源环境承载力进行评价；第六，基于雄安新区资源环境承载力的评价结果，从区域资源环境开发利用、规划建设及可持续发展三个层面提出具有可操作性的雄安新区资源环境承载力提升的对策与建议。

本书研究思路如图1-1所示。

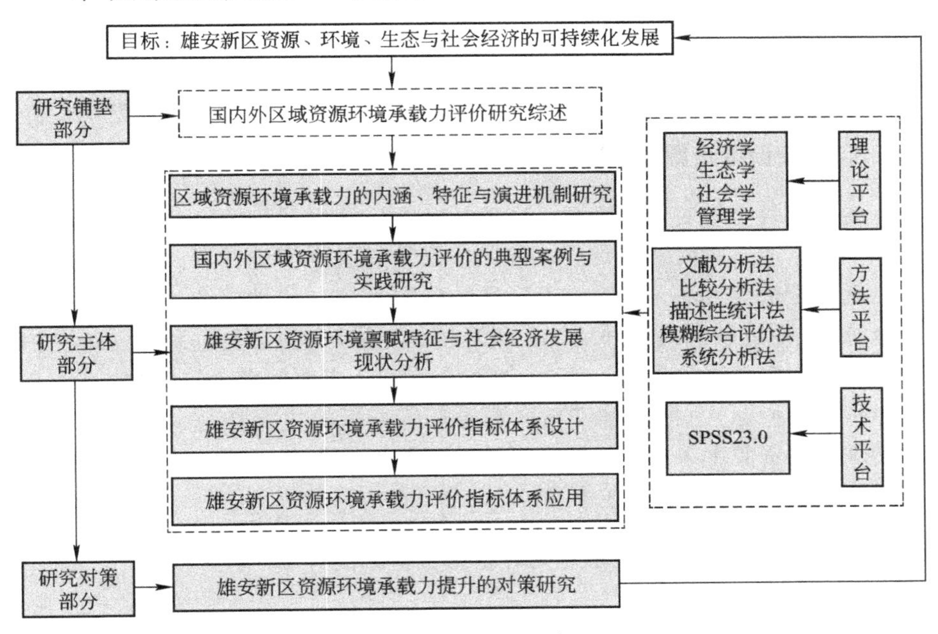

图1-1 研究思路

1.4.2 研究内容

1. 区域资源环境承载力的内涵、特征与演进机制研究

首先，通过文献检索、资料收集和专家访谈，从自然科学与社会科学交叉的视角对区域资源环境承载力进行研究，提出区域资源环境承载力的理论研究体系；其次，从区域经济学、资源与环境经济学、地理学、生态经济学、系统工程理论分析区域资源环境承载力的理论研究依据；再次，

界定区域资源环境承载力的内涵和外延，分析研究区域资源环境承载力的构成要素、主要类型、本质特征及影响因素；最后，基于系统思维，重点从资源、环境、生态与社会经济四个维度研究区域资源环境承载力的承载机理与演进机制，构建多层次、多维度的理论分析框架。

2. 国内外区域资源环境承载力评价的典型案例与实践研究

区域资源环境承载力评价研究的国外实践以美国新泽西州区域环境承载力评价、德国萨克森州区域生态承载力评价和日本东北地方区域水环境承载力评价为例；国内则通过历史研究、实地调研等方法分析3个国家级新区（云南滇中新区、黑龙江哈尔滨新区与天津滨海新区）资源环境承载力的评价实践；通过对国内外区域资源环境承载力评价实践的典型案例研究，主要从评价方法选择、评价指标选取、评价指标体系构建、实证研究等方面借鉴成功经验。

3. 雄安新区资源环境禀赋特征与社会经济发展现状分析

在系统收集雄安新区资源、环境与社会经济发展相关资料和统计数据的基础上，通过对河北省雄县、容城、安新三县的实地调研，运用模糊数学、统计分析等方法，研究雄安新区的资源系统（土地资源、水资源、矿产资源）、环境系统（水环境、大气环境、地质环境）、生态系统（绿色治理、绿色生产、绿色生活）与社会经济系统（主要涵盖GDP结构、人口分布特征等指标），把握雄安新区资源环境禀赋的主要特征、人口与产业发展现状、资源生态环境与社会经济发展的匹配性等因素，明晰雄安新区资源环境承载力评价的核心要素。

4. 雄安新区资源环境承载力评价指标体系设计

结合雄安新区地质背景、地质环境特征与资源环境的状况，以“生态优先和绿色发展”的思路为指导，基于科学性、系统性、动态性、人地关系协调性等主要原则，从资源系统、环境系统、生态系统（绿色生态）、社会经济系统四个层面，选取土地资源、水资源、矿产资源、水环境、大气环境、地质环境、绿色治理、绿色生产、绿色生活、经济与社会11个二级指标以及若干三级基础性指标，在运用相关性分析进行指标初步筛选的基础上，基于主成分分析法对雄安新区资源环境承载状况的核心指标进行提炼，设计出科学合理的雄安新区资源环境承载力评价指标体系。

5. 雄安新区资源环境承载力评价指标体系应用

基于雄安新区资源环境承载力评价指标体系，运用模糊综合评价法对雄安新区资源环境承载力进行评价，并以评价结果为基础，深入剖析雄安新区资源环境承载力的时空变化特征，提炼影响雄安新区资源环境承载力的主要障碍因子，为雄安新区资源开发利用与经济发展战略决策及其规划提供基础依据。

6. 雄安新区资源环境承载力提升的对策研究

基于雄安新区资源环境承载力的评价结果，结合区域发展现状和功能定位，从区域资源环境开发利用（重点从土地资源环境、水资源与水环境）、规划建设及可持续发展等方面提出具有可操作性的雄安新区资源环境承载力提升的对策与建议，为雄安新区资源环境承载力评价长效机制及监测预警工作提供参考。

1.4.3 研究方法

本书以资源环境承载力的相关理论与区域资源环境承载力评价方法为基础，综合运用文献检索、实地调研、专家访谈、统计分析等手段，采用理论分析与实证分析、定性分析与定量分析相结合的研究方法。

1. 文献检索法

全面梳理国内外资源环境承载力的相关研究文献，归纳总结当前区域资源环境承载力评价的体系和方法，借鉴其理论研究框架、评价指标体系设计、研究方法应用，为雄安新区资源环境承载力评价指标体系构建及评价方法选择提供参考。

2. 统计调查法

在收集整理相关统计年鉴及雄安新区资源环境原始数据的基础上，对雄安新区社会经济系统及资源环境系统的历史与现状进行统计分析，为后续研究提供数据资源。选取雄安新区的雄县、安新县、容城县 3 县行政辖区（含白洋淀水域）作为研究的实证区域，深入现场，了解三地资源的承载情况与环境的损失情况，为雄安新区的资源环境承载力评价奠定基础。

3. 定性分析与定量分析相结合

在定性分析雄安新区资源环境与社会经济发展现状的基础上，运用相关性分析与主成分分析法等定量分析方法提炼雄安新区资源环境承载力的主要评价因素，筛选雄安新区资源环境承载力评价的重要特征指标，设计雄安新区资源环境承载力评价指标体系，并基于模糊综合评价法实现雄安新区资源环境承载力的综合评价。

4. 理论研究与实证研究相结合

以理论分析为基础、实证研究为重点，力求理论、方法和数据的统一，在基础理论的指导下选取评价指标，构建科学合理的雄安新区资源环境承载力评价指标体系，以实证区域为具体的研究对象，进行雄安新区资源环境承载力评价。

1.4.4 创新点

1. 雄安新区资源环境承载力评价指标体系设计

雄安新区资源环境承载力评价指标体系的指标选取，应从雄安新区资源环境与社会经济系统的物质、能量和信息的交换入手，寻求一组具有典型代表意义、同时能够全面反映雄安新区资源环境承载力各方面要求的特征指标。本书基于人与自然和谐及区域可持续发展等理论和相关的基本概念、原则，从雄安新区的现实状况出发，按照目标层—准则层—指标层结构，以资源环境承载力为目标层，资源系统、环境系统、生态系统和社会经济系统为一级准则层指标，土地资源、水资源、矿产资源、水环境、大气环境、地质环境、绿色治理、绿色生产、绿色生活、经济与社会为二级准则层集成性指标及若干个基础指标，并运用SPSS的相关性分析消除各项特征指标间信息重叠的问题，实现评价指标的初步筛选。

主成分分析法是度量多变量之间相关性的一种多元统计方法，旨在利用降维的思想，把多指标转化为少数几个综合指标（主成分），每个主成分都能够反映原始变量的大部分信息，且所含信息互不重复。本书基于主成分分析法，利用SPSS软件，在对评价的各项特征指标进行优化筛选的基础上设计雄安新区资源环境承载力评价指标体系。

2. 雄安新区资源环境承载力评价研究

雄安新区资源环境承载力评价是一个复杂的综合性评价，既要考虑不同时间尺度的各类自然资源的数量、质量、空间分布及开发所引起的环境系统变化，又要兼顾相互关联的自然资源与生态环境系统。本书基于模糊综合评价法，以雄县、安新县、容城县3县行政辖区（含白洋淀水域）为主要评价单元，对2014—2018年雄安新区的资源环境承载力进行动态评价。

1.5 小结

人口膨胀、工业化与城镇化的加速扩张等使得现代中国面临着资源过度消耗和生态环境严重破坏的主要问题。从《中华人民共和国国民经济和社会发展第十一个五年规划纲要》指出“根据资源环境承载能力，现有开发密度和发展活力，统筹考虑未来我国人口分布、经济布局、国土利用和城镇化格局”，到党的十八大报告提出基于人口资源环境相均衡的原则控制开发强度、党的十八届三中全会建立资源环境承载能力监测预警机制作为新时期中央深化改革的重要任务，再到《中华人民共和国国民经济和社会发展第十三个五年规划纲要》提出“根据资源环境承载力、现有开发密度和发展潜力，引导产业合理布局和有序转移，打造特色优势产业群培育壮大战略性新兴产业，建设集聚度高、竞争力强、绿色低碳的现代产业走廊”，“根据资源环境承载力调节城市规模，实行绿色规划、设计、施工标准，实施生态廊道建设和生态系统修复工程，建设绿色城市”，国务院印发的《“十三五”生态环境保护规划》明确指出各省（区、市）要进行资源环境承载力现状评价，以此为依据调整地区发展规划和产业结构，2017年9月中共中央办公厅、国务院办公厅印发的《关于建立资源环境承载能力监测预警长效机制的若干意见》提出“针对不同区域的资源环境承载能力状况，定期开展评估，提高监测预警效率”，国家的一系列战略决策都凸显了区域资源环境承载力评价的重要作用。

作为评判区域可持续发展潜力的内生变量，区域资源环境承载力也是区域经济社会发展速度与规模的刚性约束。本章首先分析了区域资源环境承载力研究的时代背景，指出了研究的重要性；其次，从资源环境承载力的基础理论、区域资源环境承载力评价指标体系构建、区域资源环境承载力评价方法选择与区域资源环境承载力评价实证研究四个方面梳理了国内外区域资源环境承载力评价的主要研究成果，并对研究中存在的不足及未来研究的重点进行了探讨；再次，提出了研究目标、研究价值与意义；最后，总结了研究思路、研究内容、研究方法及主要创新点。

第 2 章

区域资源环境承载力的内涵、特征与演进机制研究

本章通过文献检索、资料收集和专家访谈，基于区域经济学、资源与环境经济学、地理学及生态学等相关理论，界定区域资源环境承载力的内涵和本质特征；基于系统思维，重点从生态、资源、环境与社会经济四个维度研究区域资源环境承载力的承载机理与演进机制，构建多层次、多维度的理论分析框架。

2.1 区域资源环境承载力的理论研究体系

本书从自然科学与社会科学的交叉视角对区域资源环境承载力进行研究，提出区域资源环境承载力的理论研究体系，如图 2-1 所示。

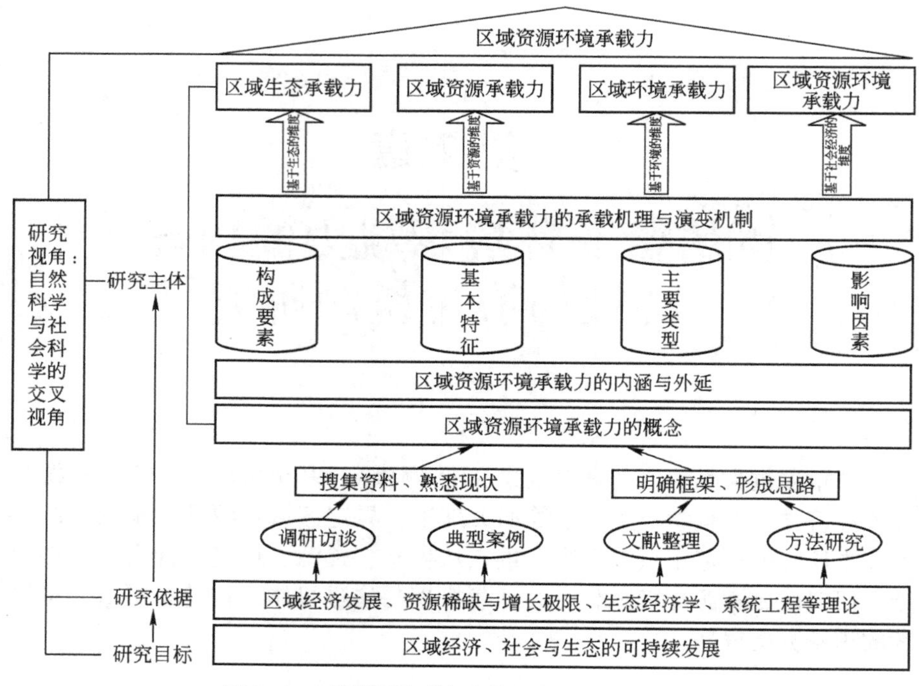

图 2-1　区域资源环境承载力的理论研究体系

2.2　区域资源环境承载力研究的理论依据

区域资源环境承载力研究的理论依据是区域经济学、资源与环境经济学、地理学、生态经济学及系统工程等相关理论，如图 2-2 所示。

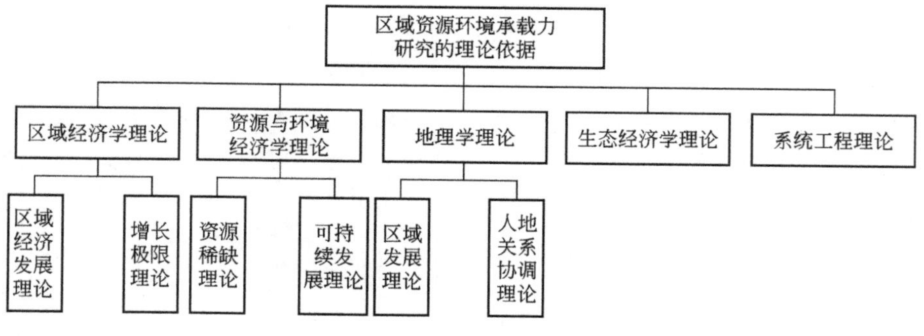

图 2-2　区域资源环境承载力研究的理论依据

2.2.1　区域经济学相关理论

1. 区域经济发展理论

区域经济发展是一个多因素综合作用的过程，从资源配置的角度可以将区域经济增长的因素归结为区域资源禀赋、区域资源配置能力、区位条件与外部环境四个方面。

① 区域资源禀赋。区域资源禀赋包括区域自然资源和区域经济社会资源。区域自然资源是区域经济发展的基本条件，区域经济社会资源包括资金、劳动力、技术、人口与社会环境等，其中，资金是区域经济增长中完成各种资源配置的重要因素；劳动力是区域经济增长的关键因素；技术拉动创新、推动经济快速增长；人口的数量、质量、构成、迁移及分布等会对区域经济发展产生一定的影响。② 区域资源配置能力。区域资源配置能力由区域经济体制、政府的经济管理能力、企业的组织水平和产业结构等组成。区域经济体制决定资源配置的基本方式和效率，区域政府的经济管理能力直接影响资源配置效率，区域企业的制度创新、技术水平等决定资源配置的基本模式。③ 区位条件。区位条件决定了区域的自然环境条件，区位条件好，有利于其经济发展。④ 外部环境。国民经济发展格局决定区域经济发展的基本走势，同时，国际经济环境也影响区域经济发展。

区域资源环境承载力具有明显的地域特征，因此，要基于区域经济发展理论，研究如何合理地开发利用区域的自然资源与经济社会资源、统筹规划产业布局，实现区域生态、资源、环境与社会经济的协调发展，有效提升区域资源环境承载力。

2. 增长极限理论

增长极限理论又称“零增长理论”，其主要观点为：资本主义的经济增长已经将世界推向毁灭的边缘，人类社会的经济增长达到了极限，未来想以同样的速度实现经济增长是不可能的事情。如果人类社会保持如此的增长速度，地球就会被毁灭，人类社会的末日终将来临。增长极限理论从生态平衡的视角提出了使经济增长率下降并保持为零的主张，这种理论的主要代表人物是美国学者 Meadows。

1972 年 Meadows 在《增长的极限》一书中提出了“经济增长极限论”。他认为人口增长、粮食供应、资本投资、环境污染和能源消耗是影响经济增长的主要因素，这五个因素的共同特点是都表现为指数级别的增长。此理论一经提出，人类便对资源利用、环境保护与经济发展之间的关系进行了重新审视和解读，他们意识到通过征服自然进而实现经济增长是不可行的。增长极限理论从基于经济增长引起自然环境变化的视角进行研究，是区域资源环境承载力预警研究的理论基础，有助于实现区域经济发展与资源环境承载能力的匹配，推动区域经济的可持续发展。

2.2.2 资源与环境经济学相关理论

1. 资源稀缺理论

资源稀缺理论主要研究自然资源的有限性与人类需求的无限性之间的矛盾问题。随着社会经济的快速发展，资源枯竭问题变得越来越严重，资源已经无法满足人类生存与发展的更多需求，它们之间的矛盾也更加突出。

马尔萨斯认为，资源的数量与短缺情况不会随着社会经济的发展而改变，即资源变化的属性是绝对存在的、不是相对的，但是他忽略了社会经济进步与发展在资源数量和稀缺程度变化中所起的作用。李嘉图提出的相对稀缺论与自然和谐论表达了相对立的观点：人类对自然资源的利用是相对的，随着科学技术水平的提高，资源的相对稀缺不会制约社会经济的发展。基于马尔萨斯和李嘉图的观点，在加入自然和谐论的基础上形成了资源稀缺理论，它涵盖了系统的自然资源保护思想与管理体系，主张人类活动与自然界的和谐状态。

目前，资源稀缺已经成为制约全球经济发展的主要因素。研究区域资源环境承载力，要重点关注区域资源的稀缺性，注重实现区域资源的可持续利用，维持区域资源的供给水平，提高自然资源的质量，提升区域资源环境承载力。

2. 可持续发展理论

研究区域资源环境承载力，最根本的出发点是要实现区域的可持续发展。因此，基于可持续发展理论指导区域资源环境承载力的研究十分必要。

1987 年，布伦特兰女士在联合国报告《我们共同的未来》中首次使用了“可持续发展”的概念：“既能满足当代人的需要，又不对后代人满足其需要能力构成危害的发展。”这个定义突出了在生态环境可支持的前提下，满足人类当前和未来的需要。可持续发展理论要求人类必须彻底改变对自然界的传统态度与观念，不再将自然界看作人类主宰征服的对象，而将其视为人类生命的源泉。1994年，中国政府发表了《中国21世纪议程——中国21世纪人口、环境与发展白皮书》，基于我国的具体国情，提出了促进经济、社会、资源与环境相互协调和可持续发展的总体战略及行动方案。该白皮书指出，要以生态可持续为基础、以环境可持续为准则、以资源可持续为核心、以经济可持续为条件、以社会可持续为目标。

可持续发展理论从全局的角度考察社会经济、人口、资源与环境等问题，追求人与自然的和谐发展。以强调区域可持续发展为核心的区域资源环境承载力研究具体表现为区域资源的合理使用、环境的有效改善、生态的良性循环与人口的适度控制。可持续发展理论是资源环境承载力研究的指导思想和理论基础，资源环境承载力研究是可持续发展理论在资源环境管理领域中的具体应用。

2.2.3 地理学理论

1. 区域发展理论

区域发展理论可以追溯到早期的区位理论，如Weber的工业区位论、Thanen的农业区位论、Christaller和Losch的中心地理论等。

早期的区域发展理论主要包括以地域分工为核心的马克思主义区域发展理论、以“社区是向两极间延伸连续体的理想类型”为核心的早期社会学社区理论、早期地理学的聚落系统理论以及经济学的生产力布局理论等。现代经济学、社会学和地理学是现代区域发展理论的主要方向，现代区域发展理论中的地理空间决定论强调了“空间—距离—可接触性”在区域发展中起到决定作用，人地关系论则强调人类经济社会活动与其所处的空间环境组成一个相互作用的综合体，社会学的社区发展理论更注重社区内部的资源开发与社会文化事业的发展。

区域资源环境承载力和区域发展互相联系、互相作用。不同的研究区域具有不同的自然条件与资源状况，进行区域资源环境承载力评价时，必须因地制宜，在资源环境能够承受的能力范围内谈发展。因此，运用区域发展理论，有利于合理开发自然资源与规划用地，促进区域自然资源与社会经济的协调发展，提高区域资源环境承载力。

2. 人地关系协调理论

在人地作用过程中，人类对环境的适应和改造必须遵循环境的演变规律，通过约束自身的行为取得与地理环境关系间的协调。人地关系协调的本质是要妥善解决社会需求与环境承载力之间的矛盾，使得人与自然环境和谐相处，实现可持续发展。

人地关系协调理论的内涵可以概括为：一是在人地关系中，保持自然界的平衡与协调；二是在开发利用自然的过程中，保持人类与自然环境之间的平衡与协调；三是在人地关系中，保持人类自身的平衡与协调。

人地关系协调理论对区域资源环境承载力的研究具有一定的指导作用，是区域资源环境承载力研究的主要理论，有利于区域资源环境可持续开发利用模式的选择与确定、制定区域资源环境可持续开发利用的目标体系、形成对人类资源开发利用行为的有效约束机制、加强对资源环境可持续利用的系统调控等。

2.2.4 生态经济学理论

承载力的概念最早来源于生态学，即“某一特定环境条件下，某种个体存在数量的最高极限”。生态承载力是生态系统的自我维持与调节能力、资源与环境的供应与容纳能力及其可维持的社会经济活动强度和具有一定生活水平的人口数量。对于某一区域而言，生态承载力强调对区域人类活动的承载能力，其内容包括区域资源子系统、区域环境子系统和区域社会子系统。

从经济学的角度研究区域生态环境问题的成因或驱动力，是目前国际上的主流方向。生态经济学指出区域环境问题产生的根本原因是区域环境和自然资源配置过程中的市场与政府失灵，其主流观点认为：区域社会经济系统和自然生态系统的相互作用主要表现为三种形态，一是区域生态系统与社会经济系统处于可持续发展状态；二是区域生态系统与社会经济系统处于恶性循环状态；三是区域生态环境和经济发展的相互平衡被打破，处于失衡状态。

区域生态经济理论聚焦区域生态环境与社会经济的协调发展问题。区域资源环境承载力要从区域生态经济学的视角，研究区域资源环境对人口、经济及社会的最大支撑能力或最大容量。

2.2.5　系统工程理论

系统工程理论注重系统化、科学性与最优化。研究区域资源环境承载力，要充分考虑区域人口、资源、环境与经济等多个要素的系统组合，从系统整体协调的角度出发，实现区域发展效益最大化。因此，研究区域资源环境承载力要依据系统工程的理论与方法。

系统工程理论兴起于 20 世纪 30 年代，从系统和整体的角度探讨复杂系统的性质和演化规律，揭示各种系统的共性及演化过程中遵循的共同规律，进而发展优化和调控系统的方法，为科学技术、社会、经济等领域的应用提供理论依据。

区域资源环境承载力的研究对象是一个具有层次性、相关性和整体功能的复合系统，由区域资源系统、环境系统、生态系统与社会经济系统构成。因此，研究区域资源环境承载力，要将资源环境承载力看作一个由众多因素构成的整体。借助于系统工程理论的指导，可以分析出系统各个因素之间不再是孤立的，而是互相联系与互相作用的，从而使评价研究结果更加符合评价区的实际情况。

2.3　区域资源环境承载力的内涵与特征研究

2.3.1　资源环境承载力的定义、构成要素与特点

1. 资源环境承载力的定义

承载力是衡量环境质量状况和环境容量受人类生产与生活干扰能力的一个重要指标。作为承载力研究的一个重要分支，“资源环境承载力”是在承载力概念基础上融合了物理学、社会经济学、环境科学、资源经济学等多个学科理念形成的复杂综合系统。

资源环境承载力是一个包含资源与环境要素的综合承载力概念。国内外学者对于资源环境承载力进行了大量研究，但是其定义尚没有形成统一的概念，目前应用较广泛的定义包括以下几种。

1985 年，Unesco 和 Fao 认为，资源环境承载力指一个国家或地区基于

自然资源与科学技术等条件，一段时期内维系一定物质生活条件所能持续供养的人口数量。

2007年，《国务院关于编制全国主体功能区规划的意见》提出：资源环境承载力指在自然生态环境不受危害并维系良好生态系统的前提下，一定区域的资源禀赋和环境容量能够承载的经济与人口规模。

2011年，张彦英认为，资源环境承载力指在确保生态可恢复与可持续的前提下，一个地区一定时期内的资源环境系统能够承载经济、社会可持续发展需求的能力。

2017年，王红旗认为，资源环境承载力指在一定时期和区域范围内，在维持区域资源结构符合持续发展需要且区域环境功能具有维持稳态效应能力的条件下，区域资源环境系统所能承受人类各种社会经济活动的能力。

从资源环境承载力的概念可以发现，其涵盖了资源、环境、生态、社会经济等多个维度的内容。基于资源的维度，承载力指资源供给环境系统与人类需求的能力；基于环境的维度，承载力指污染物稀释和自我净化的良好环境质量维持功能；基于生态的维度，承载力是为人类生存提供供给、调节、文化、支持服务的能力；基于社会经济的维度，承载力指在不发生显著退化的前提下，资源环境系统对人类及其社会经济活动承载的强度、范围及相关阈值。

2. 资源环境承载力的构成要素

资源环境承载力由承载体、承载对象和环境承载率三个要素构成。

1）承载体

承载体包括自然环境承载体与人造环境承载体。自然环境承载体由生命支持系统和物质生产支持系统组成。生命支持系统指土壤、水、空气、生物等，物质生产支持系统指土地资源、水资源、矿产资源、森林资源等。人造环境承载体指社会物质技术基础、经济实力、公共设施、交通条件等。

2）承载对象

承载对象包括承载污染物、承载人口规模、承载人口消费压力、人类社会与经济活动，其中，承载人口消费压力

$$I=PAT$$

式中：P 为人口规模、A 为人均能源消费量、T 为每一消费单位造成的环境消耗量。

3）环境承载率

环境承载率是科学、客观地反映一定时期内区域环境系统对社会经济

活动承受能力的指标。环境承载率=环境承载量/环境承载力，其中：环境承载量指某一时期环境系统实际承受人类系统的作用量值。如果 0<环境承载率<0.80，表明区域开发强度不足，适宜大量开发；如果 0.80≤环境承载率<1.0，表明区域开发已经达到平衡，需要控制开发；如果环境承载率≥1.0,表明区域开发强度过度，不宜进一步开发。

3. 资源环境承载力的主要特点

资源环境承载力是经济社会与资源环境系统之间的纽带，其主要特点如下。

1）客观性与主观性并存

客观性表现为资源环境承载力是可测度的，主观性表现为资源环境承载力的影响因素是多元化的，其量化评价标准和计算方法带有一定的主观色彩。

2）确定性与变动性并存

确定性是指在一定时期、区域与科技水平条件下，资源环境承载力的强弱是相对确定的。变动性是指在上述条件发生变化时，资源环境承载力将随之改变。因此，研究资源环境承载力时，要充分考虑区域的特点，具体问题具体分析。

3）层次性与综合性并存

层次性指资源环境系统是具有多层次的有机系统，包括土地资源、水资源环境、矿产资源、大气环境等子系统，各个子系统之间相对独立。同时，资源环境承载力的最高层次反映了其综合性，资源环境承载力的综合评价数值反映了区域资源与环境等系统的承载情况。

4）动态性与可控性并存

动态性指资源环境承载力会跟随资源环境系统的功能变化而变化：一是资源环境系统自身的运动演变；二是资源利用及环境开发的变化。可控性指资源环境承载力能够通过指标数值的变化体现，借助于资源环境承载力指标体系数值的变化可以分析区域资源环境承载状态。

2.3.2 区域资源环境承载力的基础理论

1. 区域资源环境承载力的概念

国内外对于区域资源环境承载力的定义尚未形成统一的概念。与早期资源环境承载力的研究突出承载最大种群数量不同，目前更多的是以人类社会经济的视角研究区域资源环境承载力，2009 年邱鹏、2013 年刘蕾、2017 年王树清分别以社会经济活动规模、经济发展及人类生存、人口数量及经济社会总量为出口界定了区域资源环境承载力的概念。

基于文献检索、专家访谈与资料分析，区域资源环境承载力的概念首先要界定一定的空间尺度与时间维度；其次，一定的技术水平条件影响制约着资源环境要素效率；再次，可持续发展是资源环境承载力研究的主要目的；最后，作为评判区域可持续发展潜力的内生变量，区域资源环境承载力也是区域经济社会发展速度与规模的刚性约束。因此，本书将区域资源环境承载力定义为：区域资源环境承载力是指在某一时空范围内，以一定技术水平维系区域良好生态环境与可持续发展的前提下，区域资源环境系统能够承载的经济与社会发展的规模。因此，研究区域资源环境承载力，实质上是运用定性与定量相结合的方法分析特定时空范围内资源环境系统对社会经济活动的承受能力。

2. 区域资源环境承载力的内涵与外延

1）区域资源环境承载力的内涵

通过分析 2005 年刘辉等、2011 年蒋辉等、2015 年封志明等、2019 年岳文泽等关于资源环境承载力内涵的研究成果，基于对区域资源环境承载力概念的提炼，总结归纳区域资源环境承载力的内涵：第一，区域资源环境承载力的本质是区域资源环境系统结构与功能的外在表征；第二，区域资源环境承载力反映了区域资源环境系统对社会经济活动的支撑与容纳能力；第三，区域资源环境承载力涵盖区域资源要素的支撑、区域环境要素的约束、区域生态要素的调节与区域经济社会要素的压力四个层面；第四，区域资源环境条件、区域社会经济活动的规模及强度是区域资源环境承载力的两大影响因子；第五，区域资源环境承载力以人地关系协调发展为前提，是衡量区域可持续发展的重要指标。

2）区域资源环境承载力的外延

区域资源环境承载力是一个与资源—环境—生态—社会经济相关的复杂系统，从其内涵的 4 个层面——区域资源要素的支撑、区域环境要素的约束、区域生态要素的调节与区域经济社会要素的压力进行分析，将区域资源环境承载力外延为区域资源承载力、区域环境承载力、区域生态承载力、区域经济与社会承载力四个维度，如图 2-3 所示。

区域资源承载力指在一定的时空和技术条件下，区域资源系统对人口

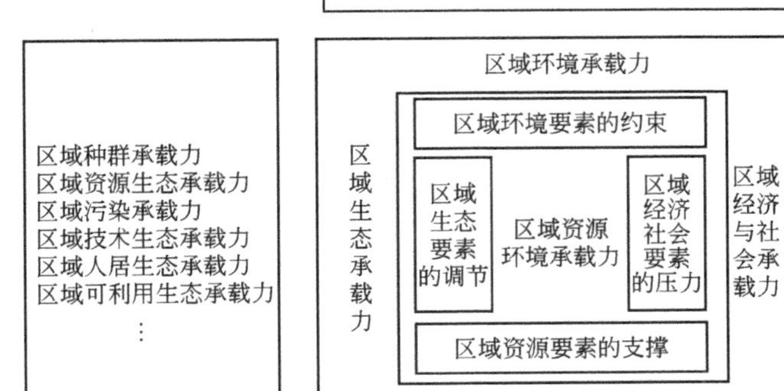

图 2-3　区域资源环境承载力的外延

增长、经济发展及生态平衡的支持能力，包括区域土地资源、水资源、矿产资源承载力等。区域环境承载力指在一定的时空和技术条件下，区域环境系统能够承载人类活动的阈值，包括区域水环境、大气环境、地质环境承载力等。区域生态承载力指在一定的时空和技术条件下，区域生态系统承载人口数量、经济强度及社会总量的能力，主要包括区域种群、资源生态、技术生态、人居生态、可利用生态承载力等。区域经济承载力指在一定的时空和技术条件下，区域经济系统可以承受的最优经济规模，主要包括区域产业、劳动力要素、资本要素、就业承载力等。区域社会承载力指在一定的时空和技术条件下，区域社会系统（如科技、教育、文化、卫生、交通等）维持可持续发展目标所能承载的最大人口负荷，主要包括区域人口、基础设施、科技、文化、交通承载力等。

3）区域资源环境承载力的构成要素

2005 年齐亚彬提出：资源环境承载力由承载体、承载对象和环境承载率三个要素构成，其中，环境承载率属于指标类数据，不具备实体要素的性质，因此，区域资源环境承载力的构成要素为区域承载体要素和区域承载对象要素，如图 2-4 所示。

区域承载体要素即区域资源环境系统，包括区域无机环境系统和区域自然资源系统。区域无机环境系统指由区域土壤、水、空气、光、热等无

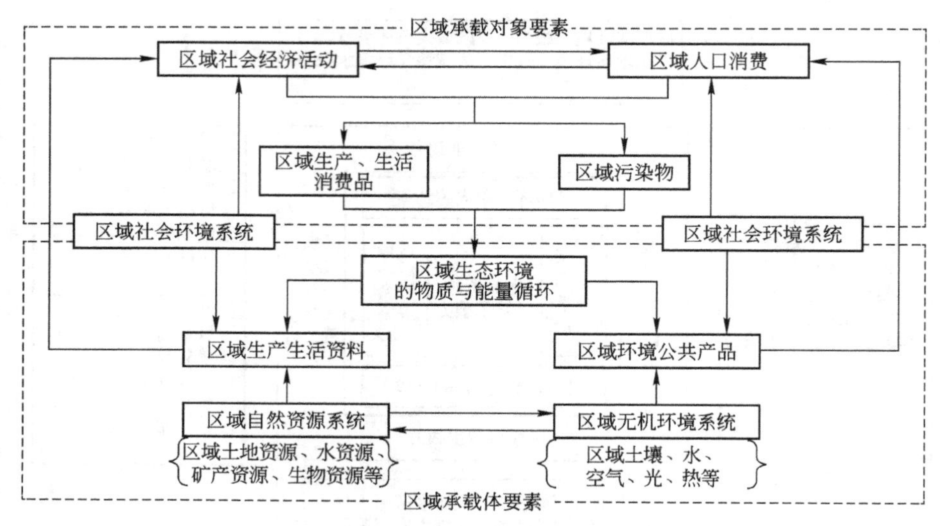

图 2-4　区域资源环境承载力的构成要素

机元素组成的支持系统，是区域内生物生存的最基本条件；区域自然资源系统指由区域土地资源、水资源、矿产资源、生物资源等组成的支持区域社会经济活动的自然资源。

区域承载对象要素为区域社会经济系统及从事社会经济活动带来的一些附属，主要包括区域社会经济活动、区域人口消费、区域污染物等，其中，区域社会经济活动指区域人口谋求生存和发展而进行的社会再生产活动；区域人口消费指区域人口的生产、生活等消费项目；区域污染物指在区域生产与生活消费过程中产生的废弃物。

区域社会环境系统主要指区域科技、交通、文化、教育条件等人为环境系统，其既是区域资源环境承载力的承载体要素，也是区域资源环境承载力的承载对象要素。

4）区域资源环境承载力的主要类型

本书从要素构成、要素类型、区域空间尺度与区域类型四个方面阐述区域资源环境承载力的分类。第一，根据要素构成的不同，区域资源环境承载力分为区域资源承载力和区域环境承载力。第二，根据要素类型的不同，区域资源环境承载力分为区域土地资源承载力、区域水资源承载力、区域矿产资源承载力、区域生物资源承载力、区域水环境承载力、区域大气环境承载力、区域旅游环境承载力等，上述区域资源环境承载力侧重研究单项承载要素对区域社会经济活动的支撑条件与支撑水平。第三，根据区域空间尺度的不同，区域资源环境承载力分为宏观、中观与微观尺度的区域资源环境承载力。宏观尺度主要指全球、国家、一级流域区、省域等，数据精度为国家级、省级行政单元；中观尺度主要指城市群地区、二级流域区等，数据精度为地市级、区县级行政单元；微观尺度主要指市域、县域、城市单体、产业园区等，数据精度为乡镇级行政单元、自然地理单元。第四，根据区域类型的不同，区域资源环境承载力分为流域资源环境承载力、沿海资源环境承载力、城市（或城市群）资源环境承载力等，区域类型的差异可能导致资源环境承载力中的主导因素更迭以及特征因素出现。

5）区域资源环境承载力的基本特征

区域资源环境承载力的基本特征表现为：第一，区域空间性。资源环境承载力会表现出明显的区域差异，区域空间性是区域资源环境承载力的首要特征。区域空间尺度主要按照行政、地理和经济区域进行划分。第二，客观存在性。在一定的时空下，资源的供给能力与环境的容纳能力都是一定的，因此区域资源环境承载力是客观存在的。同时，作为一个开放的系统，区域通过与外界交换物质、能源及信息，保持着其结构和功能的相对稳定性。在区域系统结构不发生本质变化的前提下，区域资源环境承载力在质和量上的规定性是客观的、可以把握的。第三，复合有机性。区域资源环境系统涵盖区域资源、环境、生态与社会经济四个子系统，区域资源环境承载力是这些子系统承载力的综合体，每个子系统承载力相互促进、相互补充，推动区域资源环境系统与人类经济社会活动的协调发展。第四，动态稳定性。区域资源环境承载力具有明显的动态性，一方面是由于区域资源环境系统自身的运动变化，另一方面与区域发展对资源环境系统施加的影响有关。但同时，区域资源环境承载力会在一定时期内保持系统内部结构和功能的稳定性。第五，相对有限性。在一定的时期内，区域的资源供给和环境容量是有限的，即区域资源环境承载力的阈值。生产力发展、科技进步、技术水平等因素都会影响区域资源环境承载力的大小，但是这种改变是相对有限的。

6）区域资源环境承载力的影响因素

除了受其物质基础——区域资源禀赋制约以外，区域经济发展状况、产业结构及其特点、科技发展水平及人口生活质量等都是区域资源环境承载力的主要影响因素。

第一，区域资源禀赋。区域资源禀赋分为区域自然资源条件与区域经济社会资源条件。区域自然资源包括区域土地资源、水资源、矿产资源等，是区域经济发展的基本条件，一方面，自然资源数量影响区域生产规模的大小；另一方面，自然资源质量及开发利用条件影响区域生产活动的经济效益。因此，区域自然资源条件直接影响区域经济活动的规模与效益，是决定区域资源环境承载力的核心要素。区域经济社会资源主要包括区域劳动力、资金、技术和社会环境等。区域自然资源条件提供了区域发展的可能性，而区域经济社会资源条件将这种可能性转变为现实性。因此，区域自然资源条件是影响区域资源环境承载力的“先天因素”，而区域经济社会资源条件则是影响区域资源环境承载力的“后天因素”。区域资源环境承载力评价要立足于区域的资源禀赋情况。

第二，区域经济发展状况。区域经济发展状况主要表现为区域经济增长速度与发展规模。区域经济增长指一个区域内社会总财富的增加，即生产总值。一方面，区域经济的持续增长可能会造成区域资源环境系统的过度使用，对区域资源环境承载力产生不良影响；另一方面，区域经济的增长与发展可以为区域资源环境系统保护提供更多的支撑和条件，提升区域资源环境承载力。

第三，区域产业结构及其特点。区域产业结构指具有不同发展功能的区域各个产业之间的比例关系，其主要特点为：一是条件制约性，区域经济条件影响与制约着区域产业结构。二是多样性，区域条件的多样性和复杂性决定了区域产业结构的多样性。三是开放性，区域产业结构会受到区外环境的影响，与区外不断进行着物质、技术、信息、人才和资金的交流。进行区域资源环境承载力评价时，必须要充分考虑当地的产业结构现状，如海南和山西的产业结构完全不同，海南要重点考虑旅游资源承载能力，山西则考虑其资源持续供应能力和城市转型升级能力；北京主要考虑环境和人口承载能力、土地供应能力，河北则要重点考虑资源型产业的承接能力和本身的可持续发展能力。此外，区域产业结构变化和产业转移也会对区域资源环境产生影响，区域开发强度变化和产业结构变化应控制在资源环境承载力范围之内。因此，要结合区域产业结构变化情况和特点研究区域资源环境承载力。

第四，区域科技发展水平。《中国区域科技创新评价报告 2020》显示：2020 年国内综合科技创新水平指数得分为 72.19 分，比上年提高了 1.48 分。上海、北京科技创新水平最高，天津、广东、江苏和浙江紧随其后，展现了东部地区突出的创新优势；同时，中西部地区创新水平进步较快，国内多层次、各具特色的区域科技创新格局日渐形成。随着科学技术水平的不断提升，区域资源环境的利用效率及环境整治与修复能力将进一步释放，对区域资源环境承载力势必起到积极的推动作用。

第五，区域人口生活质量。作为社会经济活动的主体，居民与区域资源环境系统相互影响、相互作用。随着区域居民生活水平与质量的提高，居民更加关注区域资源环境系统的保护与合理利用，从而有助于提升区域资源环境承载水平。

2.4　区域资源环境承载力的承载机理与演进机制研究

以能量承载力和畜牧承载力为主的生态承载力是区域资源环境承载力的最早起源。之后，区域资源环境承载力普遍关注区域内单个资源要素的承载力，重点围绕区域土地、水、矿产等资源对于人口与社会经济发展的支持能力进行研究。但是，由于同时受到环境因素的影响，区域资源承载力无法完整地阐释区域承载的整体状况，区域环境承载力应运而生。近年来，由于人类社会经济活动对于区域资源承载与环境容量的重要性更加明显，一个综合区域生态、资源、环境及社会经济活动等多因素的评价指标——区域资源环境承载力被提出。本书基于生态、资源、环境与社会经济四个维度探讨区域资源环境承载力的承载机理与演进机制，如图 2-5 所示。

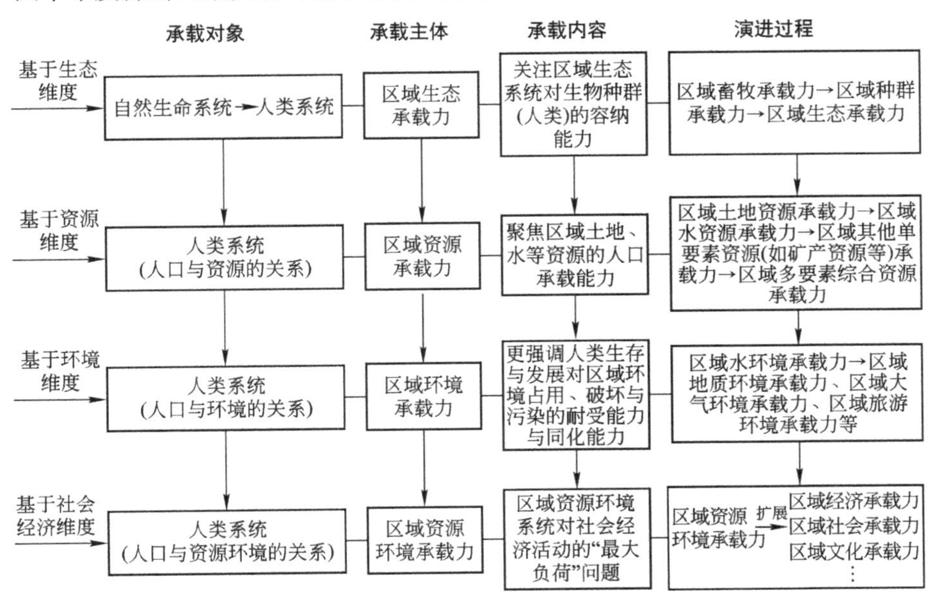

图 2-5　区域资源环境承载力的承载机理与演进机制

2.4.1 基于生态维度

从生态的维度分析，承载力是为人类生产生活提供供给、调节、文化、支持服务的能力。1921 年 Park 等学者首次在生态学中提出了承载力的概念。早期的生态承载力主要集中于畜牧业领域，被定义为区域生态系统支持的最大种群密度变化的范围，草地承载力、最大畜牧量是这一时期的研究主题，净第一性生产力计算模型被应用于度量生态承载力，1999 年 Seidl 等学者认为：生态承载力是在生态环境保护与资源持续利用之间寻求维持生态系统适度承受能力的临界点。

21 世纪初期，全球性生态破坏的问题引发了对生态破坏与可持续发展问题的广泛关注，这一时期重点研究生态系统对社会经济活动强度和人口数量的容纳能力，其实质体现了区域生态系统对区域人类社会活动的满足程度，是区域生态系统组成与结构特征的综合反映。近年来，区域生态承载力更加突出社会经济活动的影响作用，即综合考虑社会经济因素，以最大经济社会发展负荷为承载对象，通过分析区域生态承载力与经济发展的关系，探求区域经济发展与生态保护的平衡、预测区域适度人口规模以及优化区域生态承载力格局。

概括而言，区域生态承载力聚焦区域生态系统的整合性、协调性与容纳性，为区域生态系统的可持续发展奠定了基础。作为判断区域生态系统与社会经济活动是否协调的主要指标，区域生态承载力是区域生态系统整体水平的表征，也是区域生态文明建设的重要抓手。未来，将深入探讨区域生态承载力的承载机理与过程机制，通过对区域生态承载力进行动态评估，建立区域生态系统的监测预警机制，助力区域生态文明建设。

2.4.2 基于资源维度

从资源的维度分析，承载力指资源供给环境系统与人类需求的能力。20 世纪 40 年代左右，当承载的研究对象由自然系统（主要为生物种群）转向人类时，基于人口与资源关系的资源承载力诞生。

20 世纪六七十年代，Meadows 等学者在《增长的极限》一书中提出了人与自然间的尖锐矛盾及资源短缺问题，资源承载力受到了广泛的重视。20 世纪 80 年代初，联合国教科文组织（UNESO）对资源承载能力进行了开拓性研究，基于系统动力模型预测了人口增长与资源承载容量之间相互作用的动态变化。1995 年 Cohen 给出了资源承载力更加完整的定义：指在不损害自然、生态和社会环境的情况下，在可以预见的未来能够供养的人口数量。之后，联合国教科文组织（UNESO）、联合国粮农组织（FAO）、经合组织（OECD）纷纷提出了土地、水资源承载力等概念，并进行了较为系统的研究。

1. 区域土地资源承载力

早期的区域土地资源承载力以粮食为标志，旨在计算区域农业产出的粮食能够供养的人口数量，其以耕地为基础、以食物为中介、以人口容量的最终测算为目标。1948 年 Vogt 提出了土地资源承载力的计算公式：$C=E/B$（C 指土地负载能力；B 表示土地可以提供的食物产量；E 指环境阻力，表示环境对土地生产能力的限制）。之后，美国学者 Allan 界定了土地资源承载力的概念：在维持一定水平并不引起土地退化的前提下，一个区域能够永久地供养人口数量及人类活动水平。1977 年联合国粮农组织（FAO）通过计算每公顷土地承载的人口数量，研究了发展中国家土地资源的人口支持能力。

区域土地资源承载力通常指区域土地资源能够供养的人口数量，即区域土地人口承载量，涵盖区域耕地人口承载力、建设用地承载力和土地生态承载力三个层面，实质上是研究区域的土地资源供给与人口消费需求的平衡问题。近年来，区域土地资源承载力的研究不断发展与完善，从人地关系协调的角度出发，为区域人口规划制定与适度人口规模计算提供了科学依据。

2. 区域水资源承载力

“水资源承载力”一词最早出现在 1886 年出版的《灌溉发展》一书中，意指美国加州两条河流的最大水量。1996 年美国 URS 公司研究了佛罗里达礁岛群流域的承载力；1999 年 Harris 重点研究了区域水资源的农业承载力。区域水资源承载力被作为衡量区域发展潜力的一项重要指标。

区域水资源承载力指在某一时期内的一定经济发展和技术水平条件下，区域水资源系统对社会经济发展及人口数量与规模的最大支持能力。区域水资源承载力可以分解为区域水资源人口承载力、区域水资源农业承载力、区域水资源工业承载力和区域水资源 GDP 承载力四个指标，区域水资源禀赋、水资源开发利用能力、用水结构及水平等是影响区域水资源承载力的主要因素。作为区域资源承载力的重要构成部分，区域水资源承载力是区域水资源安全情况的基本评价指标，主要围绕流域承载力、湖泊承载力、绿洲承载力、沿海地区海洋承载力展开，重点研究区域水资源可承载的人口和社会经济发展总量规模与结构。

概括而言，区域资源承载力将承载力的研究对象由生物种群过渡到人口，从经济学的视角探讨区域人口与资源（土地、水资源等）之间的供求平衡，对一定时期内的区域人口规模、资源状况及利用方式进行有效控制。区域资源承载力既包括区域土地资源、水资源、矿产资源等单要素的承载力，又包含两个要素及以上的多要素的区域综合资源承载力。

2.4.3 基于环境维度

从环境的维度分析，承载力指污染物稀释和自我净化的良好环境质量维持功能。与区域资源承载力侧重于描述区域资源（如土地、水等）的人口承载能力不同，区域环境承载力在关注区域最大人口数量的同时，重点关注与之相应的区域经济规模及人类生存与经济发展对环境空间占用、破坏与污染的耐受能力与同化能力。

20 世纪 70 年代，全球性环境污染问题促使了“环境承载力”这一概念的诞生。环境承载力的定义出现在 1985 年前后，环境承载力是环境的一种属性，指环境系统容纳人类活动的能力。之后，环境质量与经济增长的关系以及环境承载力与经济活动的依赖关系被广泛研究（1995 年 Arrow 等，2002 年 USEPA，2004 年 Furuya）。在国内，1991 年北京大学的《福建湄洲湾开发区环境规划综合研究总报告》中最早提出了以承受人类活动的阈值为出口的环境承载力概念。区域环境承载力是指在维系一定环境质量与功能的前提下，某一时期内区域环境系统支撑经济社会活动的阈值，可以看作区域环境系统结构与社会经济活动适宜程度的一种表示。

区域环境承载力聚焦区域社会经济—区域环境结构系统，包括区域水环境、大气环境、地质环境承载力等。作为区域环境承载力研究的热点问题，区域水环境承载力关注区域水环境与区域社会经济发展和人类活动之间的关系，其主要影响因素涉及区域地理特征、水体特性、气候变化及社会活动等，可以通过水质水量对比法、多目标模型最优化方法等进行计算。近年来，区域环境承载力已经成为区域规划与评价的基础。2008 年夏既胜等、2011 年侯绍洋、2015 年李影、2017 年郑娇玉等学者基于 GIS 技术、栅格技术等研究了昆明、兰州等区域的自然环境与经济、社会的协调度，为区域国土划分与规划建设提供了重要参考。

概括而言，作为一个强大的、具有维稳效应的环境系统，区域环境承载力为人类活动提供了空间和载体。基于人口与环境关系的区域环境承载力既是对区域资源承载力的逆向思考，也是对区域资源承载力内涵的拓展。未来，可以通过关注区域环境系统的稳定性、可持续性发展，稳步提升区域环境承载力。

2.4.4　基于社会经济维度

从社会经济的维度分析，承载力指在资源环境系统不发生显著退化的前提下，自然资源与环境对人类及其社会经济活动承载的强度、范围及相关阈值。20 世纪六七十年代，承载力的研究逐渐聚焦到资源环境约束下的人类经济社会发展问题。Meadows 等学者运用系统动力学模型对世界范围内资源过度消耗、环境恶化与人口增长、经济发展进行了定量评价；之后，ECCO（enhancement of carrying capacity options）模型被作为计算资源环境承载力的方法。

1995 年刘殿生在国内最早提出了“资源与环境综合承载力”的概念，之后学者们围绕资源环境承载力的概念、内涵、基本特点、构成要素、影响因素等基础理论进行了大量的研究。区域资源环境承载力指在维系人地关系协调可持续的前提下，一定时期内区域资源环境系统对人类生产生活的功能适宜与规模保障程度。作为人地关系和谐和可持续发展的重要评价指标，区域资源环境承载力被广泛应用于国土空间开发、产业规划、资源环境监测及预警等领域。未来需要在完善指标体系的构建、研究尺度及动态变化等方面加强研究，为区域资源、社会和生态环境可持续性发展提供支撑。

20 世纪 80 年代以后，承载力的研究逐渐扩展到社会经济层面，出现了区域物质承载力、区域经济承载力、区域社会承载力、区域文化承载力等。1986 年 Hardin 指出：承载力受社会制度、建筑物、发明与知识等所有与人类相关因素的影响；1992 年 Daily 和 Ehrlich 认为社会承载力是指在一定社会条件下支持的最大人口数量；1999 年 Khanna 等提出：区域社会承载力要重点关注社会制度、科学技术、知识水平、价值观念等社会文化因素。近年来国内在区域经济承载力与区域社会承载力上也积累了一些研究成果。区域经济承载力研究在区域资源持续供给及环境长期容纳前提下的区域经济增长能力，主要涵盖区域经济系统内在的稳定与存续能力、区域经济系统抵御外部冲击的变革能力两层含义，其影响因素涉及区域自然资源条件、产业发展水平、劳动力与技术要素等，可以运用状态空间法、熵值法、主成分分析法等方法进行评价（2012 年韦惠兰等，2015 年李爽等，2017 年徐子媖，2019 年肖良武）。区域社会承载力则研究在区域经济与资源环境条件下区域社会系统能够承受的人类活动规模和强度，其综合考虑了资源、环境等自然因素与科技、文化、制度、价值观念等社会文化因素，具备区域性、整体性、时效性、动态性及模糊性等基本特点，可以基于系统动力学法、层次分析法等方法进行评价（2013 年文魁等，2013 年杨凯凯，2017 年孔伟等）。

概括而言，区域资源环境承载力不仅仅追求区域资源环境系统能够支撑的最大人口规模，也要维系区域生态系统的健康发展与良性循环，确保区域资源系统的合理开发与永续利用。因此，区域资源环境承载力要以人地协调发展为前提，综合考虑区域资源、环境、生态与社会经济系统，探究支撑人类经济社会活动的匹配关系。

2.5 小　　结

区域资源环境承载力研究是综合衡量区域人口、资源与环境是否协调及经济发展是否可持续的重要途径。本章在设计区域资源环境承载力理论研究体系的基础上，通过对区域资源环境承载力理论研究依据的追溯，界定了区域资源环境承载力的概念，分析了区域资源环境承载力的内涵与外延、构成要素、主要类型与基本特征、影响因素，并基于生态、资源、环境与社会经济四个维度探讨了区域资源环境承载力的承载机理与演进机制：区域生态承载力—区域资源承载力—区域环境承载力—区域资源环境承载力，丰富了区域资源环境承载力研究的理论框架体系，为后期区域资源环境承载力的应用研究提供一定的理论参考。

第3章

国内外区域资源环境承载力评价的典型案例与实践研究

本章选择美国、德国和日本为例介绍区域资源环境承载力评价研究的国外实践，国内则通过历史研究、实地调研等方法分析区域资源环境承载力的评价实践（以三个国家级新区为例），主要从评价方法选择、评价指标选择、评价指标体系构建、实证研究等方面借鉴成功经验。

3.1 典型国家区域资源环境承载力评价实践案例

3.1.1 美国新泽西州资源环境承载力评价的实践案例

1. 美国新泽西州的基本概况

新泽西州位于美国的东北部，区域面积为 20 295 km^2，资源与环境的基本情况：① 人口过度膨胀。新泽西州是美国人口密度最大的州，2015年人口数量为850.15万，2018年为870多万，预计2020年达到900多万。持续的人口增长给区域的资源环境、交通与公共服务等系统造成了不小的压力。② 土地开发强度较大。新泽西州土地开发强度已接近建成区，除了占用部分农田，无序扩张的土地利用模式使得土地承载力有所下降。③ 资源短缺和环境恶化。新泽西州具有丰富的水、矿产等自然资源，但由于资源的不合理利用，区域内出现了水资源短缺、水质变差、空气质量降低、湿地流失等环境恶化的现象。

2. 美国新泽西州资源环境承载力评价

本案例以新泽西州的纽瓦克、泽西城、联合城三个城市为研究区，基于能值分析法探究1985—2013年三个城市的人类系统与区域资源环境承载力的演变关系，分析评价新泽西州资源环境承载力状况。

1）评价方法选择

选择能值分析法作为美国新泽西州资源环境承载力的评价方法。能值分析法是基于传统的生态—经济系统理论，通过将系统中不同种类、不可比较的能量转化成同一标准的能值（太阳能焦耳，sej），定量地分析区域资源环境与经济活动之间的关系，从而评价区域资源环境承载能力。目前，能值分析法主要应用于区域资源环境承载力与可持续发展的评价。

2）评价指标选择

新泽西州资源环境状况的能值评价指标包括：第一，净能值产出率指标EYR，定义为区域经济活动产生的能值与反馈输入能值的比值，表示区域生态—经济系统的生产效率。第二，环境负载率指标ELR，定义为购买的和非更新的区域能值之和与可更新资源能值的比值，表示区域经济发展对环境的压力。第三，能值利用强度指标ED，定义为区域生态-经济系统的能值投入总量与区域土地面积的比值，表示区域经济发展和居民生活水平。第四，可更新能源的人口承载量指标ECP，定义为现有生活标准下的区域可更新资源能够承载的人口数，表示区域资源环境承载能力。第五，能值可持续指标ESI，定义为区域生态-经济系统的净能值产出率与环境负载率的比值，表示区域经济活力。第六，可持续发展能值指标EISD，与EYR和能值自给率成正比，与ELR成反比，表示区域生态-经济系统可持续发展情况。

3）评价流程设计

第一，计算能值评价指标。在全面收集纽瓦克、泽西城与联合城三个城市自然、经济、社会等方面数据的基础上，运用能值分析法计算三个城市资源环境状况的基础指标和能值评价指标，计算结果见表3-1和表3-2。

表 3-1　新泽西州三个城市环境状况的基础指标

城市	年份	基础指标						
		土地面积 A/m^2	总人口 P/人	本地可更新资源能值 R_1/sej	本地不可更新资源能值 R_2/sej	反馈输入能值 N/sej	进口能值 I/sej	废弃物能值 E/sej
纽瓦克	1985	6.72×10^7	2.55×10^5	4.26×10^{19}	2.06×10^{18}	4.55×10^{18}	8.15×10^{16}	3.78×10^{17}
	1995	6.72×10^7	2.57×10^5	4.24×10^{19}	2.73×10^{18}	4.88×10^{18}	8.04×10^{16}	3.02×10^{17}
	2005	6.72×10^7	2.61×10^5	4.21×10^{19}	2.89×10^{18}	5.62×10^{18}	7.52×10^{16}	2.23×10^{17}
	2013	6.72×10^7	2.65×10^5	4.15×10^{19}	3.25×10^{19}	6.72×10^{18}	6.30×10^{17}	1.56×10^{18}
泽西城	1985	5.55×10^7	2.05×10^5	3.25×10^{20}	2.84×10^{19}	8.16×10^{19}	6.31×10^{14}	2.04×10^{18}
	1995	5.55×10^7	2.42×10^5	3.33×10^{20}	3.22×10^{19}	7.57×10^{19}	5.16×10^{14}	4.22×10^{18}
	2005	5.50×10^7	2.44×10^5	3.35×10^{20}	3.95×10^{19}	7.19×10^{19}	4.53×10^{14}	4.75×10^{18}
	2013	5.50×10^7	2.52×10^5	3.36×10^{20}	4.30×10^{19}	6.82×10^{18}	3.23×10^{15}	5.65×10^{18}
联合城	1985	5.05×10^6	1.40×10^5	2.78×10^{19}	2.26×10^{19}	4.66×10^{18}	4.57×10^{17}	3.25×10^{17}
	1995	4.92×10^6	1.40×10^5	2.71×10^{19}	3.70×10^{19}	5.88×10^{18}	4.58×10^{17}	3.20×10^{17}
	2005	4.87×10^6	1.41×10^5	2.55×10^{19}	4.16×10^{19}	6.63×10^{18}	4.64×10^{17}	3.20×10^{17}
	2013	4.67×10^6	1.42×10^5	2.36×10^{19}	4.85×10^{19}	7.23×10^{19}	4.72×10^{18}	3.13×10^{18}

注：限于篇幅，本表仅列出 1985、1995、2005、2013 四年的计算数据。

表 3-2　新泽西州三个城市环境状况的能值评价指标

城市	年份	能值评价指标					
		净能值产出率 EYR	环境负载率 ELR	能值利用强度 ED/(sej/m²)	可更新能源的人口承载量 ECP/人	能值可持续指标 ESI	可持续发展能值指标 EISD
纽瓦克	1985	7.05	0.45	2.26×10^9	1.76×10^{14}	5.46	1.06
	1995	8.62	0.75	2.38×10^9	1.63×10^{14}	7.20	4.37
	2005	10.15	0.92	3.15×10^9	1.52×10^{14}	9.15	8.25
	2013	11.78	1.00	4.27×10^9	1.45×10^{14}	11.33	11.25
泽西城	1985	13.08	0.16	3.61×10^9	4.22×10^{13}	71.18	2.38
	1995	11.15	0.33	3.78×10^9	4.26×10^{13}	50.15	2.76
	2005	10.72	0.42	4.02×10^9	4.31×10^{13}	33.83	3.17
	2013	9.02	0.55	4.55×10^9	4.38×10^{13}	19.23	4.57

续表

城市	年份	能值评价指标					
		净能值产出率 EYR	环境负载率 ELR	能值利用强度 ED/(sej/m^2)	可更新能源的人口承载量 ECP/人	能值可持续指标 ESI	可持续发展能值指标 EISD
联合城	1985	2.45	2.06	6.25×10^{9}	4.21×10^{13}	1.17	3.26
	1995	2.00	4.56	7.83×10^{9}	3.88×10^{13}	0.86	3.20
	2005	1.53	5.25	8.87×10^{9}	3.26×10^{13}	0.46	3.16
	2013	1.00	7.35	1.90×10^{10}	2.32×10^{13}	0.12	3.12

注：1. 限于篇幅，本表仅列出 1985、1995、2005、2013 四年的计算数据。

2. 表中各指标的计算公式为：

$EYR=(R_1+R_2+N)/N$　$ELR=(N+R_2)/R_1$　$ED=(R_1+R_2+N)/A$　$ECP=(R_1+R_2+N)/P$　$ESI=EYR/ELR$　$EISD=ESI\times EER(EER=I/E)$

第二，计算区域资源环境承载力。从资源环境的资源支撑能力（supporting capacity，SC）和废物消纳能力（assimilation capacity，AC）两个方面评价新泽西州纽瓦克、泽西城与联合城三个城市的资源环境承载力。

资源支撑能力指区域资源环境系统可支撑的土地面积，计算公式为

$$SC=(I+R_2+N)/ED_{RN} \tag{3-1}$$

式中，I 为进口能值，R_2为本地不可更资源能值，N 为反馈输入能值，ED_{RN}为本地可更新与不可更新资源能值之和与土地面积的比值。SC 值越大，对环境造成的压力越大。

废物消纳能力指区域环境系统消纳废物量的土地面积，计算公式为

$$AC=E/ED_R \tag{3-2}$$

式中，E 为废弃物能值，ED_R为可更新资源与土地面积的比值。AC 值越大，表明区域资源环境系统的废物消纳能力越小。

区域资源环境承载量（environmental carrying quantity，ECQ）表示维持区域社会经济活动所需的承载面积，计算公式为

$$ECQ=SC+AC \tag{3-3}$$

ECQ 值越大，表明区域资源环境系统承载的压力越大。

区域资源环境承载力（environmental carrying capacity，ECC）通过计算区域生态生产性土地面积（主要包括耕地、建筑用地、林地、草地和水域）衡量，计算公式为

$$ECC=\sum a_j r_j y_j \tag{3-4}$$

式中，a_j为第j类生态生产性土地面积，r_j为均衡因子，y_j为产量因子。参考相关标准，均衡因子的取值：耕地、建筑用地为 2.8，林地为 1.1，草地为 0.5，水域为 0.2；产量因子的取值：耕地、建筑用地为 1.66，林地为 0.91，草地为 0.19，水域为 1.00。

基于能值计算的新泽西州三个城市资源环境承载力评价指标见表 3-3。

表 3-3　基于能值计算的新泽西州三个城市资源环境承载力评价指标

城市	年份	能值评价指标			
		资源支撑能力指标 SC/m^2	废物消纳能力指标 AC/m^2	承载面积 ECQ/m^2	区域资源环境承载力 ECC/m^2
纽瓦克	1985	1.58×10^7	1.65×10^6	1.75×10^7	1.02×10^8
	1995	2.05×10^7	2.15×10^6	2.26×10^7	1.30×10^8
	2005	2.48×10^7	3.56×10^6	2.85×10^7	1.48×10^8
	2013	2.32×10^7	5.55×10^6	2.87×10^7	1.55×10^8
泽西城	1985	2.44×10^6	5.70×10^6	8.14×10^6	1.20×10^8
	1995	3.25×10^6	6.68×10^6	9.93×10^6	9.8×10^7
	2005	4.89×10^6	7.23×10^6	1.21×10^7	1.32×10^8
	2013	1.50×10^6	1.95×10^7	2.10×10^7	1.43×10^8
联合城	1985	3.10×10^7	1.52×10^6	3.25×10^7	1.38×10^8
	1995	5.50×10^7	3.45×10^6	5.85×10^7	9.86×10^7
	2005	7.58×10^7	6.88×10^6	8.27×10^7	8.93×10^7
	2013	1.26×10^8	1.30×10^7	1.39×10^8	9.15×10^7

注：限于篇幅，本表仅列出 1985、1995、2005、2013 四年的计算数据。

4）美国新泽西州资源环境承载力评价

由图 3-1～图 3-3 可知，新泽西州纽瓦克、泽西城与联合城三个城市的 SC、AC 均呈上升趋势，其中，纽瓦克和联合城的 ECQ 以 SC 为主、泽西城的 ECQ 以 AC 为主。由图 3-4 可知：1985—2013 年新泽西州三个城市的 ECQ 均呈上升趋势，纽瓦克从 1.75×10^7到 2.87×10^7、泽西城从 8.14×10^6到 2.10×10^7、联合城从 3.25×10^7到 1.39×10^8，但三个城市的 ECC 变化趋势不同，纽瓦克的 ECC 上升趋势明显（从 1.02×10^8到 1.55×10^8），泽西城的 ECC 开始缓慢上升、中期一段时间下降、后期又呈缓慢上升趋势（从 1.20×10^8、9.8×10^7到 1.43×10^8），联合城的 ECC 呈现快速下降的趋势（从 1.38×10^8到 9.15×10^7），表明随着区域技术水平和生产效率的提升，纽瓦克环境承载情况良好；泽西城早期生态环境遭到一些破坏，但 2007 年后经过环境治理，ECC 又上升，表明区域环境承载力有了一定程度的提高；在联合城的 ECC 逐年降低的同时，ECQ 则逐年持续增长，表明这段时期内联合城环境系统受到一定程度的破坏，区域环境承载状况较差。

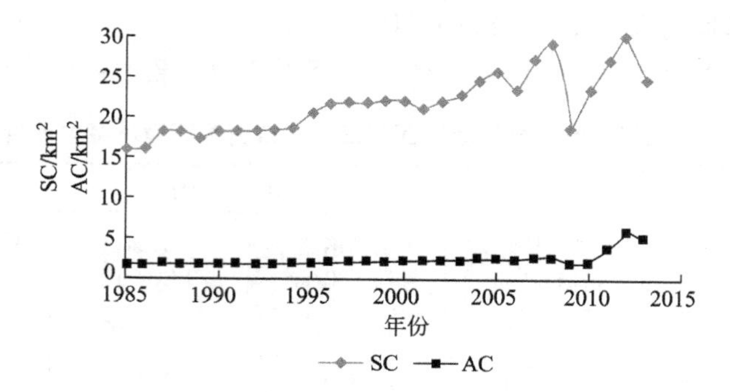

图 3-1　纽瓦克 SC、AC 的演变趋势

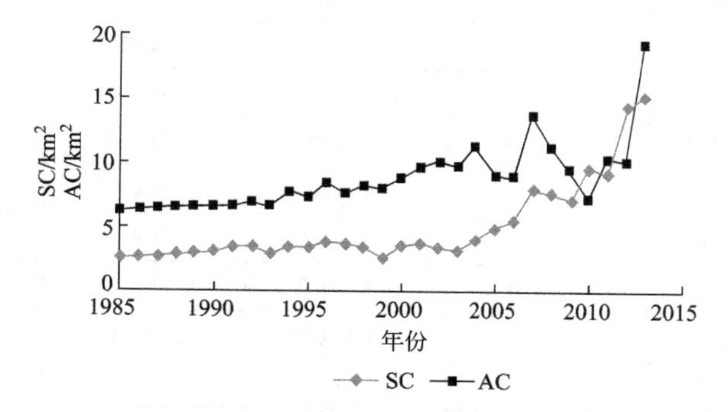

图 3-2　泽西城 SC、AC 的演变趋势

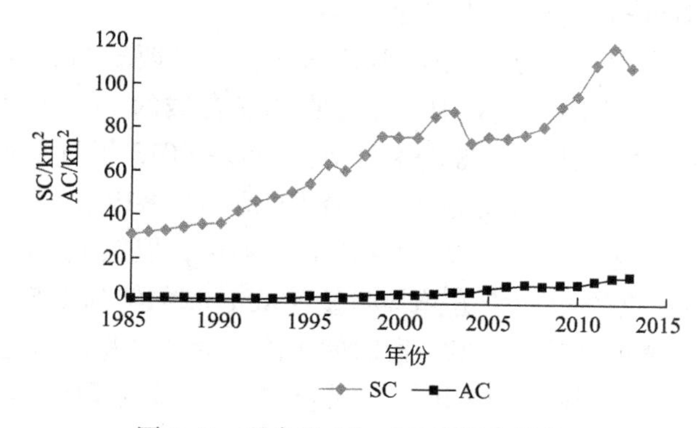

图 3-3　联合城 SC、AC 的演变趋势

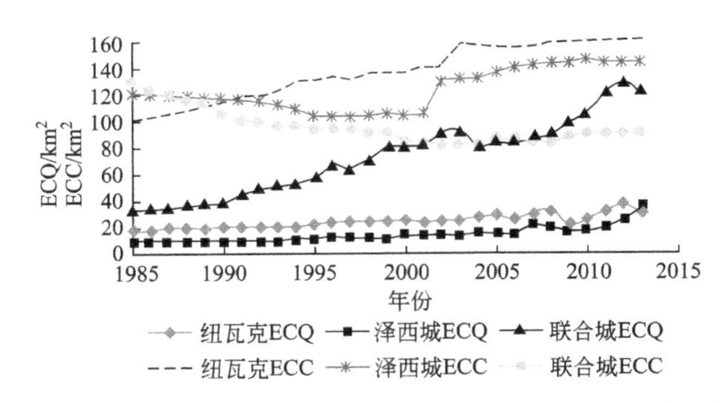

图 3-4　纽瓦克、泽西城与联合城 ECQ、ECC 的变化趋势比较

3.1.2　德国萨克森州生态承载力评价的实践案例

1. 德国萨克森州的基本概况

德国萨克森州位于德国东部，面积为 18 420 km²，人口约为 400 万，人口密度为 221 人/km²，是德国东部人口最多的州。萨克森州地势北高南低，南部埃尔茨山脉最高处达到 1 244 m，易北河与穆尔德河是流经区域的重要河流。萨克森州从地形上分为平原、丘陵和山脉三个组成部分，平原以南的丘陵地区储备着高质量的土壤。区域内矿产资源十分丰富，除了硬煤、褐煤储量较大以外，天然气、石油及稀土等资源的拥有量都居德国各州的前列。

2. 德国萨克森州生态承载力评价

1）评价方法选择

选择生态足迹法作为德国萨克森州生态承载力的评价方法。生态足迹法将区域资源消耗折算为生态生产性土地面积，在计算区域生态足迹供给与需求之间差值的基础上，分析区域生态的赤字或盈余状况，可以反映区域生态承载能力状况，是区域资源环境承载力评价最常用的方法之一。

2）评价流程设计

区域生态足迹（EF）的计算公式为

$$\mathrm{EF}=N\mathrm{ef}=N\sum(aa_i)=N(c_i/p_i) \tag{3-5}$$

式中，N 为区域人口数，ef 为区域人均生态足迹，a 为均衡因子，a_i 为区域人均第 i 种消费项目折算的生态生产性面积，i 为主要消费项目类型，c_i为区域第 i 种消费项目的人均年消费量，p_i为区域第 i 种消费项目的平均生产能力。

区域生态承载力的计算公式为

$$ECC = Nec = N\sum_{j=1}^{6}(a_j r_j / y_j) \tag{3-6}$$

式中，N 为区域人口数，ec 为人均区域生态承载力，j 为生态生产性土地类型，a_j为区域人均生态生产性土地面积，r_j为当量因子，y_j为产量因子。

根据德国萨克森州的生态环境状况，将区域各种资源和能源消费项目折算为 6 种类型的生态生产性面积（耕地、草地、林地、化石燃料用地、水域及建筑用地）。采用 2004 年 Wackernagel 修改之后的均衡因子，得到区域某种类型的生态生产性面积，通过计算 2013—2015 年萨克森州生态足迹供需情况，求出萨克森州生态足迹、生态承载力及生态盈余/赤字，见表 3-4 和表 3-5。萨克森州的生态足迹需求与供给处于一个良好的状态，但由于生态足迹值持续下降，生态盈余持续缩减，如果一直延续这种趋势，萨克森州便会出现生态赤字的问题。

3.1.3 日本东北地方水资源承载力评价的实践案例

1. 日本东北地方的基本概况

日本东北地方位于日本东北部，包括青森、岩手、福岛等六个县。日本东北地方多年平均水资源总量为 48.86 亿 m^3，其中，入境水资源总量为 6.85 亿 m^3，境内水资源总量为 42.01 亿 m^3。在境内水资源中，地表水资源量为 33.62 亿 m^3，地下水资源量为 8.39 亿 m^3。从用途上看，东北地方的农业用水量占区域全部用水量的 2/3、工业用水量约占 14%、生活用水量约占 19%。

2. 日本东北地方水资源承载力评价

1）评价方法选择

选择向量模法作为日本东北地方水环境承载力的评价方法。向量模法通过计算各个评价指标的归一化值，进行横向或纵向的区域承载能力综合比较，可以反映区域承载力的变化趋势，被广泛应用于区域水环境承载力评价。下文简要介绍向量模法的计算步骤。

表 3-4　2013—2015 年德国萨克森州生态足迹供需情况

生态足迹											
项目			2013 年			2014 年			2015 年		
土地类型	均衡因子	产量因子	人均面积/(hm^2/人)	足迹需求/(hm^2/人)	足迹供给/(hm^2/人)	人均面积/(hm^2/人)	足迹需求/(hm^2/人)	足迹供给/(hm^2/人)	人均面积/(hm^2/人)	足迹需求/(hm^2/人)	足迹供给/(hm^2/人)
耕地	2.36	1.72	0.043 256	0.057 840	0.051 269	0.039 157	0.062 785	0.050 106	0.036 337	0.049 268	0.045 726
草地	0.66	0.22	0.004 566	0.012 654	0.022 156	0.005 825	0.012 489	0.020 145	0.005 358	0.012 169	0.020 258
林地	1.57	0.96	0.005 125	0.011 468	0.020 226	0.006 190	0.012 052	0.021 138	0.007 356	0.013 785	0.023 226
化石燃料用地	0.35	0.68	0.003 378	0.007 869	0.009 124	0.003 712	0.008 587	0.010 562	0.005 527	0.010 125	0.013 183
水域	1.54	1.23	0.081 235	0.109 247	0.102 658	0.076 358	0.102 478	0.101 242	0.069 978	0.094 256	0.091 080
建筑用地	2.46	1.69	0.000 378	0.000 824	0.000 152	0.000 368	0.000 789	0.000 143	0.000 325	0.000 722	0.001 237
总计	人均生态承载力		0.076 845			0.071 207			0.068 120		
	人均生态足迹		0.185 317			0.176 848			0.154 983		
扣除生物多样性保护（12%）			0.067 624			0.062 662			0.059 946		

注：依据相关要求，生态承载力计算需要扣除 12%的生物多样性保护。

表 3-5　2013—2015 年德国萨克森州生态盈余/赤字　单位：hm^2/人

年份	生态足迹（人均）	生态承载力（人均）	生态盈余/赤字
2013	0. 185 317	0. 067 624	0. 117 693
2014	0. 176 848	0. 062 662	0. 114 186
2015	0. 154 983	0. 059 946	0. 095 037

假设 m 个不同的水平年，或者同一水平年 m 个不同的分区，因此有 m 个水环境承载力评价值，设此 m 个评价值为 E_j（$j=1$，$2\cdots$，m），再设每一个评价值包括 n 个具体指标确定的分量，即

$$E_j=(E_{1j},E_{2j},\cdots,E_{nj}) \tag{3-7}$$

由于城市水资源承载力各个指标分量的量纲不同，须对其进行量纲归一化处理。

$$\overline{E_j}=(\overline{E_{1j}},\overline{E_{2j}},\cdots,\overline{E_{nj}}) \tag{3-8}$$

其中

$$\overline{E_{ij}} = E_{ij}\Big/\sum_{j=1}^{m}E_{ij}(i = 1,2,\cdots,n)(j = 1,2,\cdots,m) \tag{3-9}$$

第 j 个水资源承载力评价值的大小用归一化后的向量模表示，即

$$|\overline{E_j}| = [\sum_{i=1}^{n}(\overline{E_{ij}})^2]^{1/2} \tag{3-10}$$

将每一个分量的权重看作相同，若考虑各项指标的权重时，则

$$|\overline{E_j}| = [\sum_{i=1}^{n}(\overline{E_{ij}}W_{ij})^2]^{1/2} \tag{3-11}$$

其中，W_{ij} 为第 j 个水资源承载力的第 i 个指标的权重。

2）评价指标体系构建

根据科学性、可行性及可量化等基本原则，基于日本东北地方水环境状况，构建涵盖人均 GDP、城镇化率、人均可支配收入、人均年综合用水量、人均水资源占有量、农田灌溉单位面积用水量、单位 GDP 耗水量、污水处理率 8 个指标的日本东北地方水环境承载力评价指标体系，并运用层次分析法对日本东北地方水资源承载力评价指标体系中各项指标进行两两对比，构造判断矩阵，并计算矩阵的特征值，求得指标权重，进行归一化处理后进行判断矩阵的一致性检验。

3）水资源承载力计算

基于日本东北地方水资源的相关统计资料，计算 2008—2012 年日本东

北地方水资源承载力评价指标值，见表 3-6。

表 3-6　2008—2012 年日本东北地方水资源承载力评价指标值

指标	2008 年	2009 年	2010 年	2011 年	2012 年
人均 GDP/(元/人)	84 500	91 205	96 785	101 780	124 690
城镇化率/%	90.2	91.8	92.2	92.5	92.7
人均可支配收入/(元/人)	35 628	42 627	46 890	48 567	51 026
人均年综合用水量/m^3	1 425.6	1 267.8	1 147.9	1 135.1	1 104.6
人均水资源占有量/(m^3/人)	842.5	659.0	592.3	590.1	581.6
农田灌溉单位面积用水量/(m^3/亩)	865.0	836.3	802.8	763.2	754.1
单位 GDP 耗水量/(m^3/万元)	350.5	327.0	305.3	275.5	210.5
污水处理率/%	120.5	140.2	156.5	179.4	192.7

对指标值进行归一化处理，求得 0~1 的评价指标的归一化值，见表 3-7，最终计算出 2008—2012 年日本东北地方水环境承载力，见表 3-8。由表 3-8 可以看出，2008—2012 年，日本东北地方水环境承载力呈现逐年上升的趋势，但是区域水环境承载力水平偏低。2008 年、2009 年，区域水资源总量比往年明显偏少，在一定程度上影响了水环境承载力。2008—2012 年，随着区域 GDP 的增加、区域污水处理率的提高和区域单位 GDP 耗水量的降低，区域水环境承载力得以提升。

表 3-7　2008—2012 年日本东北地方水资源承载力评价指标的归一化值

指标	2008 年	2009 年	2010 年	2011 年	2012 年
人均 GDP	0.312 8	0.356 9	0.421 3	0.436 8	0.513 7
城镇化率	0.381 8	0.387 6	0.395 0	0.426 9	0.423 1
人均可支配收入	0.303 2	0.346 8	0.390 6	0.423 1	0.487 9
人均年综合用水量	0.357 8	0.470 6	0.420 9	0.436 8	0.435 6
人均水资源占有量	0.234 5	0.316 8	0.480 2	0.425 7	0.523 6
农田灌溉单位面积用水量	0.356 2	0.371 5	0.405 8	0.425 3	0.432 6
单位 GDP 耗水量	0.261 8	0.304 5	0.425 7	0.540 2	0.543 1
污水处理率	0.326 3	0.387 5	0.416 9	0.437 6	0.459 0

表 3-8　2008—2012 年日本东北地方水资源承载力

年份	2008	2009	2010	2011	2012
日本东北地方水环境承载力	0.104 8	0.108 5	0.142 6	0.147 0	0.163 5

3.2 国内区域资源环境承载力评价实践案例

3.2.1 国家级新区概述

国家级新区是由国务院批准设立、承担国家重大发展和改革开放战略任务的综合功能区。1992年10月，第一个国家级新区——上海浦东新区成立。2006年5月，天津滨海新区成立；2010年5月，重庆两江新区成立；2011年6月，浙江舟山群岛新区成立；2012年8月，兰州新区成立；2012年9月，广州南沙新区成立；2014年1月，陕西西咸新区、贵州贵安新区成立；2014年6月，青岛西海岸新区、大连金普新区成立；2014年10月，四川天府新区成立；2015年4月，湖南湘江新区成立；2015年6月，南京江北新区成立；2015年8月、9月，福建福州新区、云南滇中新区获批成立；2015年12月，哈尔滨新区成立；2016年2月，长春新区成立；2016年6月，江西赣江新区成立；2017年4月，河北雄安新区成立。上述国家级新区的基本情况见表3-9。

表3-9 国家级新区一览表

序号	新区名称	获批时间	主体城市	面积/km^2
1	浦东新区	1992年10月11日	上海	1 210. 41
2	滨海新区	2006年5月26日	天津	2 270
3	两江新区	2010年5月5日	重庆	1 200
4	舟山群岛新区	2011年6月30日	浙江舟山	陆地1 440，海域20 800
5	兰州新区	2012年8月20日	甘肃兰州	1 700
6	南沙新区	2012年9月6日	广东广州	803
7	西咸新区	2014年1月6日	陕西西安、咸阳	882
8	贵安新区	2014年1月6日	贵州贵阳、安顺	1 795
9	西海岸新区	2014年6月3日	山东青岛	陆地2 096，海域5 000
10	金普新区	2014年6月23日	辽宁大连	2 299
11	天府新区	2014年10月2日	四川成都、眉山	1 578
12	湘江新区	2015年4月8日	湖南长沙	490
13	江北新区	2015年6月27日	江苏南京	2 451

续表

序号	新区名称	获批时间	主体城市	面积/km^2
14	福州新区	2015 年 8 月 30 日	福建福州	1 892
15	滇中新区	2015 年 9 月 7 日	云南昆明	482
16	哈尔滨新区	2015 年 12 月 16 日	黑龙江哈尔滨	493
17	长春新区	2016 年 2 月 3 日	吉林长春	499
18	赣江新区	2016 年 6 月 14 日	江西南昌、九江	465
19	雄安新区	2017 年 4 月 1 日	河北保定	起步约 100，远期 2 000

3.2.2　云南滇中新区资源环境承载力评价的实践案例

1. 滇中新区资源与环境状况

滇中新区位于云南省昆明市主城区东西两侧，初期规划范围包括安宁市、嵩明县和官渡区部分区域，面积约为 482 km^2。2015 年，滇中新区常住人口数量为 60 万；2020 年，新区常住人口数量为 113 万，城镇化率为 70%，GDP 为 1 000 亿元；2035 年，新区常住人口数量将达到 265 万，城镇化率为 90%，GDP 为 6 000 亿元。作为国家面向南亚和东南亚开放的门户地位更加突出，新区的经济社会综合发展水平将走在西部区域前列。

1）区位优势

滇中新区位于云南省地理中心，区位条件优越。新区紧邻昆明中心城区，交通运输网络十分发达，沪昆、成昆高铁以及京昆、沪昆、渝昆、杭瑞等高速公路和多条国道贯穿新区，拥有昆明长水国际机场，与珠三角、长三角、京津冀等地区以及南亚、东南亚国家往来便利。新区是昆明中心城区空间拓展的主要区域，具有推进新型城镇化建设、进一步集聚产业和人口的良好基础。

2）土地资源状况

滇中新区土地资源丰富，耕地、林地面积较广，园地、牧草地等规模较小，其中，耕地面积为 24 000 hm^2，占新区总面积 49. 88%，人均耕地面积为 0. 123 hm^2，远高于全省人均耕地面积 0. 100 hm^2；林地面积为 8 912 hm^2，占新区总面积 18. 7%；园地总面积为 800 hm^2，占新区总面积 1. 66%；牧草地面积约为 1 812 hm^2，占新区总面积 3. 8%。新区属于《全国主体功能区规划》划定的国家重点开发区域，适宜建设的土地资源开发潜力较大。

3）水资源状况

滇中新区水资源总量为4.626亿m^3，平均地表水资源量约为4.610亿m^3，地下水资源量为0.76亿m^3，地表水与地下水之间的重复计算量为0.744亿m^3。2018年，新区总人口为108万，人均水资源量为428 m^3，低于全省平均水平。随着后期的开发建设，新区的水资源可能面临资源性缺水和工程性缺水并存的难题，同时新区水环境敏感性较强，环境容量有限，污染后治理难度较大。

滇中新区生态环境良好，人居环境优美，森林覆盖率达60%以上。新区肩负着打造我国面向南亚、东南亚辐射中心的重要支点、云南桥头堡建设重要经济增长极、西部地区新型城镇化建设综合试验区和改革创新先行区的重要使命。新区具有优越的资源禀赋和较好的生态环境质量，但特有的喀斯特生态环境的脆弱性和敏感性也为其开发建设带来诸多挑战，摸清其资源环境的本底情况并开展资源环境承载力的研究十分重要，可以为滇中新区人地关系的协调和区域的可持续发展提供重要参考。

2. 滇中新区资源环境承载力评价

1）滇中新区资源环境承载力评价指标体系构建

选取能够反映滇中新区资源、环境与社会经济三个方面的指标，运用SPSS的相关性分析，消除具体指标之间信息重叠的问题，同时考虑滇中新区的实际情况，构建滇中新区资源环境承载力评价指标体系，见表3-10。

表3-10　滇中新区资源环境承载力评价指标体系

目标层	准则层		指标层	指标代码	指标类型
资源环境承载力	自然资源承载力	人口土地资源	人口密度/(人/km^2)	A_1	−
			人均耕地面积/(m^2/人)	A_2	+
			人均建设用地面积/(m^2/人)	A_3	−
	环境承载力	水资源	人均水资源占有量/(m^3/人)	A_4	+
			人均年用水量/(m^3/人)	A_5	−
		水环境	氨氮排放强度/(t/km^2)	B_1	−
			化学需氧排放强度/(t/km^2)	B_2	−
			城镇污水集中处理率/%	B_3	+
		大气环境	二氧化硫排放强度/(t/km^2)	B_4	−
			氮氧化物排放强度/(t/km^2)	B_5	−
			AQI优良天数比例/%	B_6	+

续表

目标层	准则层		指标层	指标代码	指标类型
资源环境承载力	社会经济承载力	生产环境	工业固废排放强度/(t/km²)	B_7	-
			工业固废综合利用率/%	B_8	+
		生态环境	森林覆盖率/%	B_9	+
			建成区绿化覆盖率/%	B_{10}	+
		社会发展	固定资产投资额/亿元	C_1	+
			非农 GDP 比重/%	C_2	+
			万元 GDP 建设用地面积/(m²/万元)	C_3	-
		经济支撑	人均 GDP/元	C_4	+
			万元 GDP 用水量/(m³/万元)	C_5	-
			万元 GDP 能耗/(t/万元)	C_6	-

注："+" 表示正向（效益型）指标；"-" 表示负向（成本型）指标。

基于滇中新区的资源环境承载力评价指标体系，选择 2016 年统计数据进行分析与评价，相关数据全部来源于新区各类统计年鉴、公报及规划等。

A_1：人口密度（人/km²），指区域常住人口总数/区域总面积；A_2：人均耕地面积（m²/人），指区域耕地总面积/区域常住总人口数；A_3：人均建设用地面积（m²/人），指区域建设用地总面积/区域总人口数；A_4：人均水资源占有量（m³/人），指区域水资源总量/区域总人口数；A_5：人均年用水量（m³/人），指区域总用水量/区域总人口数。

B_1：氨氮排放强度（t/km²），表示区域单位面积氨氮的年排放量；B_2：化学需氧排放强度（t/km²），表示区域单位面积化学需氧量的年排放量；B_3：城镇污水集中处理率（%），表示区域经集中污水处理厂处理的城市生活污水量/城市生活污水排放总量；B_4：二氧化硫排放强度（t/km²），表示区域单位面积二氧化硫的年排放量；B_5：氮氧化物排放强度（t/km²），表示区域单位面积氮氧化物的年排放量；B_6：AQI 优良天数比例（%），表示一年中区域空气质量优良天数/全年总天数；B_7：工业固废排放强度（t/km²），表示区域单位面积工业固体废物的年排放量；B_8：工业固废综合利用率（%），表示区域工业固体废物综合利用量/工业固体废物产生量；B_9：森林覆盖率（%），表示区域森林面积占土地总面积的比率；B_{10}：建成区绿化覆盖率（%），表示区域各类绿化的乔木、灌木和草坪等所有植被的垂直投影面积/建成区用地总面积。

C_1：固定资产投资额（亿元），表示以货币形式表现的在一定时期内区域建造和购置固定资产的工作量以及相关费用的总称；C_2：非农 GDP 比重（%），表示区域内第二产业与第三产业的产值总和/区域国内生产总值；C_3：万元 GDP 建设用地面积（m^2/万元），表示区域建设用地面积/区域国内生产总值；C_4：人均 GDP（元），表示区域核算期内实现的国内生产总值/区域常住人口；C_5：万元 GDP 用水量（m^3/万元），表示一定时期内区域每生产一个单位国内生产总值（万元）消耗的水量；C_6：万元 GDP 能耗（t/万元），表示一定时期内区域每生产一个单位国内生产总值（万元）消耗的标准煤数量。

2）滇中新区资源环境承载力评价方法选择

选择主成分分析法与均方差决策法进行滇中新区资源环境承载力评价。

运用 SPSS 22.0 软件，基于主成分分析法分别对新区的自然资源承载力、环境承载力和社会经济承载力进行评价，其中，按方差累计贡献率大于 85%的原则提取主成分，并以每个主成分的方差贡献率作为权重计算三个单项承载力的得分，计算公式为

$$F_j = \sum_{i=1}^{k} a_{ij} f_{ij} \Big/ \sum_{i=1}^{k} a_{ij} \tag{3-12}$$

式中，f_{ij}表示第 j 个单项承载力第 i 个因子的得分，a_{ij}表示第 j 个单项承载力第 i 个因子的方差贡献率。$j=1$，2，3 分别表示自然资源承载力、环境承载力和社会经济承载力。

均方差决策法是以各评价指标为随机变量，首先求出这些随机变量的均方差，并将这些均方差归一化，其结果即为各指标的权重系数。根据均方差决策法，计算自然资源、环境社会经济承载力各自所占的权重，最终计算出资源环境承载力，公式为

$$F = \sum_{i=1}^{k} F_j W_j \tag{3-13}$$

式中，F_j表示第 j 个单项承载力的得分，W_j表示第 j 个单项承载力的权重。$j=1$，2，3 分别表示自然资源承载力、环境承载力和社会经济承载力。

3）滇中新区资源环境承载力评价过程

第一，滇中新区的自然资源承载力分析。运用极差变换法对数据（$A_1=200.05$，$A_2=713.56$，$A_3=147.45$，$A_4=833.77$，$A_5=152.26$）进行标准化处理，采用主成分分析法提取出资源丰裕程度、资源利用压力和建设

用地占用三个主成分，并通过载荷矩阵向系数矩阵的转换和计算，最终得出 2016 年滇中新区的自然资源承载力为 0.405 6（$f_{资源1}$为自然资源丰裕程度指标，等于 0.562 5；$f_{资源2}$为自然资源利用压力指标，等于 0.369 8；$f_{资源3}$为建设用地占用指标，等于 0.325 7）。

通过以上数据可知：在土地资源方面，除了基本农田保护区，滇中新区水土流失情况相对较为严重；同时，滇中新区人均建设用地面积从 2015 年 56m^{2}增加至 2016 年 68 m^2，耕地被不断蚕食，出现了局部区域开发利用不合理的现象，最终将导致生态环境破坏。在水资源方面，随着新区开发建设和人口的增长，水资源利用压力逐渐增大，表现出持续的资源性缺水现象。此外，由于新区地下岩溶管道和裂隙大量发育，使得地下水资源难以蓄积、空间分布不均且较难开发等工程性缺水问题，进一步加重了新区的水资源压力。

第二，滇中新区的环境承载力分析。运用极差变换法对数据（B_1 = 0.45，B_2 = 2.28，B_3 = 32.50，B_4 = 3.06，B_5 = 1.86，B_6 = 48.55，B_7 = 105.10，B_8 =42.05，B_9 =18.25，B_{10} =15.60）进行标准化处理，采用主成分分析法提取出环境状况、绿地覆盖和固废排放、环境整治三个主成分，最终得出 2016 年滇中新区的环境承载力为 0.668 4（$f_{环境1}$为环境状况指标，等于 0.862 5；$f_{环境2}$为绿地覆盖和固废排放指标，等于 0.126 8；$f_{环境3}$为环境整治指标，等于 0.506 5）。

通过以上数据可知：新区大气环境质量较好，AQI 优良天数比例达到 95.0%。目前，新区污染以水环境污染为主，水环境质量较差且环境容量有限；另外，新区大部分区域水环境敏感程度较高，地表水与地下水转换频繁，浅层地下水资源极易受污染，治理难度较大。

第三，滇中新区的社会经济承载力分析。运用极差变换法对数据（C_1 =255.62，C_2 = 42.55，C_3 = 76.60，C_4 = 10 058.50，C_5 = 45.50，C_6 = 0.47）进行标准化处理，采用主成分分析法提取出经济发展水平和水资源消耗程度、建设用地利用绩效和能源利用效率两个主成分，最终得出 2016 年滇中新区的社会经济承载力为 0.225 6（$f_{社会1}$为经济发展水平和水资源消耗程度指标，等于 0.256 9；$f_{社会2}$为建设用地利用绩效和能源利用效率指标，等于 0.045 0）。

通过以上数据可知：新区经济基础较弱、增长方式单一，不能对区域生态和经济发展提供有效的支撑。另外，通过第二主成分的计算得分可知，新区产业发展的能耗与水耗较高，这与实现生态经济的目标存在较大的距离。

第四，滇中新区资源环境承载力分析。基于自然资源承载力、环境承载力与社会经济承载力的得分，运用均方差决策法计算 2016 年滇中新区资源环境承载力的综合得分为 0.457 0。在自然资源承载力方面，新区土地资源较为丰富，人均耕地面积达到 1 230 m^2，高于全省（1 066 m^2）与全国平均值（1 000 m^2），为区域经济发展提供了强有力的支撑。新区人均水资源量为 428 m^3，属于中度缺水地区，水资源压力巨大。在环境承载力方面，新区对工业能耗与排污要求较高，因此大气环境质量较好，环境压力主要来自水环境，其一，新区水环境比较敏感；其二，新区人口密度过高以及强烈的农业活动造成水污染情况严重；其三，新区存在一定的水土流失现象。在社会经济承载力方面，新区建设用地利用效率不高，单位面积建设用地经济产出较低，人均 GDP 尚未达到云南省较高水平，有着较大的开发空间和发展前景。

3. 总结

研究结果表明：滇中新区有着良好的土地资源，资源环境承载力水平较高，但在经济快速增长的需求背景下，新区面临着资源压力增大、环境容量有限、生态环境脆弱、经济支撑薄弱等一系列问题，资源环境综合承载力有待进一步提高。

3.2.3 黑龙江哈尔滨新区土地资源承载力评价的实践案例

1. 哈尔滨新区资源与环境状况

2015 年 12 月，国务院批复哈尔滨新区为国家级新区。哈尔滨新区规划面积为 493 km^2，分为江北地区和哈南地区。江北地区包括呼兰区利业镇、松北区松北镇和松浦镇以及青山镇、乐业镇和万宝镇的部分区域，主要有科技创新城、松江避暑城、利民开发区等城市发展区，用地面积为 398 km^2。哈南地区为平房区全域，主要有经济基数开发区、哈南工业新城等城市发展区，用地面积为 95 km^2，如图 3-5 所示。哈尔滨新区的区位条件优越、科技和产业基础较雄厚、生态环境优良、战略地位重要，是中国唯一以对俄合作为主题的最北部国家级新区。

自成立以来，哈尔滨新区重点发展新一代信息技术、新材料新能源、高端装备制造、金融及现代服务、文化旅游等主导产业。2019 年前三季

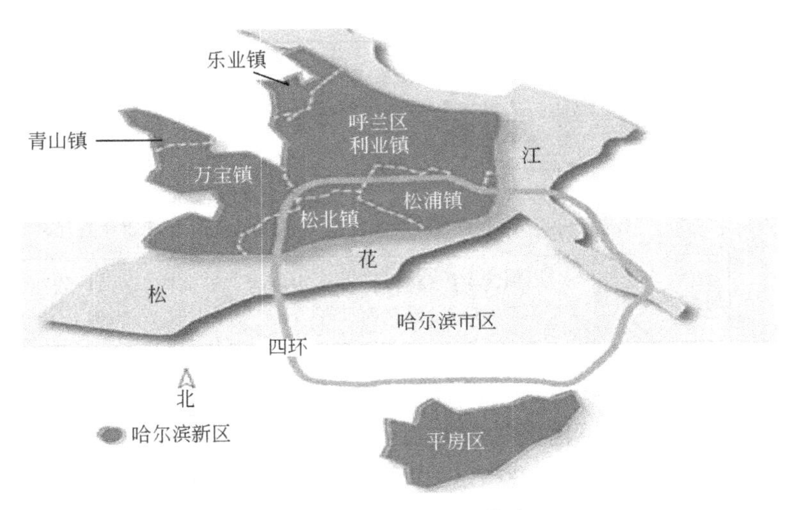

图3-5　哈尔滨新区构成

度，哈尔滨新区GDP为639.2亿元，同比增长9.4%，展现出强劲的发展势头和较强的带动引领作用，成为黑龙江经济发展和东北地区全面振兴的新亮点和新引擎。到2021年，哈尔滨新区城镇人口将达到125万人；2035年，哈尔滨新区城镇人口将达到220万人。

① 土地资源状况。2018年，哈尔滨新区人口为123万左右，建设用地控制在230 km^2，其中，城镇建设用地控制在190 km^2，预留弹性控制用地为40 km^2；2035年，城镇建设用地控制在280 km^2，人均城镇建设用地控制在130 m^2以内。

② 生态环境状况。哈尔滨新区地势平坦、平原广布、水资源丰富、生态资源环境优越，拥有自然保护区、风景名胜区、基本农田、河流水系、湿地等重要生态因素，包括万顷松江湿地、太阳岛国家级风景名胜区、呼兰河口自然保护区、三北防护林体系等。哈尔滨新区具有打造国家级生态文明建设示范区、推进绿色生态城区的良好基础。

2. 哈尔滨新区土地资源承载力评价

1) 哈尔滨新区土地资源承载力评价指标体系构建

基于社会、生态环保与经济三个子系统构建哈尔滨新区土地资源承载力评价指标体系，见表3-11。

表 3-11 哈尔滨新区土地资源承载力评价指标体系

目标层	准则层	指标层
哈尔滨新区土地资源承载力	社会子系统	人口密度（A_1）、城镇化水平（A_2）、恩格尔系数（A_3）、农民平均受教育程度（A_4）
	生态环保子系统	人均耕地面积（B_1）、人均水资源量（B_2）、林草覆盖率（B_3）、空气质量优良率（B_4）、生活垃圾无害化处理率（B_5）
	经济子系统	地区生产总值（C_1）、固定资产投资额（C_2）、农业科技转化率（C_3）、路网密度（C_4）

第一，社会子系统各项指标说明。人口密度（A_1）：表示区域单位土地面积的人口数；城镇化水平（A_2）：表示区域城镇化程度；恩格尔系数（A_3）：反映城镇居民可支配收入中用于食品消费的比例；农民平均受教育程度（A_4）：表示区域常住农民平均接受教育的年限，是区域人口素质指标。

第二，生态环保子系统各项指标说明。人均耕地面积（B_1）：表示区域耕地面积/区域总人口，反映区域耕地产出与人口间的协调关系；人均水资源量（B_2）；表示区域水资源总量/区域总人口；林草覆盖率（B_3）：表示区域森林与草地面积/区域土地总面积，此指标值越高，表明区域生态环境越好；空气质量优良率（B_4）：表示区域一年中空气质量优良天数/全年总天数，是大气环境质量的关键指标；生活垃圾无害化处理率（B_5）：表示经无害化处理的城市全部垃圾数量/区域全部生活垃圾数量。通常，良好的城市生态生活环境要求生活垃圾无害化处理达85%以上。

第三，经济子系统各项指标说明。地区生产总值（C_1）：表示区域一年或特定某段时间内所有生产活动的最终成果，是衡量区域经济发展规模的重要指标；固定资产投资额（C_2）：表示区域一段时间建造和购置的固定资产总量，是反映固定资产投资规模、速度、比例关系和使用方向的综合性指标；农业科技转化程度（C_3）：表示区域科技进步和科技成果使用率的重要指标；路网密度（C_4）：表示区域城市道路网内除居住区内道路外的主干路、次干路和支路的总长度在区域中的密度。

2）哈尔滨新区土地资源承载力的评价方法选择

确定科学合理的权重测定方法及权重系数是土地资源承载力评价的核心。哈尔滨新区土地资源承载力选择均方差决策法进行评价，计算公式为

$$\mathrm{LCC} = \sum_{i=1}^{n} D_{ij} S_j \tag{3-14}$$

式中，LCC 为土地综合承载力指数，D_{ij}为各指标标准化值，S_j为各因子权重。

3）哈尔滨新区土地资源承载力评价过程

第一步：指标标准化，用极差变换法计算的指标标准化结果见表 3-12。

表 3-12　哈尔滨新区土地资源承载力指标标准化

指标层	2015 年	2016 年	2018 年	2025 年	2035 年
A_1	1	0.961 8	0.905 6	0.465 5	0
A_2	0	0.092 5	0.147 8	0.621 0	1
A_3	0	0.286 5	0.379 0	0.626 1	1
A_4	0	0.052 0	0.124 5	0.526 8	1
B_1	1	0.621 0	0.456 2	0.250 6	0
B_2	1	0.823 0	0.656 6	0.267 8	0
B_3	0	0.106 2	0.201 2	0.465 7	1
B_4	1	0.256 8	0.404 1	0.590 5	0.823 5
B_5	0	0.129 6	0.286 9	0.512 6	1
C_1	0	0.226 8	0.315 6	0.578 0	1
C_2	0	0.385 0	0.406 8	0.605 2	1
C_3	0	0.208 9	0.336 0	0.612 7	1
C_4	0	0.008 0	0.256 8	0.601 5	1

第二步：运用均方差决策法求出各指标和各子系统的权重，见表 3-13。

表 3-13　哈尔滨新区土地资源承载力指标权重

准则层	指标层	各指标权重	子系统权重
D_1	A_1	0.261 0	0.318 7
	A_2	0.255 6	
	A_3	0.246 8	
	A_4	0.250 2	
D_2	B_1	0.285 3	0.326 5
	B_2	0.220 9	
	B_3	0.276 5	
	B_4	0.194 5	
	B_5	0.268 6	

续表

准则层	指标层	各指标权重	子系统权重
D_3	C_1	0.305 6	0.354 8
	C_2	0.280 4	
	C_3	0.252 6	
	C_4	0.261 5	

从子系统水平上可以看出，各子系统（准则层）的权重排序如下：经济子系统 D_3>生态环保子系统 D_2>社会子系统 D_1，即在新区土地资源承载力系统中，经济子系统相对比较重要，其次为生态环保子系统和社会子系统。

在社会子系统中，从指标的权重数值来看，排序如下：人口密度（A_1）>城镇化水平（A_2）>农民平均受教育程度（A_4）>恩格尔系数（A_3），人口密度与城镇化水平是影响社会子系统的重要因素。在生态环保子系统中，人均耕地面积（B_1）>林草覆盖率（B_3）>生活垃圾无害化处理率(B_5)>人均水资源量（B_2）>空气质量优良率（B_4），人均耕地面积是生态环保子系统中最重要的指标。在经济子系统中，地区生产总值（C_1）>固定资产投资额（C_2）>路网密度（C_4）>农业科技转化率（C_3），地区生产总值是经济发展最重要的指标。

第三步：计算土地资源承载力。通过对各子系统及各指标权重的分析，计算2015年、2016年、2018年、2025年和2035年各子系统综合指数以及土地资源承载力综合指数，见表3-14。

表3-14　哈尔滨新区土地资源承载力综合指数

综合指数	2015年	2016年	2018年	2025年	2035年
D_1	0.262 0	0.306 5	0.321 4	0.480 5	0.665 6
D_2	0.521 8	0.456 2	0.405 2	0.381 5	0.578 8
D_3	0.105 7	0.256 8	0.352 4	0.527 9	0.896 4
LCC	0.253 8	0.337 7	0.359 7	0.465 0	0.744 4

2015年哈尔滨新区刚刚开发，经济发展水平与社会发展程度相对较低。2016年，哈尔滨新区经济水平有一定程度的提升，但存在制约经济发展的限制性因素，同时由于城镇化速度的加快，社会子系统相对综合指数较高。2018年，新区社会子系统和经济子系统综合指数相当。2025年，哈尔滨新区各子系统综合指数提升较快，尤其是经济水平大幅提升，为中等承载力水平。2035年，哈尔滨新区城市功能将基本完善，经济发展水平达

到较高水平，但由于人口达到 200 多万，资源成为制约新区发展的主要因素。自 2015 年 8 月开始建设到 2018 年的三年时间，哈尔滨新区土地资源承载力得到一定的提升。在中长期土地资源承载力的预测中，土地资源承载力逐年提升，整体表现良好。

3. 总结

建设之前，2015 年哈尔滨新区土地资源承载力为 0. 253 8；建设初期，2016 年哈尔滨新区土地资源承载力为 0. 337 7；经过三年的建设，2018 年哈尔滨新区土地资源承载力达到 0. 359 7，有了一定程度的提升；建设中期，2025 年哈尔滨新区土地承载力预计为 0. 465 0，属于中等水平；2035 年，哈尔滨新区土地资源承载力预计达到 0. 744 4，属于较高承载力水平，实现了土地资源承载力由低水平向较高水平的提升。

3. 2. 4　天津滨海新区地质环境承载力评价的实践案例

1. 天津滨海新区资源与环境状况

滨海新区位于天津东部沿海地区、环渤海经济圈的中心地带，总面积为 2 270 km^2，常住人口为 299 万，是中国北方对外开放的门户、高水平的现代制造业和研发转化基地、北方国际航运中心和国际物流中心、宜居生态型新城区，被誉为“中国经济的第三增长极”。新区具有良好的生态环境，水面、湿地面积超过 700 km^2；可供开发的盐碱荒地面积为 1 200 km^2；石油、天然气资源丰富，已探明渤海海域石油资源总量为 100 多亿 t，天然气储量为 1 937 亿 m^3。截至 2016 年年底，新区常住人口总量达 299. 42 万人，比 2015 年末增加 2. 41 万人，户籍户数达 47. 88 万户，增加 1. 92 万户；户籍人口为 128. 18 万人，增加 4. 26 万人。2017 年，新区水资源总量为 1. 88 亿 m^3，人均水资源量为 63 m^3，远低于 2017 年国内平均水平（2 074. 5 m^3/人），属于资源型严重缺水地区。

（1）工程地质环境。滨海新区属于华北平原分区，处在断陷及坳陷盆地内，沉积了巨厚的新生代堆积物。堆积物厚度大于 5 000 m，其中古近系和新近系是新区油气资源和地下热水的主要生储层和储集层。滨海新区广泛分布着液化砂土、淤泥质软土与盐渍化土壤，为不良土层。地面沉降是新区最主要的地质灾害，最大累计沉降量为 3. 448 m，年均沉降量 20～30 mm/年，局部地区年沉降量超过 70 mm/年。

（2）水文地质环境。2017 年，滨海新区地表水资源量为 1.31 亿 m^3，比多年平均值少 25.6%；外调地表水资源量为 2.63 亿 m^3，其中引滦水 1.29 亿 m^3、引江水 0.76 亿 m^3、趸售水 0.586 亿 m^3。浅层地下水为咸水，开发利用价值小；深层地下水可开采，地下水（矿化度<2 g/L）储量为 0.57 亿 m^3，其中可开采量 0.55 亿 m^3。新区拥有 4 座海水淡化厂，2017 年生产并供给海水淡化水 0.34 亿 m^3。

2. 天津滨海新区地质环境承载力评价

1）天津滨海新区地质环境承载力评价指标体系构建

基于科学性、层次性、可行性等基本原则，综合滨海新区的地质环境特点，以地质环境承载力为目标层，以工程地质环境、水文地质环境与主要地质环境问题为准则层，以断裂构造特征、地下水矿化度、地下水开采强度、地面沉降等 13 个指标为基础构建天津滨海新区地质环境承载力评价指标体系，见表 3-15。

表 3-15　天津滨海新区地质环境承载力评价指标体系

目标层	准则层	指标层
地质环境承载力	工程地质环境（U_1）	高程（A_1）
		断裂构造特征（A_2）
		地震烈度（A_3）
		地震灾害分布（A_4）
	水文地质环境（U_2）	地下水水位（B_1）
		地下水矿化度（B_2）
		地下水开采潜力（B_3）
		地下水开采强度（B_4）
	主要地质环境问题（U_3）	地面沉降（D_1）
		土壤盐渍化（D_2）
		软土分布（D_3）
		砂土液化（D_4）
		水土腐蚀（D_5）

2）天津滨海新区地质环境承载力评价方法选择

第一，层次分析法。运用层次分析法确定滨海新区地质环境承载力评价指标权重，其主要步骤为：建立层次结构模型、构造判断矩阵、层次单排序与一致性检验、层次总排序与一致性检验。

第二，GIS空间分析法。GIS空间分析法利用强大的空间分析功能，对滨海新区地质环境承载力进行空间技术分析，将区域多个专题图层进行复合叠加，生成新的数据层，该数据层具有各个叠加专题层要素的多重属性及统计特征。

3）天津滨海新区地质环境承载力评价过程

第一步：评价指标量化。基于滨海新区地质环境的基础数据，首先将各评价因子参数变化范围或属性等级给予1~10的分值。由于各评价因子属性不同，因此划分等级从二级到五级。天津滨海新区地质环境承载力评价指标量化赋值见表3-16。

表3-16　天津滨海新区地质环境承载力评价指标量化赋值

评价因子	分级及赋值				
	Ⅰ	Ⅱ	Ⅲ	Ⅳ	Ⅴ
高程/m	<2（9）	2~4（7）	4~6（5）	6~10（3）	>10（1）
断裂构造特征	没有断层或很少（9）	只有小型断层（7）	有中型断层（5）	有大型断层（3）	形成断层复合带（1）
地震烈度	八度区（5）	七度区（7）	六度区（9）		
地震灾害分布	严重震害区（3）	中等震害区（6）	轻微震害区（9）		
地下水水位/m	0~1（9）	1~2（8）	2~3（6）		
地下水矿化度/（g/L）	3~5（8）	≥5（5）			
地下水开采潜力（可开采量/开采量）	P>1.2（9）	0.8≤P<1.2（7）	0.6≤P<0.8（5）	0.4≤P<0.6（3）	P<0.4（1）
地下水开采强度/[$10^4m^3/(m^3\cdot a)$]	>15（9）	10~15（7）	5~10（5）	1~5（3）	<1（1）
地面沉降	地面沉降较重发育区（3）	地面沉降中等发育区（6）	地面沉降较弱发育区（9）		
土壤盐渍化	非盐渍化（9）	轻盐渍化（7）	中盐渍化（5）	重盐渍化（2）	盐碱土区（1）
软土分布	黏性土（7）	砂性土（5）	淤泥土（3）		
砂土液化	轻微（9）	中等（5）	严重（2）		
水土腐蚀	无（9）	弱（7）	中（4）	强（2）	

第二步：确定指标权重。邀请10名相关专家打分，确定上述每个指标的权重，见表3-17。

表3-17 天津滨海新区地质环境承载力评价指标的权重值

目标层	准则层		指标层		总权重
	名称	权重	名称	权重	
地质环境承载力（G）	工程地质环境（U_1）	0.185	高程（A_1）	0.102	0.019
			断裂构造特征（A_2）	0.365	0.067
			地震烈度（A_3）	0.258	0.048
			地震灾害分布（A_4）	0.275	0.051
	水文地质环境（U_2）	0.256	地下水水位（B_1）	0.248	0.063
			地下水矿化度（B_2）	0.145	0.037
			地下水开采潜力（B_3）	0.252	0.065
			地下水开采强度（B_4）	0.355	0.091
	主要地质环境问题（U_3）	0.559	地面沉降（D_1）	0.315	0.176
			土壤盐渍化（D_2）	0.226	0.126
			软土分布（D_3）	0.141	0.079
			砂土液化（D_4）	0.112	0.063
			水土腐蚀（D_5）	0.206	0.115

第三步：建立评价模型。采用栅格处理方法，对2 km×2 km的单元面积进行划分，对面积不足一个单元的归入邻近评价单元格，将新区划分为560个小单元。

引入评价指数P_Z对新区地质环境承载力进行评价，根据表3-15选取的13个评价指标，分别建立数据层，运用GIS空间叠加功能，对地质环境承载力进行综合加权求和，最终计算出滨海新区的地质环境承载力。

$$P_Z=\sum(W_i\times C_i) \tag{3-15}$$

式中，P_Z为地质环境承载力，W_i为第i个评价指标的权重，C_i为第i个评价指标的分值。

$P_Z=\sum(W_i\times C_i)=0.019\times$高程$+0.067\times$断裂构造特征$+0.048\times$地震烈度$+0.051\times$地震灾害分布$+0.063\times$地下水水位$+0.037\times$地下水矿化度$+0.065\times$地下水开采潜力$+0.091\times$地下水开采强度$+0.176\times$地面沉降$+0.126\times$土壤盐渍化$+0.079\times$软土分布$+0.063\times$砂土液化$+0.115\times$水土腐蚀

通过计算得到每个单元的地质环境承载力评价指数P_Z，其数值为2~9。根据数值范围，将评价结果分为四级，划分等级见表3-18。

表 3-18　地质环境承载力等级划分

分级	分值	承载力等级
Ⅰ	>7	优
Ⅱ	7~5	良
Ⅲ	5~3	中
Ⅳ	<3	差

第四步：分析评价结果。按照四级评价标准，结合滨海新区地质环境承载力评价模型，将 13 个基础类评价指标进行空间叠加组合，实现滨海新区地质环境承载力的等级划分。

滨海新区地质环境承载力为优的区域主要分布于北大港水库（生态城之内）周围。此区高程为 0~5 m，地势相对平坦，处于地震灾害微弱区，断裂分布较少，以黏性土分布为主。地下水位均在 2 m 以下，属于地面沉降较弱发育区，水土腐蚀较弱，水文地质环境条件较好，地下水开采强度达到了采补平衡。总体来讲，此区工程地质条件较好，地基承载力相对较高，可以考虑加大工程规划力度。

滨海新区地质环境承载力为良的区域主要分布在生态城的东北地区、保税区最北部地区和最南部局部地区以及高新区和开发区的少部分区域。此区工程地质条件不平衡，大部分地区为中等震害区，少部分地区为轻微震害区，断裂密度较大，软土分布以黏性土为主。地下水位埋深在 2 m 以下，属于地面沉降中等发育区，水土腐蚀以中等腐蚀为主，水文地质环境相对较弱。

滨海新区地质环境承载力为中的区域主要分布在高新区和开发区的大部分地区、保税区的北部区域。此区工程地质条件较差，大部分地区为中等震害区，断裂密度较大。部分区域地下水位埋深为 2~3 m，属于地面沉降较重发育区，软土分布以砂性土为主，地下水开采强度较小，大部分为中等超采区，水文地质环境较弱。

滨海新区地质环境承载力为差的区域主要分布于南部的大部分区域、高新区和保税区的局部区域，占新区面积比例较小。此区工程地质环境和水文地质环境条件很差，绝大部分区域处于严重震害区，断裂密度大。地下水位埋深在 3m 左右，属于地面沉降较重发育区，软土分布以淤泥土和砂性土为主，地下水开采强度较小，部分区域为重度超采区。

3. 总结

根据滨海新区的地质环境特点，运用层次分析法构建了滨海新区地质环境承载力评价指标体系，利用 GIS 空间分析法对新区各个单元进行综合加权指数计算，将滨海新区地质环境承载力划分为优、良、中与差四个等级。

3.3 小　　结

3.3.1 国外案例总结

1. 基于能值分析法的美国新泽西州资源环境承载力评价

以美国新泽西州的三个城市纽瓦克、泽西城与联合城为研究对象，从环境的“资源支撑能力”和“废物消纳能力”两个方面，运用能值分析法分别计算了 1985—2013 年三个城市的资源环境承载状况，并进行了对比分析。分析结果表明：纽瓦克 ECC>ECQ，城市环境负荷处于中等水平，资源开发利用程度较高，环境压力相对较小；泽西城 ECC 远大于 ECQ，城市环境负荷情况良好，但资源综合开发利用率低，经济发展水平不足；联合城人口超载严重，城市环境负荷较重，从 2007 年之后 ECQ>ECC，经济发展超出了环境承载的范围，属于典型的消费型经济系统，可持续性较差。因此，纽瓦克经济发展尚在环境承载范围之内，且环境承载状况保持动态稳定；泽西城环境承载力供给大于需求，环境承载处于冗余状态，但下降趋势明显；自 2007 年后，联合城经济发展超出了环境承载的范围，资源约束趋紧，且环境超载情况不断加剧。

2. 基于生态足迹法的德国萨克森州生态承载力评价

基于生态足迹的计算方法，对 2013—2015 年德国萨克森州的生态承载力进行了计算与分析评价：2013—2015 年德国萨克森州生态盈余分别为 0.117 693 hm^2/人、0.114 186 hm^2/人、0.095 037 hm^2/人，2013 年的生态盈余分别是 2014 年、2015 年的 1.03 倍、1.24 倍。萨克森州的生态足迹供求与需求矛盾处于一个良好的状态，但是生态足迹值呈现一定程度的增加，生态盈余有变小的趋势。如果这种趋势一直存在，会成为生态赤字，未来萨克森州的经济发展状况将不可持续。研究结果表明：德国萨克森州的资源环境生态状况基本良好，资源环境之间供需的矛盾尚不突出，但有恶化的趋势，需要引起足够的重视。

3. 基于向量模法的日本东北地方水环境承载力评价

水环境是影响区域经济发展的一个重要因素。结合日本东北地方的水环境状况，运用向量模法对 2008—2012 年日本东北地方水环境承载力进行评价，结果表明：日本东北地方水环境承载力呈现上升趋势，从 2008 年的 0.104 8 到 2012 年的 0.163 5，但整体水平较低。作为资源性缺水和水质性缺水并存的地区，随着城市化进程加快和人口不断增多，水资源将成为制约日本东北地方经济可持续发展的一个重要因素。只有合理利用水资源，不断提高区域水环境承载力，才能实现日本东北地方经济与资源的可持续发展。

4. 总结

国外实践案例选择了美国新泽西州资源环境承载力评价、德国萨克森州生态承载力评价与日本东北地方水环境承载力评价 3 个典型案例。

1）基于能值分析法的美国新泽西州环境承载力评价

通过全面收集美国新泽西州三个城市纽瓦克、泽西城与联合城的土地面积、总人口、本地可更新资源能值、本地不可更新资源能值、反馈输入能值、进口能值、废弃物能值等基本数据，运用能值分析法计算 1985—2013 年新泽西州三个城市的 6 个能值评价指标：净能值产出率 EYR、环境负载率 ELR、能值利用强度 ED、可更新能源的人口承载量 ECP、能值可持续指标 ESI 与可持续发展能值指标 EISD，并通过分析资源环境的资源支撑能力指标 SC 和废物消纳能力指标 AC，最终分别计算 1985—2013 年新泽西州三个城市的资源环境承载量 ECQ 和资源环境承载力 ECC。第一，三个城市的 SC 与 AC 分析。纽瓦克、泽西城与联合城三个城市的 SC、AC 均呈上升趋势，纽瓦克和联合城的 ECQ 以 SC 为主，废物消纳能力次之；泽西城的 ECQ 以 AC 为主，支撑能力次之。第二，三个城市的 ECQ 与 ECC 分析。纽瓦克、泽西城和联合城三个城市的 ECQ 均呈上升趋势，纽瓦克的 ECC 上升趋势明显，泽西城的 ECC 开始缓慢上升、中期一段时间下降、后期又呈缓慢上升趋势，联合城的 ECC 呈现快速下降的趋势，表明随着区域技术水平和生产效率的提升，纽瓦克环境承载情况良好；泽西城早期生态环境遭到一些破坏，但 2007 年后经过环境治理，ECC 又上升，表明区域环境承载力有了一定程度的提高；联合城的 ECC 逐年降低但 ECQ 却一直增加，表明近段时期区域资源环境系统持续遭受破坏，承载状况较差。

2）基于生态足迹法的德国萨克森州生态承载力评价

通过收集德国萨克森州的农业、建筑、燃料等面积数据及人口、经济状况等数据，基于生态足迹法：（1）计算德国萨克森州的生态足迹供给与生态足迹需求。将区域内的资源与能源消费项目折算成为六种类型的生态生产性面积，分别求出2013—2015年德国萨克森州的六种生态类型的人均面积、足迹需求与足迹供给。（2）计算德国萨克森州的生态足迹与生态承载力。基于均衡因子、产量因子、当量因子等相关数据，计算2013—2015年德国萨克森州任一类生态生产性面积，之后汇总求出2013—2015年德国萨克森州的人均生态承载力和人均生态足迹。（3）计算德国萨克森州的生态盈余/赤字。比较2013—2015年德国萨克森州的人均生态足迹与人均生态承载力，表明2013—2015年德国萨克森州生态消费处于生态承载力的范围之内；但是从2013—2015年三年生态盈余数值的0.117 693、0.114 186、0.095 037可以看出，随着萨克森州社会经济发展，生态盈余在逐渐变小，如果维系这种趋势，未来萨克森州的经济发展状况将不可持续。

3）基于向量模法的日本东北地方水环境承载力评价

基于向量模法对日本东北地方水环境承载力进行评价。（1）构建日本东北地方水环境承载力评价指标体系。选择区域人均GDP、城镇化率等8个指标构建日本东北地方水环境承载力指标体系。（2）日本东北地方水环境承载力评价计算。首先，查找相关统计数据，得出2008—2012年日本东北地方水环境承载力评价指标值；其次，进行归一化处理，得出2008—2012年日本东北地方水环境承载力评价指标的归一化值。最后，计算2008—2012年日本东北地方水环境承载力。结果显示：2008—2012年日本东北地方水环境承载力分别为0.104 8、0.108 5、0.142 6、0.147 0与0.163 5，日本东北地方水环境承载力有逐年上升的趋势，但是水环境的承载力水平相对较低。2008—2012年，随着区域GDP的增加、污水处理能力的提高以及单位GDP耗水量的降低，提升了东北地方的水环境承载力。

3.3.2 国内案例总结

1. 云南滇中新区资源环境承载力评价

基于滇中新区资源环境承载力评价指标体系，运用主成分分析法与均方差决策法，在计算2016年滇中新区自然资源承载力（0.405 6）、环境承载力（0.668 4）与社会经济承载力（0.225 6）的基础上，求出2016年滇中新区资源环境承载力为 0.457 0。在自然资源承载力方面，滇中新区具有较为丰富的土地资源，人均耕地面积为 1.85 亩，高于全省平均水平；滇中新区人均水资源量较低，属于中度缺水地区，资源性缺水现象严重。在环境承载力方面，滇中新区对工业排污标准要求较高，从源头上限制了工业污染物的排放，区域大气环境质量较好。环境压力主要来自水环境，一是水环境较敏感；二是人口密度过高和强烈的农业活动；三是水土流失现象，这些都限制了环境承载力水平。在社会经济承载力方面，滇中新区建设用地利用效率不高，单位面积建设用地经济产出较低，社会经济发展尚处于起步阶段。总之，滇中新区自然资源承载力水平较高，但在经济快速增长的需求背景下，滇中新区将面临资源压力增大、环境容量有限、经济支撑薄弱等问题，资源环境承载力有待提高。

2. 黑龙江哈尔滨新区土地资源承载力评价

通过构建哈尔滨新区土地资源承载力评价指标体系，运用极差变化法和均方差决策法，通过计算 2015 年、2016 年、2018 年、2025 年、2035 年哈尔滨新区的社会子系统承载力、生态保护子系统承载力与经济子系统承载力，综合计算 2015 年、2016 年、2018 年、2025 年、2035 年哈尔滨新区的土地资源承载力。2015 年哈尔滨新区建设之前，经济发展水平严重制约着新区发展，并且社会发展程度不高。一年后哈尔滨新区经济水平有所提高，但存在制约发展的主要因素，而由于城镇化速度加快等原因，社会子系统相对综合指数较高。2018 年，哈尔滨新区经济水平提高，但整体综合指数不高，社会系统和经济系统综合指数相当。2025 年，哈尔滨新区各子系统综合指数提升较快，尤其经济水平提升很快，土地资源承载力有了较大提高，表现为中等承载力水平。2035 年，哈尔滨新区城市功能基本完善，经济发展水平达到较高水平，但由于人口达到 200 多万，资源成为制约新区发展的主要因素。自 2015 年开始建设到 2018 年的三年时间，哈尔滨新区土地资源承载力得到一定的提升。在哈尔滨新区中长期土地资源承载力的预测中，土地资源承载力逐年提升，整体表现良好。

3. 天津滨海新区地质环境承载力评价

通过构建滨海新区地质环境承载力评价指标体系，运用层次分析法与 GIS 空间分析法，引入评价指数对滨海新区地质环境承载力进行评价，得到新区每个单元的地质环境承载力评价指数，实现滨海新区地质环境承载力的等级划分。滨海新区北大港水库周围的地质环境承载力为 I 级（优），此区工程地质条件较好，基本上没有不良的地质现象，地基承载力相对较高。滨海新区生态城的东北地区、保税区最北部地区和最南部局部地区以及高新区和开发区的少部分区域的地质环境承载力为Ⅱ级（良），此区工程地质条件不平衡，水文地质环境相对较弱。滨海新区高新区和开发区大部分地区、保税区北部区域的地质环境承载力为Ⅲ级（中），此区工程地质条件较差，水文地质环境较弱。滨海新区南部大部分区域、高新区和保税区局部区域的地质环境承载力为Ⅳ级（差），此区域工程地质环境和水文地质环境条件都很差。

4. 总结

国内实践案例选择了云南滇中新区资源环境承载力评价、黑龙江哈尔滨新区土地资源承载力评价与天津滨海新区地质环境承载力评价 3 个典型案例。

1）云南滇中新区资源环境承载力评价

首先，构建以资源环境承载力为目标层，自然资源承载力、环境承载力、社会经济承载力为一级准则层，人口、土地资源、水资源、水环境、大气环境、生产环境、生态环境、社会发展与经济支撑为二级准则层集成性指标，以及人口密度、人均耕地面积、人均水资源占有量、氨氮排放强度、二氧化硫排放强度、工业固废排放强度、森林覆盖率、固定资产投资额、人均 GDP 等 21 项基础指标的滇中新区资源环境承载力评价指标体系。其次，选择主成分分析法和均方差决策法进行滇中新区资源环境承载力评价。再次，分析提取相关的主成分因子，分别计算 2016 年滇中新区自然资源承载力为 0. 405 6、环境承载力为 0. 668 4、社会经济承载力为 0. 225 6；滇中新区自然资源承载力的主要影响指标为自然资源丰裕程度、自然资源利用压力和建设用地占用指标。滇中新区环境承载力的主要影响指标为环境状况指标、绿地覆盖和固废排放指标、环境整治指标。滇中新区社会经济承载力的主要影响指标为经济发展水平和水资源消耗程度指标、建设用地利用绩效和能源利用效率指标。最后，基于自然资源承载力、环境承载力与社会经济承载力的得分，运用均方差决策法求得三个单项承载力的权重，最终计算出 2016 年滇中新区资源环境承载力的综合得分为 0. 457 0。

2）黑龙江哈尔滨新区土地资源承载力评价

首先，基于社会、生态环保与经济三个子系统，选择了人口密度、城镇化水平、人均耕地面积、人均水资源量、空气质量优良率、地区生产总值、固定资产投资额等 13 个指标构建了哈尔滨新区土地资源承载力评价指标体系。其次，选择极差变换法对指标值进行标准化处理，运用均方差决策法计算各指标和各子系统的权重，运用多目标综合评价模型对哈尔滨新区土地资源承载力做出评价。再次，通过分析计算结果，经济子系统相对比较重要（0.354 8），生态环保子系统次之（0.326 5），社会子系统影响最小（0.318 7）。最后，分别计算了 2015 年、2016 年、2018 年、2025 年、2035 年哈尔滨新区的社会子系统承载力、生态保护子系统承载力与经济子系统承载力，按照各个子系统所占权重最终计算出 2015 年、2016 年、2018 年、2025 年、2035 年哈尔滨新区的土地资源承载力。建设之前，2015 年哈尔滨新区土地资源承载力为 0.253 8；建设初期，2016 年哈尔滨新区土地资源承载力为 0.337 7；经过三年建设，2018 年哈尔滨新区土地资源承载力达到 0.359 7；建设中期，2025 年哈尔滨新区土地资源承载力为 0.465 0，属于中等水平；2035 年，哈尔滨新区土地资源承载力达到 0.744 4，实现了土地资源承载力由低水平向较高水平的提升。建设的中后期，随着哈尔滨新区土地资源承载力的大幅提高，经济社会发展态势良好，生态环保因素将成为限制新区土地资源承载力的主要因素。

3）天津滨海新区地质环境承载力评价

首先，基于天津滨海新区的地质环境特点，以地质环境承载力为目标层，以工程地质环境、水文地质环境和主要地质环境问题为准则层，以断裂构造特征、地震灾害分布、地下水矿化度、地下水开采强度等 13 个指标为基础指标构建天津滨海新区地质环境承载力评价指标体系。其次，运用层次分析法确定天津滨海新区地质环境承载力各个评价指标的权重值。再次，以 2 km×2 km 为单元，将新区划分为 560 个小单元，构建天津滨海新区地质环境承载力评价模型，利用 GIS 的空间叠加功能，对滨海新区各个单元进行综合加权指数计算，求得滨海新区的地质环境承载力，并根据综合指数分值的大小，将新区地质环境承载力划分为优、良、中与差四个等级。

第4章 雄安新区资源环境禀赋特征与社会经济发展现状分析

本书在系统收集雄安新区资源、环境与社会经济发展相关资料和统计数据的基础上，通过对河北省雄县、容城县、安新县的实地调研，运用模糊数学、统计分析等方法，研究雄安新区的土地资源、水资源、矿产资源、水环境、大气环境、地质环境、GDP（人均）结构及人口分布特征等，把握雄安新区资源环境禀赋的主要特征、人口与产业发展现状、资源环境与社会经济发展的匹配性等因素，明晰雄安新区资源环境承载力评价的核心要素。

4.1 雄安新区资源环境禀赋特征研究

雄安新区具有典型的区域生态系统特征：自然资源丰富、开发程度较低、生态环境优良、资源环境承载能力较强。本书在摸清雄安新区自然地理特征的基础上，重点从土地资源、水资源与水环境、地质环境等方面研究雄安新区的资源与环境现状，摸清雄安新区资源与环境的“家底”。

4.1.1 雄安新区概况

1. 雄安新区的战略定位

2017年4月，中共中央、国务院批准设立河北雄安新区。雄安新区旨在构建蓝绿交织、清新明亮、水城共融的国际一流和现代智慧城市，推进京津冀协同发展战略；同时，调整优化京津冀的城市布局与空间结构，促进区域生产要素的自由流动和优化配置，打造具有竞争力的世界级城市群。

1）北京非首都功能的集中承载地

京津冀城市群是我国最重要的人口和经济活动聚集区。由于在京津冀区域的核心地位，北京吸引了大量外来的人、财、物，造成“大城市病”越来越重，人口膨胀、交通拥堵、房价高企、资源紧张、环境污染等一系列问题严重影响了首都居民的生活质量；同时因为辐射带动效应不足，京外地区的技术创新和产业结构高度化没有得到提升，经济发展没有获得反哺。

除了依靠自身，北京非首都功能的有序疏解必须依靠京津冀区域乃至其他地区的配合，雄安新区设立的初衷就是建设成为北京非首都功能疏解集中承载地。雄安新区地处北京、天津、河北保定的腹地，作为承接北京非首都功能的新两翼之一，要与北京城市副中心分工明确、实现错位发展。

2）京津冀城市群的重要一极

在京津冀城市群中，北京作为增长极的极化效应明显突出，扩散涓滴效应显著不足，同时，与长三角城市群、珠三角城市群相比，京津冀城市群内人口分布和城市规模分布不均衡，各城市间分工不显著、产业联系不紧密，城市群内集聚效应和比较优势无法充分发挥。

设立雄安新区，可以顺应京津冀区域结构优化演进的趋势。雄安新区在集中疏解北京非首都功能的同时，通过优化城市布局和空间结构产生二次极化效应，形成新的经济增长极，使京津冀城市群长远有序地良性发展。为了将雄安新区打造成为京津冀城市群新的增长极，必须坚持“世界眼光、国际标准、中国特色、高点定位”的原则，从产业、人才、投融资与对外开放四个方面进行全面建设。

3）高质量、高水平的社会主义现代化城市

建设雄安新区，要以党的全面领导与中国特色社会主义思想为指导，融入全新的发展理念，打造“雄安质量”，成为社会主义现代化城市样板的先行区。

雄安新区规划面积为 1 770 km^2，蓝绿空间比稳定在 70%，远景开发强度控制在 30%，建设用地总规模约为 530 km^2，耕地占新区总面积 18%左右，其中，永久基本农田占比 10%。按照规划：2035 年，雄安新区基本建成绿色低碳、信息智能、宜居宜业、具有较强竞争力和影响力、人与自然和谐共生的高水平社会主义现代化城市。

2. 雄安新区的构成情况

雄安新区地处北京市、天津市、河北省保定市腹地，距北京市、天津市均为 105 km，距保定市 30 km。雄安新区包括保定市的雄县、容城县、安新县（含白洋淀水域）及周边部分区域，共辖 29 个乡镇，见表 4-1。

① 雄县。雄县位于新区东部，北距北京五环 100 km，东距天津外环 100 km，西距保定 70 km，辖 6 镇 3 乡 290 个行政村，县域土地面积为 661 km^2，人口为 46.2 万人。雄县自然资源丰富，拥有白洋淀水域资源、油田地热等宝贵能源；民营经济较发达，拥有塑料包装、压延制革、乳胶制品与电器电缆四大支柱产业；历史文化悠久，被誉为“中国古地道文化之乡”“中国仿古石雕文化之乡”。

表 4-1　雄安新区的构成情况

雄安新区		
保定市	雄县	雄州镇、昝岗镇、大营镇、龙湾镇、朱各庄镇、米家务镇、双堂乡、张岗乡、北沙口乡
	安新县	安新镇、大王镇、三台镇、端村镇、赵北口镇、同口镇、刘李庄镇、安州镇、老河头镇、圈头乡、寨里乡、芦庄乡
	容城县	容城镇、小里镇、南张镇、大河镇、晾马台镇、八于乡、贾光乡、平王乡
	高阳县	龙化乡（由安新县托管）
沧州市	任丘市	鄚州镇（由雄县托管）、苟各庄镇（由雄县托管）、七间房乡（由雄县托管）

② 容城县。容城县位于北京、天津、保定三角腹地，距北京、天津均为120 km，距保定市 50 km，辖 5 镇 3 乡 127 个行政村，县域土地面积为 314 km^2，人口约为 27.6 万人。容城县拥有丰富的地热资源和水资源，区位优势独特、交通体系完善，主要经营服装、机械制造汽车零部件、箱包毛绒玩具及食品加工产业。

③ 安新县。安新县位于河北省中部，北距北京 162 km，西距保定市 45 km，西南距石家庄市 187 km，辖 9 镇 3 乡 212 个行政村，县域土地面积为 779 km^2，人口约为 50.9 万人。安新县是中国北方著名的旅游胜地，也是华北最大鞋业生产基地、羽绒集散地以及华北最大废旧有色金属集散地。西南北的冲积洼地平原和白洋淀是其县域内主要的自然资源。

3. 雄安新区的区位特点

雄安新区定位为二类大城市，规划建设以特定区域为起步区先行开发，起步区面积约为100 km^2、中期发展区面积约为200 km^2、远期控制区面积约为2 000 km^2。新区区位优势明显、交通便捷通畅、生态环境优良、开发程度较低、发展空间充裕，具备高起点、高标准开发建设的基本条件。

1）交通便利，区位优势明显

从全国的城市群布局上看，雄安新区构成与南部“珠三角”、中部“长三角”相呼应的北部“京三角”。新区地处华北平原腹地，依托大广高速、保津高速两条纵贯县境的主干线，雄县已经融入了京津城市大交通框架。容城县拥有京广铁路、京昆高速、京港澳高速等重要交通干线，正在建设的京石高铁和津保高铁线路可以实现30 min到北京、40 min到天津的公交化网络。安新县周边形成了多条互通连接的高速外环。总体上看，新区地理位置距离适中、发展空间充裕，既可以享受京津高端要素资源、产业集聚与京津冀协同发展带来的机遇，又能避免过度集聚造成的弊端。

2）自然资源丰富，文化底蕴深厚

新区具有广阔的水域面积和丰富的地热资源，形成了以白洋淀生态文化资源为核心的自然资源体系，区内漕河、南瀑河、萍河、南拒马河等多条河流交汇。新区历史文化底蕴深厚、层次丰富，有宋辽古战道、瓦桥关遗址、晾马台遗址等历史文化遗址，有雄州古乐、鹰爪翻子拳等国家级非物质文化遗产，也有中国北方最大的古玩交易市场。

3）城市化水平低，发展空间广阔

新区城市化水平较低，人力资源、土地资源相对充足，坐拥华北平原最大的淡水湖泊——白洋淀，拥有良好的发展潜力和市场空间。从经济发展水平上看，2018年雄安新区GDP约为200亿元，不足北京的1%，经济基础、产业开发、城市建设等各方面都具有广阔的发展空间。

4.1.2 雄安新区的资源状况

1. 土地资源

2015年，雄安新区三县的土地总面积为1 557 km^2，土地覆被类型主要包括耕地、聚落和湿地（含水域），约占总面积的90%；城镇建成区仅为 34.36 km²，约占总面积的 2.2%，具体见表 4-2。图 4-1 所示为 2015 年雄安新区三县的各种土地类型占比。

表 4-2　2015 年雄安新区三县土地覆被类型面积统计表　单位：km²

地名	农田		林地	湿地	城镇和乡村聚落		
	水田	旱地			城镇建成区	乡镇及农村聚落	独立工矿
雄县	51.56	391.61	1.02	163.90	7.56	99.79	10.55
容城县	0.00	224.72	1.59	5.70	9.22	67.29	5.22
安新县	0.00	399.90	6.51	5.48	17.58	79.74	6.42
总计	51.56	1 016.23	9.12	175.08	34.36	246.82	22.19

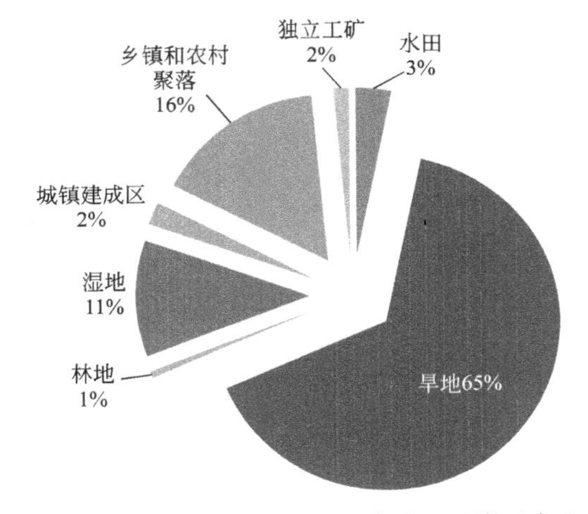

图 4-1　2015 年雄安新区三县各种土地类型占比

2017 年，雄安新区所辖雄县、容城、安新三县的土地总面积为 1 560.70 km²，土地利用结构呈现出“六田、二建、一水、半分林”的特征，其中，耕地面积为 958.16 km²，占比 61.40%；城乡建设用地面积为 310.70 km²，占比 19.90%；以白洋淀为主体的湿地面积为 194.26 km²（仅指新区行政边界内的湿地面积），占比 12.45%；林地面积为 97.58 km²，占比 6.25%。雄安新区“一水二建六田”的用地结构为规划建设水城交融的田园城市创造了基础条件。

1）土地利用动态变化剧烈，高于京津冀地区平均水平

2000—2018 年，雄安新区三县土地利用一级类型动态变化面积为 219.50 km²，占区域面积的 13.93%，高于同期京津冀平均水平 7.21%，以城乡居民用地扩展占用耕地为主；其次为耕地与水域的相互转化。若同时

考虑土地利用一级类型内部的变化，变化面积占区域面积的28.34%，其中滩地向湖泊的转化占大部分。2000—2018年雄安新区三县土地利用面积变化见表4-3及图4-2。

表4-3　2000—2018年雄安新区三县土地利用面积变化 单位：km^2

土地变化情况	耕地	林地	水域	城乡工矿居民用地	耕地内非耕地
新增	54.11	6.36	59.18	70.06	29.79
减少	90.56	0.46	83.69	0.28	44.50
净变化	-36.45	5.90	-24.51	69.78	-14.71

数据来源于《雄安新区发展研究报告》。

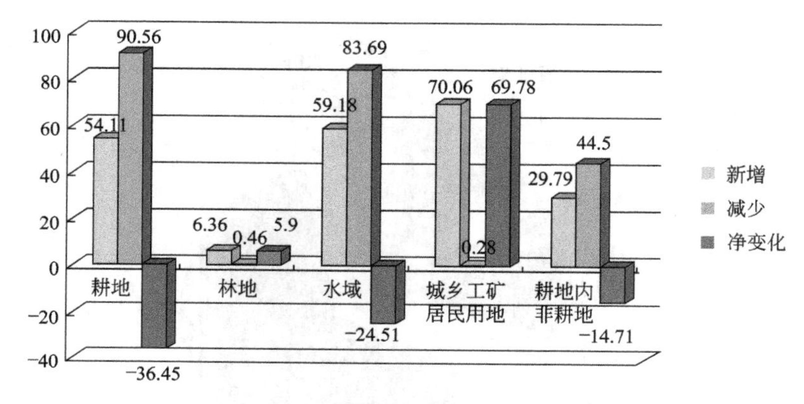

图4-2　2000—2018年雄安新区三县土地利用面积变化

2）耕地资源充裕，但耕地质量及利用强度差异较大

雄安新区耕地面积占土地面积的60%以上，为人地关系调整提供了足够空间，但三县的耕地质量及其利用强度差异较大。容城县、安新县耕地质量较好，复种指数高，分别为1.92和1.87，大部分耕地以冬小麦、夏玉米轮作为主，利用强度较大。而雄县耕地质量相对较差，复种指数明显偏低，仅为1.32，大部分土地以玉米、薯类夏季作物为主，冬小麦播种面积较小。因此，新区耕地质量的空间差异明显。

3）建设用地的集约潜力较大

2017年，雄安新区建设用地面积为310.70 km^2，其中，雄县、容城县、安新县县城建设用地面积约为30 km^2，人口为9.62万人，人均建设用地面积为311.85 m^2/人；农村（含乡镇）建设用地面积为280.70 km^2，人口为101.28万人，人均建设用地面积为277.15 m^2/人，农村建设用地集约利用潜力巨大。2018年，雄安新区人均建设用地面积为340.85 m^2/人，高于全国人均建设用地面积的 284.78 m^2/人。

4）湿地、林地分布较少，生态空间有待优化

雄安新区湿地面积为 194.26 km^2，约 92%属安新县管辖。白洋淀是雄安新区湿地的主体，目前主要依靠上游水库补水和跨流域调水维系，生态环境较为脆弱。另外，由于白洋淀地处大清河诸多支流汇水之地，水资源短缺与洪涝灾害风险并存，已成为白洋淀湿地及新区长远发展的突出矛盾。雄安新区林地面积为 97.58 km^2，森林覆盖率仅为 6.3%，且林种以速生杨树为主。从规划建设宜居城市的角度考虑，雄安新区未来提升森林覆盖率、优化林种结构的空间巨大。

2. 水资源

雄安新区三县包括湖泊、河渠、滩地和坑塘在内的水域变化频繁。2000—2018 年三县水域总体减少幅度较大，净减少 9.23%，主要为滩地减少。具体为：2000—2010 年三县水域面积小幅度增加；2010 年后水域大面积减少，2010—2015 年净减少 81.26 km^2，占 2010 年水域面积的 28.87%；2015—2018 年水域变化趋势改变，净增加 40.98 km^2。雄安新区三县水域在各个时期增减变化的主要土地来源或去向均为耕地，水域二级类型内部滩地向湖泊转化面积较多，主要分布在安新县，且集中发生于 2015—2018 年间。目前，新区共有 10 条河流，均属大清河流域，其中，8 条河流直接流入白洋淀，即入淀河流，分为南北两支，北支 1 条为白沟引河，南支 7 条分别为孝义河、府河、潴龙河、唐河、漕河、瀑河和萍河，后 5 条河流在新区范围内断流，1 条从白洋淀流出，1 条为大清河干流。

雄安新区所处的保定市水资源总量和多年平均降水量分别为 29.78 亿 m^3 和 567 mm，其中地表水资源量为 16.20 亿 m^3，地下水资源量为 22.23 亿 m^3。2016 年，保定市人均水资源量为 287 m^3。雄安新区内水系比较丰富，包括了华北地区最大的淡水湖——白洋淀。白洋淀位于大清河水系中下游，水域面积约为 366 km^2，淀区内有 143 个淀泊、3 700 余条沟渠。

1）水资源总量与人均水资源量不足

雄安新区多年平均降水量为 516 mm，水资源总量为 1.73 亿 m^3/年，其中，地表水资源量为 0.11 亿 m^3，地下水资源量为 1.69 亿 m^3，重复量为 0.07 亿 m^3，见表 4-4 及图 4-3。2018 年，雄安新区人口数量 120 多万人，人均水资源量仅有 144 m^3，低于同期的保定市人均水资源占有量 282 m^3 和京津冀人均水资源占有量 248 m^3。

表 4-4　雄安新区三县多年平均水资源状况

县名	降雨量/（mm/年）	地表水资源量/（亿 m^3/年）	地下水资源量/（亿 m^3/年）	水资源总量/（亿 m^3/年）
雄县	518	0.023 2	0.441 3	0.452 2
容城县	514	0.056 9	0.579 7	0.620 0
安新县	517	0.028 2	0.666 7	0.654 6
总计	1 549	0.108 3	1.687 7	1.726 8

数据来源于《雄安新区发展研究报告》。

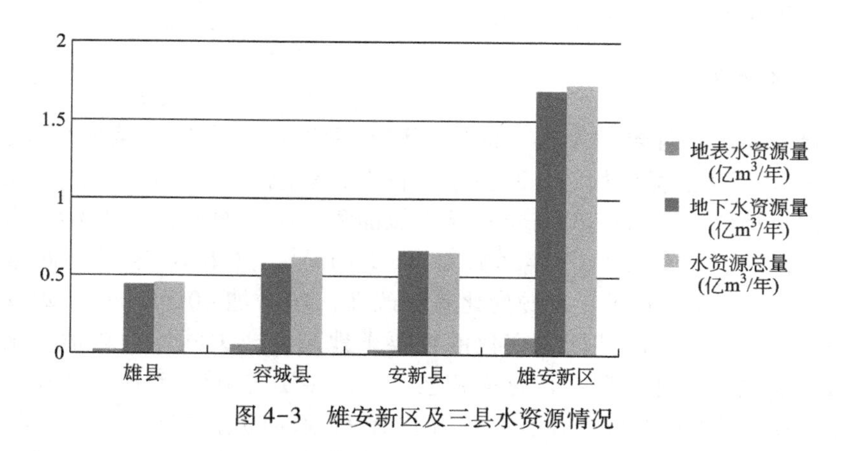

图 4-3　雄安新区及三县水资源情况

2）水资源超采严重，已逼近水资源承载极限

2018 年，雄安新区用水总量为 2.58 亿 m^3，其中，地下水开发利用量为 2.32 亿 m^3，占比 90%左右。可以看出：受地理位置和当地经济结构的影响，雄安新区三县地下水已不同程度超采，地下水超采使得水埋深度越来越深。2006—2015 年，雄县地下水埋深由 17.8 m 下降到 19.2 m、容城县地下水埋深由 19.2 m 下降到 22.5 m、安新县地下水埋深由 7.8 m 下降到 10.8 m，整体下降幅度达 38%。另外，雄安新区用水比例中农业用水量占 77.3%、居民生活用水量占 9.9%、工业用水量占 8.6%。新区农业用水量明显偏多，主要是因为新区农业主要以冬小麦和夏玉米复种的高耗水种植结构为主，造成农业用水的比重偏高。

近年来，雄安新区每年实际超采地下水为 1.5 亿~2 亿 m^3。按照现有的发展模式，新区的水资源状况将持续恶化，水资源匮乏程度的日益加剧会对当地发展产生严重影响。据测算：在没有调水的情况下，雄安新区每年水资源供需缺口约为 2 亿 m^3，并呈现持续扩大的趋势。通过南水北调，在每年调入 3 亿 m^3 水量的情况下，前几年能出现回补地下水的情况，但只能维持 12 年左右的时间，随后仍将出现供给不足的情况。

3）水资源赤字显著、可持续度较低

2018 年，雄安新区水资源赤字为 0.85 亿 m^3，水资源可持续度为 0.623。相比而言，北京水资源赤字为 3.84 亿 m^3、河北水资源赤字为 18.38 亿 m^3。从可持续度上看，河北与北京水资源的可持续度略高于雄安新区，分别为 0.685 和 0.706，见表 4-5 及图 4-4。京冀地区（包括雄安新区）总体上属于水资源缺乏的地区，水资源可持续度较低。

表 4-5　2018 年雄安地区、河北、北京水资源利用可持续度对比表

地区	水资源总量/亿 m^3	用水总量/亿 m^3	水资源赤字/亿 m^3	可持续度
雄安新区	1.73	2.58	0.85	0.623
北京	35.46	39.3	3.84	0.706
河北	164.04	182.42	18.38	0.685

数据来源于《北京水资源公报》《河北水资源公报》《雄安新区发展研究报告》。

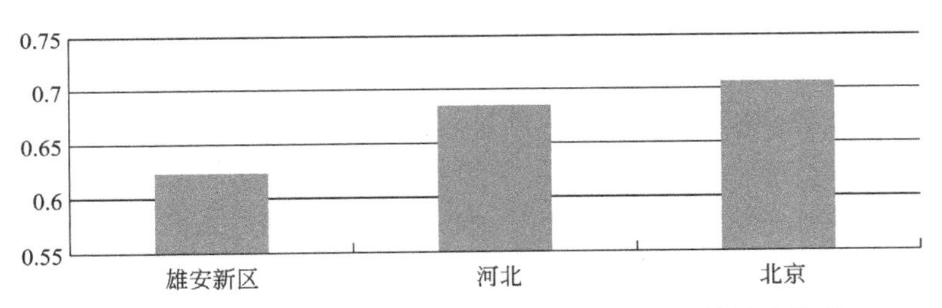

图 4-4　2018 年雄安新区、河北及北京水资源可持续度情况

4）水资源产出效率较低

2018 年，雄安新区万元 GDP 水耗为 139.84 m^3，高于同期全国 66.8 m^3 的平均水平，更高于河北省的 50.66 m^3，且远远高于北京的 12.96 m^3，见表 4-6 及图 4-5。这表明新区水资源产出效率较低，科技水平和生产工艺相对落后，需要提高水资源的产出效益。

表 4-6　2018 年雄安地区、河北、北京万元 GDP 水耗对比表

地区	用水总量/亿 m^3	GDP/亿元	万元 GDP 水耗/m^3
雄安新区	2.58	184.5	139.84
河北	182.42	36 010	50.66
北京	39.3	30 320	12.96

数据来源于《北京统计年鉴》《河北经济年鉴》《北京水资源公报》《河北水资源公报》。

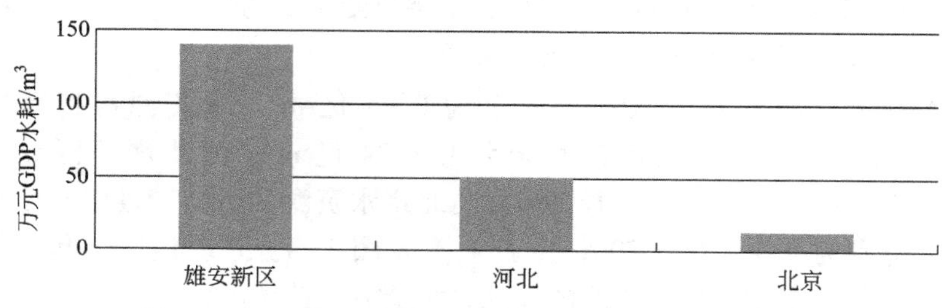

图 4-5　2018 年雄安新区与京、冀万元 GDP 水耗情况

5）水资源缺口持续加大

目前，雄安新区的水资源可持续度与水资源产出效率都较差。根据“以水定城”和“以水定人”的规划纲要，经济总量与人口总量将直接影响到未来新区的用水需求量。

从经济总量上看，按照浦东新区的增长速度计算：雄安新区 GDP 要从建立初期的 189.2 亿元增长到 2035 年的 6 200 亿元，以目前国内最低 GDP 水耗标准的深圳市（8.41 m^3）作为计算依据，参考 2015—2020 年深圳市水耗的平均降低速度，2035 年雄安新区水资源产出效率约为 1 885 元/m^3，雄安新区经济发展需水量约为 3.3 亿 m^3。此外，考虑到雄安新区生态用水需求和规划纲要中根本改善白洋淀水质的要求，白洋淀生态用水量每年至少约 1 亿 m^3，雄安新区总体需水量将超过 4.3 亿 m^3，水资源赤字将超过 2.57 亿 m^3。

从人均用水量上看，2016 年北京人均用水量为 178.6 m^3，同期河北省人均用水量为 245.2 m^3。未来雄安新区若承载 50 万人，据此计算出每年水资源需求量为 8 930 万 m^3；如果雄安新区承载人口 100 万人，每年水资源需要量为 1.786 亿 m^3，此数值与雄安当地的水资源总量基本持平。根据雄安新区的总体规划，未来中期人口发展规模会达到 200 万~250 万人，如果按照北京人均用水量计算，则需要 3.57 亿~4.5 亿 m^3，此时水资源缺口将达到 1.8 亿~2.8 亿 m^3。

总体来讲，在 2018 年现状水平年的供水条件下：其一，外调水为引黄济淀工程供水，用途为生态用水。自 2006 年工程通水以来，外调水每年可供水量为 1.02 亿 m^3。其二，上游水为水库供水，用途为生态用水。王快水库和西大洋水库通过河道放水约 0.70 亿 m^3，净入淀水量约 0.40 亿 m^3，损失率约 43%，上游水可供水量为 0.40 亿 m^3。其三，当地水为地表水和地下水供水，用途为生活、工业、农业与生态用水。新区地表水供水量为 0.08 亿 m^3、地下水供水量为 2.22 亿 m^3，但现状水资源总量仅为 1.57 亿 m^3，地下水超采量为 0.73 亿 m^3。综上，在 2018 年现状水平年的供水条件下，新区总可供水量为 2.99 亿 m^3。

因此，从新区水资源的需求总量上看，无论按照人口总量还是经济总量预测，雄安新区水资源量只能基本满足建设初期的要求，到 2035 年雄安新区基本建成的时候，水资源赤字保守估计将在 2 亿 m^3 左右。这意味着水资源对雄安新区经济社会发展的约束不断增加，需要采取多元化措施促使水资源的可持续利用。

3. 矿产资源

保定市矿产资源丰富、矿种齐全、分布广泛，但又相对集中，西部山区金、铜、铅、锌、钼、铁、煤等矿产相对集中，东部平原地热、石油资源分布广泛。截至 2015 年年底，全市矿产 88 种，涉及有色金属、黑色金属等 10 个大类，其中金属矿产 17 种、非金属矿产 63 种、燃料矿产 4 种、地下水矿产 4 种，探明资源矿种 69 种、未查明资源储量矿种 19 种。全市共有上表矿产地 130 处，其中大型 12 处、中型 31 处、小型及以下矿产地 87 处。

雄安新区在石油、天然气、地热等矿产资源上拥有得天独厚的优势。雄县是华北油田的主产区，共有产油井 1 200 多口，年产原油 70 万 t、天然气 1 800 万 m^3。容城县的矿产资源主要包括砖瓦制造用黏土与建筑用沙两种，均属于不可持续开采的矿种。同时，雄安新区的建筑砂石料和饰面、建材等原料主要分布在太行山和燕山一带，而砖瓦黏土分布在河北中东部平原区，其中，水泥灰岩 150 处、年产矿量为 3 960 万 t，建筑石料用灰岩 308 处、年产矿量为 1 970 万 t，建筑用砂 21 处、年产矿量为 3 960 万 t，砖瓦用黏土 634 处、年产矿量为 1 150 万 t，建筑用白云岩 367 处、年产矿量为 6 550 万 t。

地热资源指贮存在地球内部的可再生热能，是一种十分宝贵的综合性矿产资源。雄安新区拥有丰富的浅层地热能、中深层地热能及干热岩等地热资源。

1）浅层地热能赋存分布特征

雄安新区的地层系统自上而下分别为第四系、新近系、古近系及蓟州系，其中，第四系厚约 500 m，岩性主要为亚砂土、亚黏土、黏土及砂层，埋深为 100 m，地温一般为 17~19 ℃，单井单位出水量为 10~50 $m^3/(h \cdot m)$，矿化度小于 1 g/L，适宜采用地下水式换热系统、地埋管换热系统进行浅层地热能开发利用。据中国地质调查局地质调查工作初步成果显示：雄安新区浅层地热能源适宜开发，每布设 1 m^2 地埋管可满足 2~3 m^2 建筑面积的供暖制冷需求。综合利用地源热泵系统供暖制冷，起步区可满足 3 000 万 m^2 的建筑面积，全区可满足约 1 亿 m^2 的建筑面积。

2）地下热水资源赋存分布特征

雄安新区地热田特征数据见表4-7。

表4-7 雄安新区地热田特征数据简表

地热田名称	构造部位	热储层	分布面积/km^2	地热井情况		
				水温/℃	涌水量/($m^3 \cdot h^{-1}$)	矿化/($g \cdot L^{-1}$)
容城地热田	容城凸起	Nm	112.96	40~45	40~60	
		Jxw	112.96	65~75	60~80	1.60~2.937
		Nm	605.65	40~65	40~60	0.66~1.4
牛驼镇地热田	牛驼镇断凸	Ng	105.53	50~70	60~80	3.350
		Jxw	605.65	80~100	60~80	2.01~3.007

数据来源于《雄安新区发展研究报告》。

3）干热岩资源赋存分布特征

雄安新区干热岩资源主要分布在雄县、龙虎庄一带，水平地温高于150 ℃的高温区分布面积为191.40 km^2，地温最高可达200 ℃；储层岩主要为各种麻粒岩、片麻岩、变粒岩及片岩等，具有低孔隙、低渗透、无流体的特征。

2010年，雄县地热田被国土资源部命名为“中国温泉之乡”。截至2019年，雄县基地热储藏面积为320 km^2，占县域总面积的61%，占牛驼镇地热田总面积的50%；地热水储量达821.78亿m^3，相当于66.3亿t标准煤。安新县地热资源储藏面积为350 km^2，储量为150亿t，具备埋藏浅、水温高、水质好及自喷力强的特点。

4. 生物资源

雄安新区的生物资源丰富，乔木主要为白桦、辽东栎和小叶杨等，灌木主要为二色胡枝子、虎榛子等。雄安新区水生植物包括芦苇、狭叶香蒲和荷等，草本植物包括白羊草、茭蒿等，农作物以玉米和小麦为主、经济作物主要包括大豆和紫花苜蓿等。雄安新区盛产蕨菜、木耳、松子、榛子等上百种山产品，以及人参、天麻、五味子、大力子等500多种野生中药材，三棱草、狗尾草、山榆枝、柳条等资源年供应量达80万t。

雄安新区的鸟类以白洋淀南、北两片区域较为丰富，共72种，分属15目36科，其中，留鸟26种、夏候鸟31种、冬候鸟8种、旅鸟7种；属广布种18种、东洋界17种、古北界37种；列入国家Ⅰ级重点保护鸟类1种、Ⅱ级重点保护的鸟类5种；列入CITES公约附录Ⅱ的鸟种3种。白洋淀野生禽鸟已恢复到198种，主要包括天鹅、大鸨、苇莺、黑水鸡、鸪丁、苍鹭、斑嘴鸭等，其中，国家一级重点保护鸟类4种、国家二级重点保护鸟类26种。

白洋淀水生生物包括浮游生物、底栖动物、鱼类与水生植物，其中，浮游藻类 92 属、底栖动物 35 种、水生束管植物 16 科 34 种、鱼类 17 科 54 种，成为华北地区重要的水产品基地。白洋淀盛产鱼、虾、蟹、贝、芦苇、莲藕、芡实、菱角等，淀水产鱼 8 850 t、产虾 4 551 t，居全国大型湖泊亩产量之首。

4.1.3　雄安地区的环境状况

1. 水环境

1）白洋淀水域水环境

作为华北平原最大的淡水湖，白洋淀水域面积为 366 km^2，白洋淀地跨安新、雄县、容城、高阳及任丘五个县，主要分布于雄安新区的安新县与雄县境内。据河北省环保厅 2017 年 6 月的数据显示：白洋淀约 1/3 水域的水质为Ⅴ类、2/3 水域的水质为劣Ⅴ类。2018 年，雄安新区的白洋淀生态环境治理工作取得了突破进展，白洋淀水质由劣Ⅴ类改善至Ⅴ类，主要污染物总磷、氨氮浓度同比分别下降 35.16%、45.45%。

自 20 世纪 80 年代以来，白洋淀水面不断萎缩、水位明显下降，生态用水难以保障。一方面，近二三十年来海河流域整体上降水减少；另一方面，上游水资源利用强度增加，尤其是农业用水增多、地下水过量开采，导致入淀河流水量大幅减少。另外，近年来白洋淀淀区一直处于富营养化状态，2012—2015 年淀区综合营养状态指数 TLI 为 53~56（2012 年达到峰值 55.73），2015 年对淀区上游的污水处理厂进行了升级改造，2016 年以后 TLI 一直处于下降趋势，2018 年 TLI 为 50 左右（中营养为 $30 \leqslant TLI \leqslant 50$，富营养 $TLI > 50$，其中，轻度富营养 $50 < TLI \leqslant 60$、中度富营养 $60 < TLI \leqslant 70$、重度富营养 $TLI > 70$）。

作为雄安新区发展的重要区域，白洋淀的污染问题严重，究其原因，一是上游来水的污染，府河和孝义河入淀的基本都是城市污水厂排放的尾水，主要是Ⅴ类或劣Ⅴ类水，氮污染问题十分突出。二是来自淀中村和淀边村。目前，白洋淀水域污染的 40%为内源污染，主要原因为垃圾长期堆放、生活污水肆意排放、水产养殖等。淀中村和淀边村对白洋淀水域污染物化学需氧量 COD、总氮 TN、氨氮 NH_3—N 和总磷 TP 的贡献率分别为 65%、45%、30%和 67%。三是淀区生境破碎。随着白洋淀周边养殖、种植、围水围堤围埝等活动的加剧，白洋淀部分水域已经干枯，水体不能完整相连，生态环境已呈破碎化。

白洋淀水环境为磷限制特征，属于氮污染型湖泊。据相关数据统计：2009—2018 年，白洋淀淀区 COD 平均值为 25.24~30.17 mg/L（地表水环境质量标准Ⅲ~Ⅴ类——20~40 mg/L），夏季数值较高，与水产养殖有密切关系。淀区 TN 平均值为 2.75~3.51 mg/L（超过地表水环境质量标准Ⅴ类标准限值——2.0 mg/L），冬季数值较高，主要由于水草与藻类生长的季节性消耗，另外，入淀区数值明显偏高，表明府河是淀区氮类污染的主要来源。淀区 NH_3—N 平均值为 1.42~2.04 mg/L（地表水环境质量标准Ⅲ~Ⅴ类——1.0~2.0 mg/L），入淀区数值在 8.14~12.92 mg/L 之间波动，远超地表水环境质量标准Ⅴ类标准限值——2.0 mg/L。淀区 TP 平均值为 0.15~0.20 mg/L（地表水环境质量标准Ⅱ~Ⅲ类——0.1~0.2 mg/L），季节波动不明显，入淀区是淀区磷污染的输入源。2009—2018 年白洋淀水域污染物化学需氧量 COD、总氮 TN、氨氮 NH_3—N 和总磷 TP 变化情况如图 4-6所示。

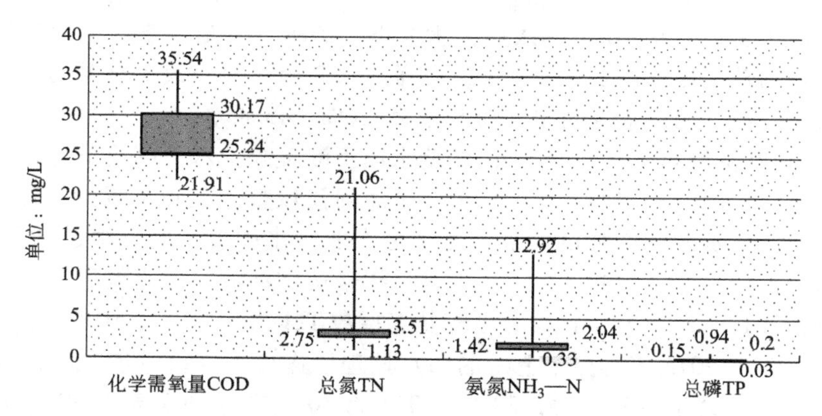

图 4-6　2009—2018 年白洋淀水域污染物化学需氧量 COD、总氮 TN、氨氮 NH_3—N 和总磷 TP 变化情况

2）新区水环境

2018 年，雄安新区所处的大清河流域化学需氧量浓度年均值达到Ⅲ类水质标准、氨氮浓度年均值为Ⅳ类水质标准，对流域水环境的污染主要集中在工业和农业。2018 年，雄安新区化学需氧量 COD 排放强度平均水平为 11.12 kg/万元（2014—2018 年，新区化学需氧量 COD 排放强度分别为 14.50 kg/万元、14.82 kg/万元、16.63 kg/万元、12.97 kg/万元和 11.12 kg/万元），如图 4-7 所示，低于河北（15.3 kg/万元），但远高于全国（3.8 kg/万元）。

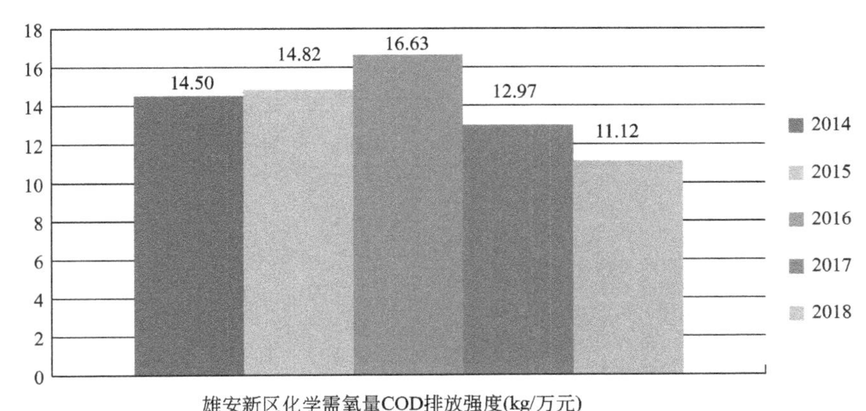

图 4-7　2014—2018 年雄安新区化学需氧量 COD 排放强度变化情况
（化学需氧量 COD 排放强度=化学需氧量 COD 排放量/GDP，数据来源于《河北经济年鉴》《保定水资源公报》）

2018 年，雄安新区单位有效灌溉面积为 0.43 hm^2/t（2014—2018 年，雄安新区单位有效灌溉面积为 0.32 hm^2/t、0.33 hm^2/t、0.34 hm^2/t、0.41 hm^2/t 和 0.43 hm^2/t），略低于周边的高阳县（0.58 hm^2/t），高于河北省（0.24 hm^2/t）和全国平均水平（0.07 hm^2/t）。雄安新区单位面积农用化肥使用量为 0.49 t/hm^2，低于河北省（0.75 t/hm^2）和全国平均水平（0.91 t/hm^2）。雄安新区湖泊综合营养指数为 58.40，略高于河北（52.60）和全国平均水平（45.64）。表 4-8 对比了 2018 年雄安新区与高阳县、河北省及全国水压力的各项指标值。

表 4-8　2018 年雄安新区与高阳县、河北省及全国水压力的各项指标值

名称	单位有效灌溉面积（hm^2/t）	单位面积农用化肥使用量（t/hm^2）	湖泊综合营养指数
雄安新区	0.43	0.49	58.40
高阳县	0.58	0.45	58.40
河北省	0.24	0.75	52.60
全国平均水平	0.07	0.91	45.64

注：单位有效灌溉面积=耕地灌溉面积/用水量，单位有效灌溉面积农用化肥使用量=农用化肥施用折纯量/有效灌溉面积。
数据来源于《中国统计年鉴》《河北经济年鉴》《保定市统计年鉴》等。

生态用水率是衡量水环境生态系统的稳定性。考虑到雄安新区生态用水的需求和规划纲要中根本改善白洋淀水质的要求，白洋淀生态用水量每年至少约 1 亿 m^3。2018 年，河北省生态用水率不到 10%，雄安新区生态用水率为 23.26%（2014—2018 年，新区生态用水率为 13.02%、12.81%、14.48%、19.50%和 23.26%，如图 4-8 所示）。

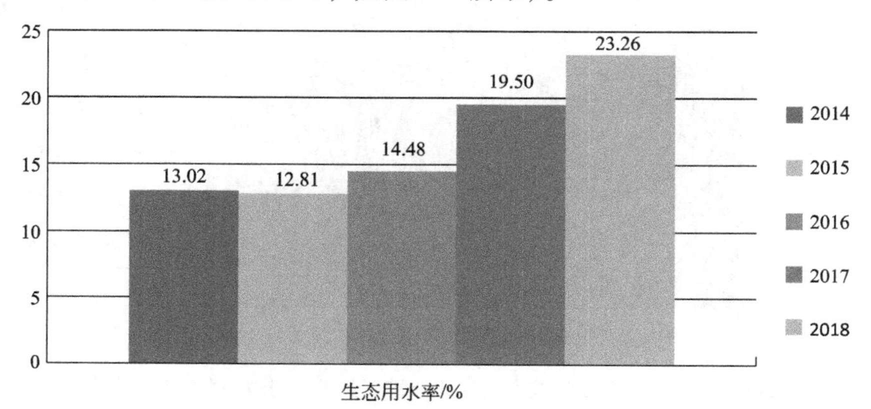

图 4-8　2014—2018 年雄安新区生态用水率
（数据来源于《雄安新区发展研究报告》）

2. 大气环境

雄安新区地处中纬度地带，属温带大陆性季风气候，四季分明。全年平均气温 11.9 ℃，最热七月平均气温 26.1 ℃，最低月（1 月）平均气温 -4.9 ℃，年日均气温 0 ℃以上的持续时期 273 天；全年无霜期 191 天，最长 205 天，最短 180 天。雄安新区年日照平均 2 685 h，平均年降水量为 522.9 mm，年极端降水量最大为 1 237.2 mm（1954 年）、年极端最小降水量 207.3 mm（1975 年）。雄安新区全年以偏北风最多，年平均风速为 2.1 m/s，极端最大风速为 20 m/s（1972 年 3 月）。

2015 年，保定市 $PM_{2.5}$年均浓度为 107 μg/m³，是标准限值的 3.1 倍，在全国 74 个重点城市中排名倒数第一。表 4-9 和图 4-9 对比了 2018 年雄安新区及高阳县、河北省、全国大气污染物 PM_{10}、SO_2 和 $PM_{2.5}$浓度及其超标率。

表 4-9　2018 年雄安新区及高阳县、河北省、全国大气污染物浓度比较

地区名称	PM_{10}/（μg/m³）	SO_2/（μg/m³）	$PM_{2.5}$/（μg/m³）	PM_{10}超标率/%	SO_2超标率/%	$PM_{2.5}$超标率/%
雄安新区	102.00	34.65	63.52	66.29	-35.00	85.43
高阳县	97.00	31.00	70.00	57.14	-31.67	97.71
河北省	116.00	43.00	75.00	84.29	-28.33	112.00
全国平均水平	85.77	25.94	54.05	26.81	-51.67	57.06

数据来源于《中国生态环境状况公报》《河北省环境状况报告》《保定市环境公报》。

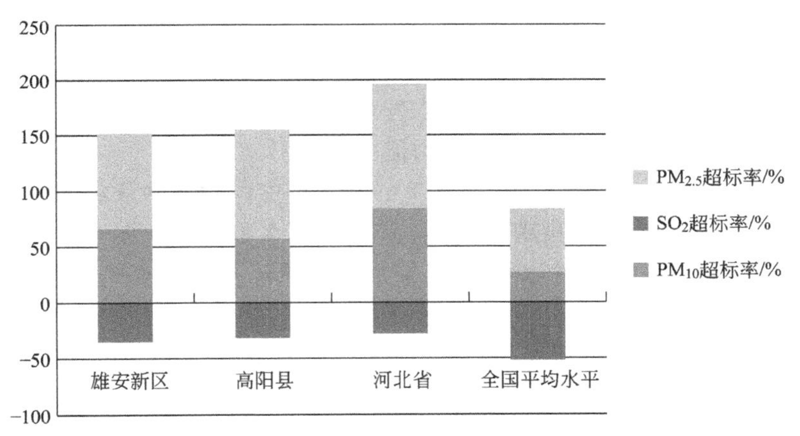

图 4-9　2018 年雄安新区及高阳县、河北省、全国的大气污染物超标率比较

注：计算超标率采用的标准为国家空气质量二级标准。

2018 年，雄安新区 PM_{10}浓度高于全国平均水平和高阳县，低于河北省平均水平，超过国家空气质量的二级标准 60%以上；新区 SO_2 浓度较低，低于河北省，高于高阳县和全国平均水平，达到国家二级标准；新区 $PM_{2.5}$浓度低于高阳县和河北省，高于全国平均水平，超过国家二级标准。

3. 地质环境

雄安新区位于太行山东麓、冀中平原中部、南拒马河下游南岸，属于太行山麓平原向冲积平原的过渡带。雄安新区全境西北较高、东南略低，海拔标高为 7~19 m，自然纵坡千分之一左右，为缓倾平原。雄安新区地表埋深 100 m 以内工程地质条件良好，但存在地面沉降、地裂缝、砂土液化、软弱土及水土腐蚀性五类不良地质作用。

第一，地形地貌。雄安新区主体位于大清河水系的冲积扇上，北部、西北部地势稍高，南部、东南部地势较低，地形开阔。在微地貌形态上，长条形垄岗与浅碟状洼地交错分布。雄安新区土层深厚，土壤类型与微地貌形态密切相关，地势较高的土壤多为褐土与潮褐土，地势低洼的土壤多为潮土、砂姜黑土及沼泽土。

第二，水文地质条件。雄安新区稳定场和基本稳定场地约占全区面积的 89.5%，70 m 以浅的地下存在 3 层可作为地下空间主要开发利用的有利层位。除白洋淀及周边地区水位埋深小于 5 m，其他浅层地下水位埋深基本为 5~25 m。区内存在两个主要含水砂层，对地下空间开发施工造成了一定影响。地下水中含 CO_2、SO_2浓度较高，具有一定的腐蚀性，对混凝土容易产生侵蚀与破坏作用。

第三，敏感因子。雄安新区地处太行山断裂带和郯庐断裂带之间的安全区域，地质条件稳定，历史地震烈度为Ⅶ度，与北京市西北部、天津市南部等低值区相当，近几个世纪从未发生过6.0级以上地震。新区断裂活动微弱、地裂缝较轻、震级及频率均很小。

第四，地质构造条件。新区0~7 m深度范围内的地基承载力为105~140 kPa，总体上呈现北高南低趋势。7 m以下多数地层承载力都为170~200 kPa，而且每层厚度相对稳定，基本可以满足多数建筑地基的承载力要求。

第五，不良地质作用。雄安新区大部分区域地面沉降速率为10~30 mm/年，而大河镇以西的地面沉降速率相对较大，平均35 mm/年，对于雄安新区地下工程的长期实施会造成一定影响。

4.2 雄安新区生态与社会经济发展现状研究

4.2.1 雄安新区的生态系统建设情况

2018年，雄安新区生态环境整治取得了突破进展。与2017年相比，白洋淀淀区水质有所好转，主要污染物总磷、氨氮浓度同比分别下降35.16%、45.45%。雄安新区空气质量有所改善，综合指数为6.86，较上年下降7.42%，$PM_{2.5}$浓度下降5.97%。

（1）唐河污水库一期工程污染治理和生态修复顺利完成。2018年，雄安新区完成了一阶段北库7.5 km污染治理工程，累计完成排爆面积102.5万m^2，存余污水全部处理，一般固废12.1万t、含砷含铅疑似危废0.75万t全部安全清理，完成库区生态修复工作约50%，部分区域生态修复初见成效。

（2）纳污坑塘和黑臭水体治理按期完成。据河北省生态环境厅的统计数据：2018年，雄安新区有水纳污坑塘的606个乡镇（含龙化乡17个）全部完成治理，其中，雄县143个、安新县381个、容城县82个。雄安新区纳入住建部全国城市黑臭水体整治监管平台系统的黑臭水体共有5个，其中，雄县建成区1个、安新县建成区4个，目前全部完成治理任务，经监测达到了治理效果。

（3）突出重污染企业的清出整治。雄安新区强化对133家涉水企业的监管，严格整改提高标准，不达标的全部停产整改，加大对安新县羽绒、制鞋、有色金属三大行业的关停取缔和转型升级力度。截至 2018 年年底，雄安新区水洗生产设备（甩干机）已完成拆除移位，封堵自备井 73 眼，留用生活用水井 66 眼。目前，安新县已经对 1 600 多家制鞋企业开展了综合整治。

（4）白洋淀流域“洗脸工程”、生态补水深入推进。2018 年，雄安新区三县清理河道垃圾约 130.9 万 m^3，雄安新区三县排查河道、淀区 2 km 范围内入河入淀排污（排放）口 11 395 个。目前，新区的“洗脸工程”持续推进，三县共 640 个村，其中 601 个村（雄县 251 个村、容城县 127 个村、安新县 223 个村）实现了垃圾集中清理和处置，雄县 39 个村实施了连片环境综合整治闪蒸矿化减量化处置。雄安新区三县农村垃圾日产 1 260 t，基本能够做到日产日清。2018 年，雄安新区已实施五次补水过程，共向白洋淀生态补水约1.8 亿 m^3，白洋淀水位达到了近年新高。

图 4-10、图 4-11 所示为雄安新区白洋淀整体水体面积的对比（蓝色部分代表水体区域，绿色部分代表其他区域）。与 2017 年 6 月相比，2019 年 6 月白洋淀水域面积整体增加 24.05%，其中，紧靠雄安新区启动区的烧车淀水域面积增加尤为明显，同比增加 89.21%。烧车淀是未来雄安新区的城市核心区域，其水文环境的改善为新区启动区的生态环境建设与优化奠定了良好的基础。

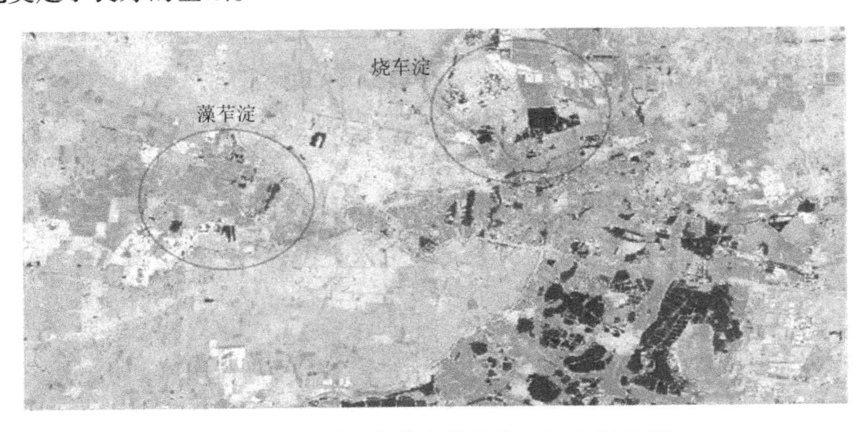

图 4-10　白洋淀整体水域变化（2017 年 6 月）

（5）深入开展“散乱污”企业的再排查与再整治。2018 年，雄安新区三县排查“散乱污”企业 1 433 家，其中，关停取缔类 915 家、整改提升类 518 家。三县按照新的规模化畜禽养殖标准共排查规模化以上畜禽养殖场 378 家，其中，取缔或搬迁 257 家、整治 121 家。

（6）固体废物的集中清理。2018 年，雄安新区建立了 1 531 家产生工

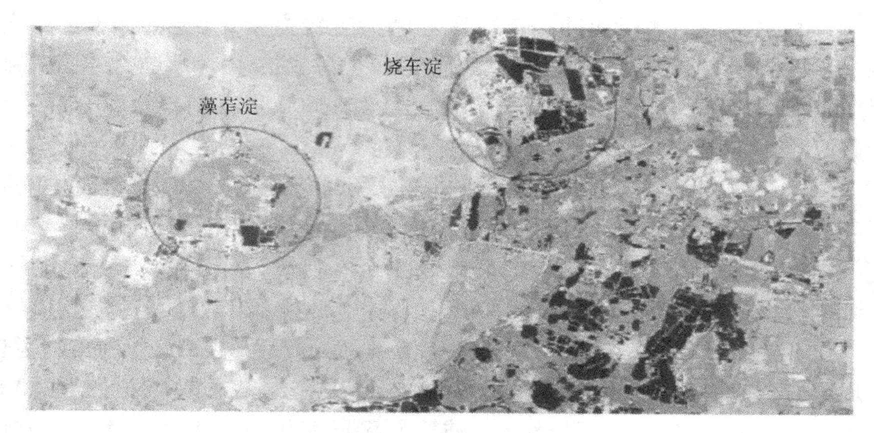

图 4-11　白洋淀整体水域变化（2019 年 6 月）
（数据来源于《雄安嬗变——雄安新区 2019 年大数据报告》

业固废企业的管理台账，三县工业固废产生量为 55 847.67 t/年，经全面排查，在产企业未发现长期堆存和非法倾倒问题。三县排查各类历史遗留工业固体废弃物为 95.9 万 t，其中，安新县工业固废约 33 万 t。

（7）清理围堤围埝。雄安新区三县围堤围埝共 700 多处，总长度为 1 147 km，其中，安新县为 982 km、容城县为 15 km、雄县为 150 km。安新县发布了《关于禁止白洋淀水产养殖的通告》《安新县清除围堤围埝、网围及沟壕水产养殖实施方案》，召开白洋淀清除围堤围埝、网围及沟壕水产养殖工作动员大会，清理工作整体进展较为顺利。

（8）开展大气污染的综合治理。2018 年，雄安新区对三县 130 家加油站的油气回收装置使用情况进行了全面检查，其中，2 家监测不合格、18 家已经临近回收期限。2018 年，雄安新区持续推进农村清洁取暖工作，完成 5 721户清洁取暖改造，其中雄县 11 户气代煤、容城 974 户气代煤、安新县4 736 户电代煤。

（9）加快植树造林活动，为确保生态系统完整和蓝绿空间占比稳定在 70%以上，雄安新区开展了大规模植树造林活动，森林覆盖率由 11%提高到 40%。截至 2019 年 6 月，“千年秀林”工程项目已完成 9 号地块一区造林项目和 10 万亩苗景兼用林项目一期工程。2019 年年底，雄安新区完成了全部的 31 万亩造林任务，同时规划 2021—2030 年完成 30 万亩的造林计划。通过遥感影像数据（如图 4-12 所示），与 2017 年 6 月 30 日相比，2019 年 6 月 30 日新区植被覆盖范围显著扩大，大清河片区绿色植被覆盖面积增加 29.17%；而依托新区市民服务中心的建设，容城县东侧绿色植被覆盖面积增加 30.21%。

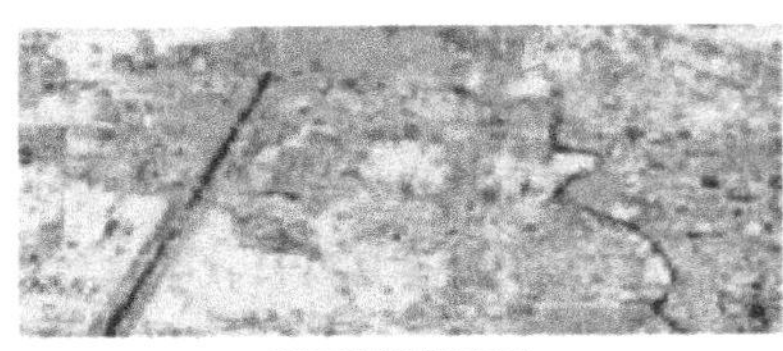
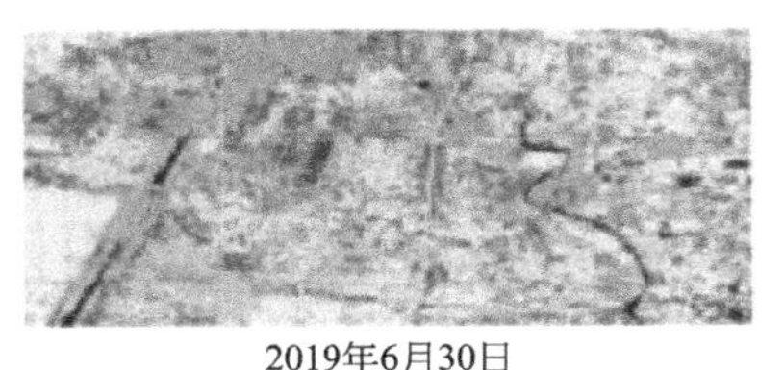

2017年6月30日　　2019年6月30日

千年秀林大清河片区植被遥感影像

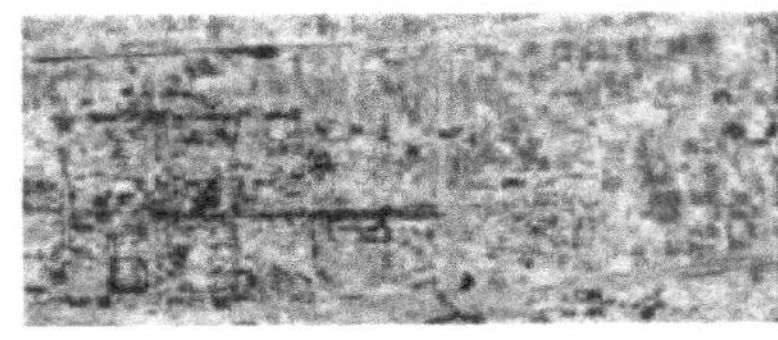
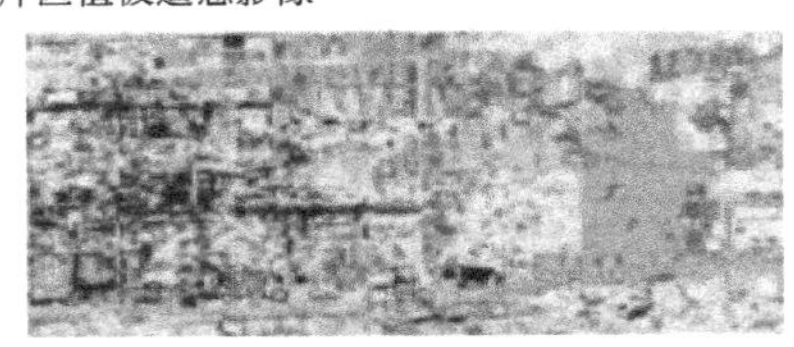

2017年6月30日　　2019年6月30日

容城城区绿色植被遥感影像

图 4-12　大清河片区与容城城区植被遥感影像

（数据来源于《雄安嬗变——雄安新区 2019 年大数据报告》）

围绕“蓝绿交织、清新明亮、水城共融”的规划目标，雄安新区制定了白洋淀生态环境治理的三年工作整体方案，启动了白洋淀流域环境的综合整治工作，清理河道两岸垃圾和河内沉淀垃圾 230 多万 t，推动淀区内乡村生活垃圾、污水统一收集与集中处理，完善补水机制，营造了 10 个集中连片的千亩以上的荷园，白洋淀生态环境整体稳步改善。2019 年，白洋淀生态环境保护试点共投入 1.9 亿元，完成污水综合净化等 11 个子项目。南河至新安北堤六段碱排水沟改造工程已完工，排涉总长为 3.3 km，土方拆除 3.64 万 m^3，种植荷花 1 060 m^2、三叶草 21 000 m^2。新区投资了 947.22 万元实施白洋淀观光 a 线及寨南村至东店头码头疏浚任务，疏浚总长度为 16.6 km、疏浚面积达 27.36 万 m^2。

4.2.2　雄安新区社会经济发展现状分析

1. 雄安新区的社会发展现状

1）人口规模

（1）近 60 年雄安及周边地区人口同步增加，增幅低于河北，远低于京津。

1963 年雄安新区人口总量为 53 万人，1970 年、1980 年、1990 年、

2000年分别为61万人、70万人、80万人、92万人，2005年为100.1万人，2010年为102.5万人，2014—2018年分别为113.10万人、113.10万人、113.62万人、110.9万人和124.7万人，年增长幅度为12.25%~14.89%，年均增长率为0.9%~1.5%。雄安及周边地区（指雄安新区及与之毗邻的清苑、徐水、定兴、高阳、高碑店、任丘、固安、文安、霸州，共12个县、市、区）人口从300万人增至655万人，增加355万人，增幅为118.1%；与周边省市相比，新区人口增幅低于河北（122.1%）近10%，远低于北京的323.3%和天津的234.7%，人口增幅仅为北京的1/3和天津的1/2，如图4-13所示。

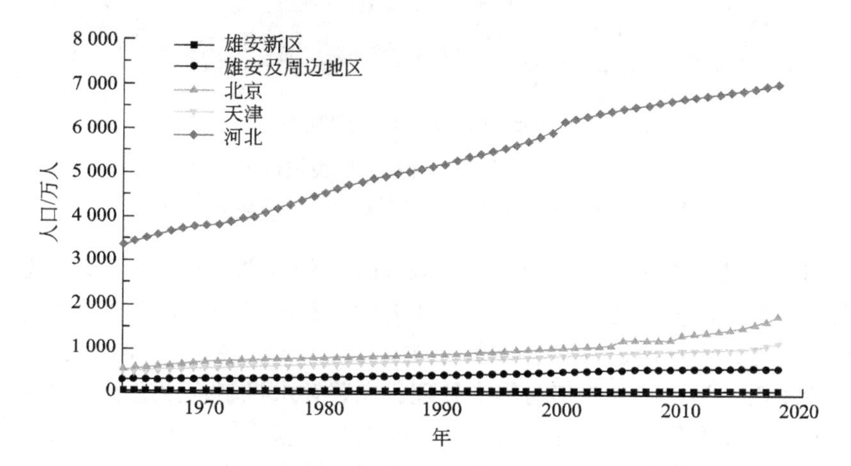

图4-13　1963—2018年雄安新区及周边人口总量增长曲线

（数据来源于《雄安新区发展研究报告》）

从时序变化上看，雄安新区的人口增长特征与北京、天津差别较大，与周边地区相似：20世纪50年代雄安新区人口增幅不足2%；60年代进入快速增长阶段，增幅为2%~4%；70—80年代维持1%~2%的增长水平；90年代后期人口增长开始放缓，增幅维持在1%以下；2010年以来人口增幅略有上升，保持在1%~2%的水平。

（2）近20年雄安新区人口持续增长，增速略高于河北，远低于京津。

2000—2018年，雄安新区人口年均增长水平基本一致，增速略高于河北和全国平均水平，远低于北京和天津，2015年以来呈加速趋势（见表4-10及图4-14）。分时间段看，2000—2005年，雄安新区人口年均增长率为0.9%，其中雄县最高为1.0%、容城县最低为0.8%，略高于河北与全国平均水平、低于京津冀平均水平；2005—2010年，雄安新区人口年均增长率为0.7%，其中容城县最高为1.0%、安新县最低为0.5%，略低于河北，均低于京津冀及全国平均水平；2010—2015 年，雄安新区人口增长较快，年均增长率为 1.2%，其中雄县最高为 1.5%、容城县最低为 0.8%，高于河北和全国平均水平、与京津冀平均水平持平、低于京津两地；2015—2018 年，新区人口年均增长率为 0.9%，容城县最低为 0.6%，略高于河北和全国平均水平、低于京津冀平均水平。

表 4-10 雄安地区、京津冀区域及全国年均人口变化率

区域		年份			
		2000—2005	2005—2010	2010—2015	2015—2018
雄安新区	雄县	1.0%	0.7%	1.5%	0.9%
	容城县	0.8%	1.0%	0.8%	0.6%
	安新县	0.9%	0.5%	1.2%	1.1%
	雄安新区	0.9%	0.7%	1.2%	0.9%
京津冀区域	北京市	2.8%	2.3%	3.8%	2.1%
	天津市	2.3%	1.1%	2.8%	3.6%
	河北省	0.8%	0.9%	0.7%	0.7%
	京津冀平均	1.3%	1.1%	1.5%	1.3%
全国		0.8%	1.1%	0.6%	0.5%

数据来源于《中国统计年鉴》《河北经济年鉴》《保定市统计年鉴》。

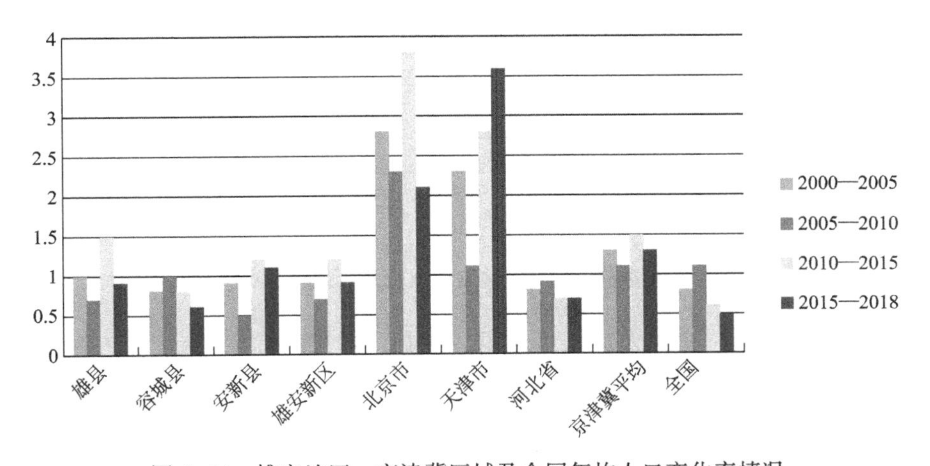

图 4-14 雄安地区、京津冀区域及全国年均人口变化率情况

2005 年，河北省总人口为 6 851 万人，2018 年为 7 470 万人，增长幅度为 9.04%，年均增长率为 0.79%，总体增长幅度低于雄安新区。截至 2018 年 12 月底，雄安新区常住人口为 124.7 万人，远期规划人口为 200 万人至 250 万人，人口密度为 1 000~1 250 人/km^2。

2）人口特征

自设立以来，雄安新区的人才吸引力显著增强。一方面，常住人口明显回流；另一方面，雄安新区流动人口中高学历人口占比大幅增加。据百度报告数据显示：2017 年 4 月以来，雄安新区流动人口中大专学历人口占比和本科以上学历人口占比都增加了 60%左右，增长率达到或超过 100%；同时，新区流动人口中高收入人群占比增加了 45.6%。除此之外，雄安新区流动人口的来源十分广泛，除京津冀以及河南、山东等周边省份，浙江、广东和江苏等经济发达省份的人口也有较大比重。

3）人口密度

2018 年，河北省人口密度为 398 人/km^2，雄安新区人口密度为 711 人/km^2，低于周边高阳县的 721 人/km^2 和任丘市的 882 人/km^2。而同期北京市人口密度为 1 324 人/km^2、天津市人口密度为 1 298 人/km^2、深圳市人口密度为 5 962 人/km^2，都远高于雄安新区和河北省的人口密度，如图 4-15所示。目前，雄安新区人口基数相对较少、人口密度相对较低、人地矛盾相对不突出，具有承接疏解北京非首都功能的基础条件。

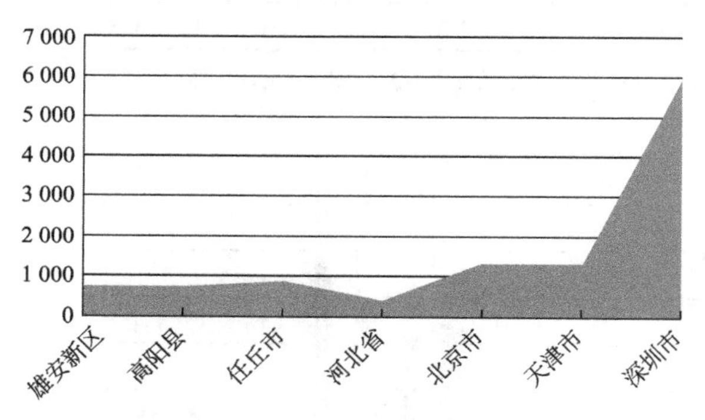

图 4-15　2018 年雄安新区与周边区域、京津冀、深圳人口密度情况比较

从雄安新区三县的人口密度来看，2018 年，雄县人口密度为 699 人/km^2，雄州镇是县城人口最密集的区域，近 20 年来人口密集区范围有所扩大；容城县人口密度为 879 人/km^2，容城镇是县城人口最密集的区域，近 20 年来人口密集区范围明显扩大；安新县人口密度为 653 人/km^2，人口相对密集的乡镇是大王镇和安新镇，近 20 年来人口密集区扩展并不明显，如图 4-16所示。总体来讲，近 20 年以来雄安新区人口增量率相对其他区域较低，增长趋势没有较大的突变点，人口基数少、人口密度相对周边区域较低。

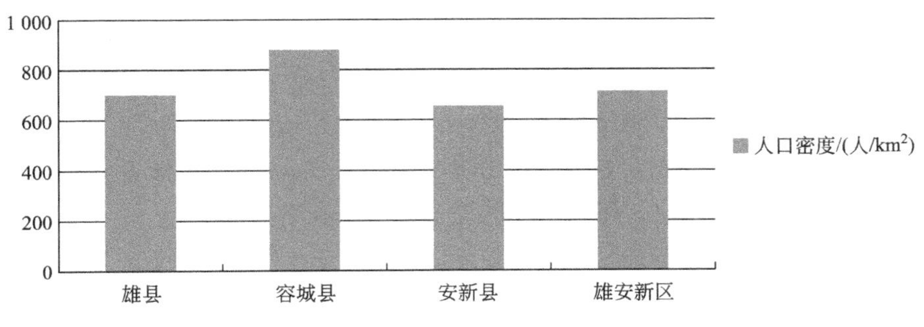

图 4-16　2018 年雄安新区及三县人口密度
（数据来源于《中国统计年鉴》《河北经济年鉴》）

4）城镇化发展水平情况

2014 年雄安新区城镇化率为 40.86%，2015 年雄安新区三县城镇化率为 42.77%，其中，雄县为 43.8%、容城县为 43.8%、安新县为 40.7%；2016 年雄安新区城镇化率为 45.23%，其中，雄县为 47.8%、容城县为 46.5%、安新县为 41.4%；2017 年雄安新区城镇化率为 45.67%，其中，雄县为 48.2%、容城县为 47.0%、安新县为 41.8%；2018 年雄安新区城镇化率为 44.93%，其中雄县为 48.5%、容城县为 47.2%、安新县为 39.1%。

2018 年，北京市城镇化率为 86.5%、天津市为 82.64%，河北省为 55.32%，雄安新区远低于京津城镇化水平，也低于河北省整体水平，如图 4-17所示。雄安新区农村经济是中国农村问题的缩影，传统的农业结构和生产生活难以留住年轻人，城乡之间的差距与不平衡使得很少有人愿意回农村继续传统耕作，劳动力首先由第一产业转向第二产业，当人均国民收入水平进一步提高时，继而转向第三产业。因此，新区存在城镇化率低、劳动力流失严重的普遍性问题。

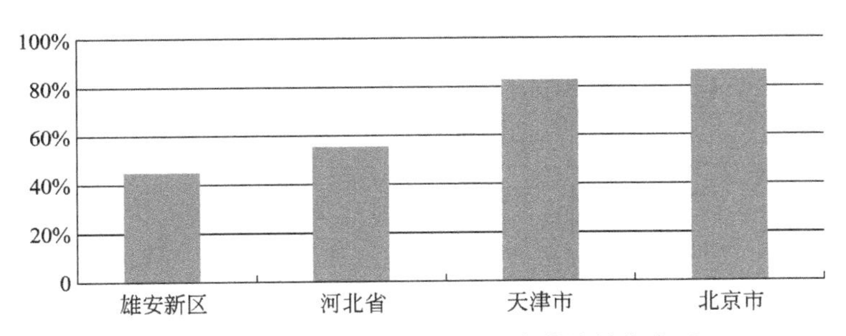

图 4-17　2018 年雄安新区及京津冀城镇化水平

5）路网建设

2014—2017 年，雄安新区的路网密度分别为 0.98 km/km^2、0.98 km/km^2、1.00 km/km^2 和 1.12 km/km^2。2018 年，新区加强了路网建设，路网密度为 26.65 km/km^2。与 2018 年 10 月相比，2019 年 10 月新区每平方千米路网密度提升了 23.36%。不过，与 POI（point of interest，兴趣点）密度高达 63.16%的增长相比，路网密度的提升速度还有增长空间。

6）医疗卫生设施

医疗机构床位数是衡量人民生活宜居水平的重要指标。《全国医疗卫生服务体系规划纲要（2015—2020 年）》提出：到 2020 年，每千人医疗机构床位数达到 6 个。2014—2018 年，雄安新区千人医疗机构床位数分别为 2.36 个/千人、2.83 个/千人、3.07 个/千人、3.49 个/千人和 4.02 个/千人。因此，后期需要加大医疗卫生系统的投入力度，体现雄安新区“宜居新城区”的定位和要求。

2. 雄安新区的经济发展现状

1）经济发展总量

2014—2017 年雄安新区 GDP 分别为 211.06 亿元、211.19 亿元、218.44 亿元和 189.15 亿元。2014—2017 年雄安新区三县的 GDP 与第一、二、三产业产值分别见表 4-11～表 4-14。

表 4-11　2014 年雄安新区三县 GDP 与第一、二、三产业产值

县城名称	GDP/万元	第一产业/万元	第二产业/万元	第三产业/万元
雄县	907 527.00	101 265.00	635 618.00	170 644.00
容城县	577 526.00	97 123.00	341 545.00	138 858.00
安新县	625 581.00	88 474.00	360 420.00	176 687.00

表 4-12　2015 年雄安新区三县 GDP 与第一、二、三产业产值

县城名称	GDP/万元	第一产业/万元	第二产业/万元	第三产业/万元
雄县	975 378.00	105 180.00	683 915.00	186 283.00
容城县	570 798.00	95 352.00	324 191.00	151 255.00
安新县	575 730.00	96 635.00	286 972.00	192 123.00

表4-13 2016年雄安新区三县GDP与第一、二、三产业产值

县城名称	GDP/万元	第一产业/万元	第二产业/万元	第三产业/万元
雄县	1 011 416.00	106 249.00	705 812.00	199 355.00
容城县	594 146.00	97 989.00	333 998.00	162 159.00
安新县	578 793.00	100 045.00	272 057.00	206 691.00

表4-14 2017年雄安新区三县GDP与第一、二、三产业产值

县城名称	GDP/万元	第一产业/万元	第二产业/万元	第三产业/万元
雄县	799 515.00	91 841.00	479 573.00	228 101.00
容城县	531 161.00	91 554.00	255 802.00	183 805.00
安新县	560 897.00	84 433.00	236 627.00	239 837.00

从京津冀经济发展总量来看：2018年河北省GDP为36 010.3亿元，北京市为30 320亿元，天津市为18 809.64亿元。尽管河北省经济总量高于北京和天津地区，但是，河北省人均GDP为47 380元，而北京人均GDP则为140 000元，天津人均GDP为121 000元，后两者分别是河北省的2.95倍和2.55倍。处于河北省的雄安新区2018年GDP为184.5亿元，人均GDP为14 796元，是河北省人均GDP水平的31.2%，分别为北京和天津平均水平的10.6%和12.2%，见表4-15及图4-18，表明雄安新区的经济水平与北京、天津还有很大差距。作为京津冀区域中的重要一极，河北省需要寻求新的经济增长点提高人均经济水平，未来雄安新区可以成长为发展的新引擎。2018年，雄安新区单位面积产值为1 403万元/km^2，北京市单位面积产值为15 641万元/km^2，深圳市单位面积产值为97 596万元/km^2，这说明当前雄安新区的开发程度相对较低、经济基础比较薄弱，尚有很大的发展和提升空间。

表4-15 2018年雄安地区与京津冀GDP、人均GDP情况

区域名称	GDP/亿元	人均GDP/（元/人）
雄安新区	184.5	14 796
河北省	36 010.3	47 380
北京市	30 320	140 000
天津市	18 809.64	121 000

数据来源于《中国统计年鉴》《河北经济年鉴》《河北经济发展报告（2018—2019》。

2018年年底，雄安新区三县户籍人口为124.7万人，农业人口占比较大，约为94%，GDP中第二产业增加值占比53%，见表4-16及图4-19。

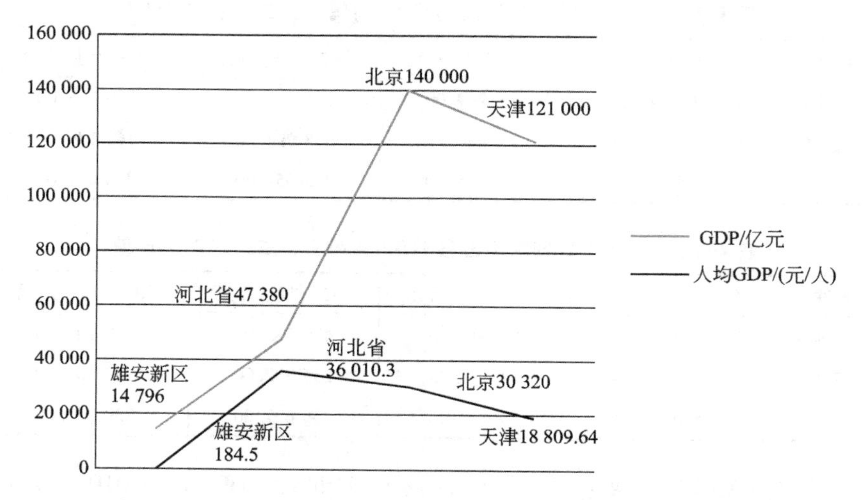

图 4-18　2018 年雄安新区与京津冀 GDP、人均 GDP 情况比较

表 4-16　2018 年雄安新区三县行政区面积与人口经济统计

县城名称	行政区划面积/km²	人口状况/万人			经济状况/亿元			
		总户籍人口	农业人口	非农业人口	地区生产总值	第一产业增加值	第二产业增加值	第三产业增加值
雄县	661	46. 2	45. 0	1. 2	73. 25	10. 47	35. 47	27. 31
容城县	314	27. 6	23. 5	4. 1	49. 70	7. 65	25. 52	16. 53
安新县	779	50. 9	48. 6	2. 3	61. 55	8. 26	37. 60	15. 69
总计	1 754	124. 7	117. 1	7. 6	184. 50	26. 38	98. 59	59. 53

数据来源于《河北经济年鉴》《保定市统计年鉴》。

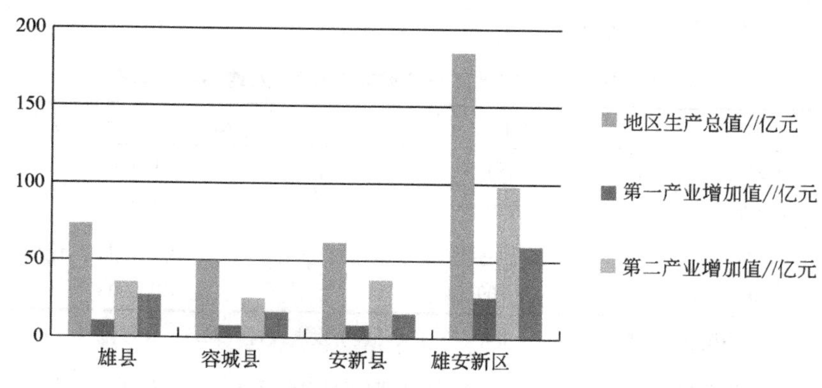

图 4-19　2018 年雄安新区及三县 GDP 与各产业增加值

2）规模以上工业产值

2014 年，雄安新区三县规模以上工业产值为：雄县 220.32 亿元、容城县 85.65 亿元、安新县 133.39 亿元。2015 年，雄安新区三县规模以上工业产值为：雄县 225.04 亿元、容城县 72.91 亿元、安新县 102.88 亿元。

2016 年，雄县规模以上工业产值为 235.05 亿元，实现增加值 72.74 亿元，同比增长 6.86%；容城县规模以上工业增加值完成 16.8 亿元，安新县规模以上工业增加值完成 14.1 亿元。2017 年，雄县规模以上工业产值完成产值 135.43 亿元，实现增加值 30.74 亿元，同比下降 41.8%；容城县规模以上工业增加值完成 14.12 亿元，安新县规模以上工业增加值完成 12.57 亿元。2018 年，雄县规模以上工业产值 95.9 亿元，同比下降 36.3%；容城县规模以上工业增加值完成 10.8 亿元，同比下降 30.7%；安新县规模以上工业增加值完成 9.26 亿元。

3）产业结构

2015 年，雄安新区三县雄县、容城县、安新县三次产业结构分别为 11.0：70.0：19.0、17.0：57.0：26.0、17.0：50.0：33.0，2017 年，雄县、容城县、安新县三次产业结构分别为 11.5：60.0：28.5、17.2：48.2：34.6、15.1：42.2：42.7，如图 4-20 所示。第二产业特别是工业成为新区经济增长的主要组成部分，且工业以劳动密集型产业为主。雄县的主导产业是橡胶制品、塑料包装等，容城县主要发展纺织服装、食品加工、毛绒玩具等初级产品加工业，安新县则主要发展制鞋业。目前，雄安新区经济发展水平较低，产业发展层次较低，发展高端高新产业几乎要从零起步。

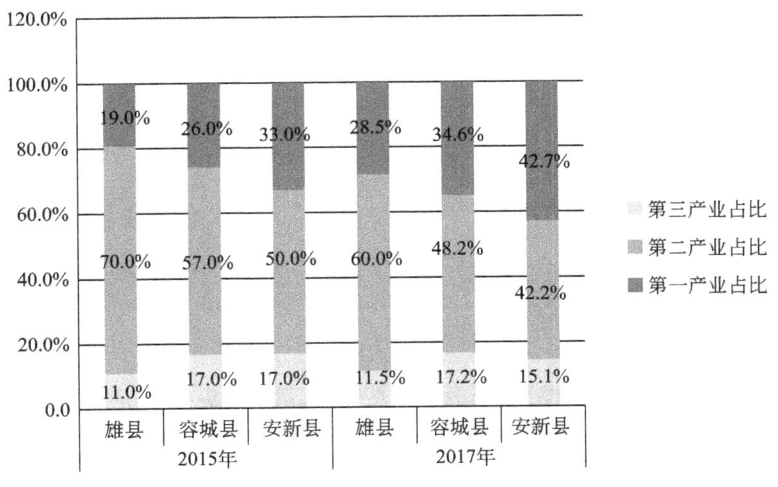

图 4-20　2015 年、2017 年新区三县的三次产业结构比例

4）人均 GDP

2010—2018 年京津冀及雄安新区三县人均 GDP 见表 4-17 及图 4-21。通过横向观察：北京、天津这种一线城市的人均 GDP 水平与河北省平均水平拉开了很大的差距；通过纵向观察，从 2010—2018 年，安新县和雄县、容城县之间人均 GDP 的差距逐渐拉大，尤其是安新县和容城县，如果排除物价上涨，增幅会更小甚至无差异，总体处于河北地区中下等水平。

表 4-17　2010—2018 年京津冀及雄安新区三县人均 GDP

单位：元/人

年份	北京	天津	河北	雄县	容城县	安新县
2010	73 856.00	72 994.00	28 668.00	15 535.73	17 782.31	11 795.48
2011	81 658.00	85 213.00	33 969.00	18 215.46	18 312.11	14 244.77
2012	87 474.74	93 172.96	36 584.49	19 782.16	19 741.00	15 417.17
2013	94 647.88	100 105.43	38 909.00	22 233.43	21 033.67	16 652.57
2014	99 994.52	105 231.35	39 984.28	23 027.84	21 154.80	13 511.47
2015	106 497.00	107 960.09	40 255.00	24 882.09	20 908.35	12 360.03
2016	118 198.00	115 053.00	43 062.00	25 611.95	21 739.70	12 367.37
2017	128 994.00	118 944.00	45 387.00	21 095.38	19 527.98	12 246.66
2018	139 659.14	120 802.83	47 885.64	15 854.98	18 007.25	12 092.34

数据由《国民生产总值数据库》和《人口、就业与工资数据库》计算得出。

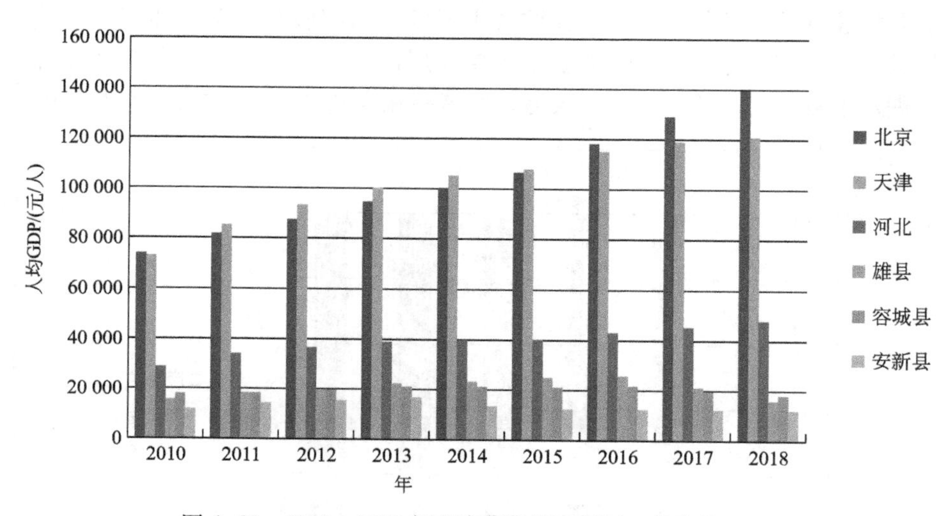

图 4-21　2010—2018 年京津冀及雄安新区三县人均 GDP

5）人均可支配收入

2014—2018 年雄安新区及三县城镇居民可支配收入见表 4-18。2018

年，新区城镇居民可支配收入为 29 244 元/人，2014—2018 年雄安新区及三县城镇居民人均可支配收入如图 4-22 所示。

表 4-18　2014—2018 年雄安新区及三县城镇居民可支配收入

单位：元/人

年份	雄县	容城县	安新县	雄安新区
2014	23 724	19 863	21 020	21 536
2015	25 670	21 571	22 660	23 300
2016	28 057	23 296	24 518	25 290
2017	30 301	25 136	26 481	27 306
2018	32 422	26 921	28 388	29 244

数据来源于《河北经济年鉴》。

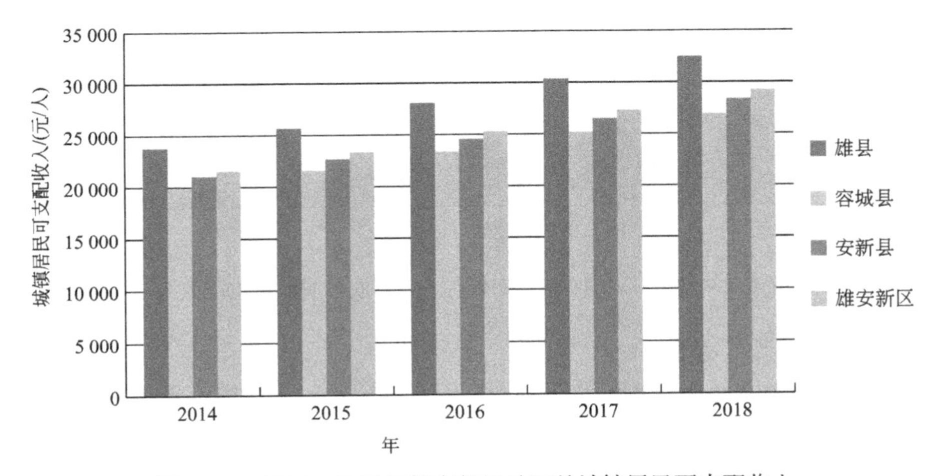

图 4-22　2014—2018 年雄安新区及三县城镇居民可支配收入

2014—2018 年雄安新区及三县农村居民可支配收入见表 4-19。2018 年，雄安新区农村居民可支配收入为 16 064 元/人，2014—2018 年雄安新区及三县的农村居民人均可支配收入如图 4-23 所示。

表 4-19　2014—2018 年雄安新区及三县农村居民可支配收入

单位：元/人

年份	雄县	容城县	安新县	雄安新区
2014	12 041	12 308	10 170	11 506
2015	13 186	13 478	11 125	12 596
2016	14 517	14 893	12 316	13 909

续表

年份	雄县	容城县	安新县	雄安新区
2017	15 780	16 159	13 436	15 125
2018	16 932	17 355	14 444	16 064

数据来源于《河北经济年鉴》。

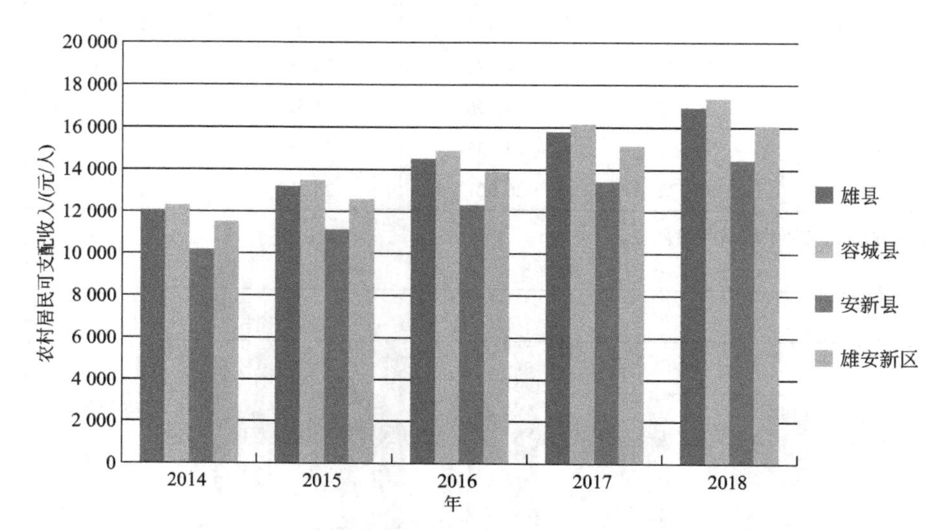

图 4-23　2014—2018 年雄安新区及三县农村居民可支配收入

6）固定资产投资

2014—2016 年雄安新区及三县固定资产投资额、人均固定资产投资额见表 4-20 及图 4-24。2017 年，雄安新区固定资产投资额为 2 234 954 万元，比 2016 年增加 6%，人均固定资产投资额为 20 153 元/人；2018 年，雄安新区固定资产投资额为 2 979 083 万元，人均固定资产投资额达到23 890 元/人。2014—2018 年雄安新区人均固定资产投资额如图 4-25 所示。

表 4-20　2014—2016 年雄安新区及三县固定资产投资额、人均固定资产投资额　　单位：万元

年份	雄县	容城县	安新县	雄安新区	雄安新区人均固定资产投资额/（元/人）
2014	714 237	544 227	766 946	2 025 500	17 922
2015	813 482	624 386	848 216	2 286 084	20 213
2016	767 346	550 692	778 542	2 096 580	18 453

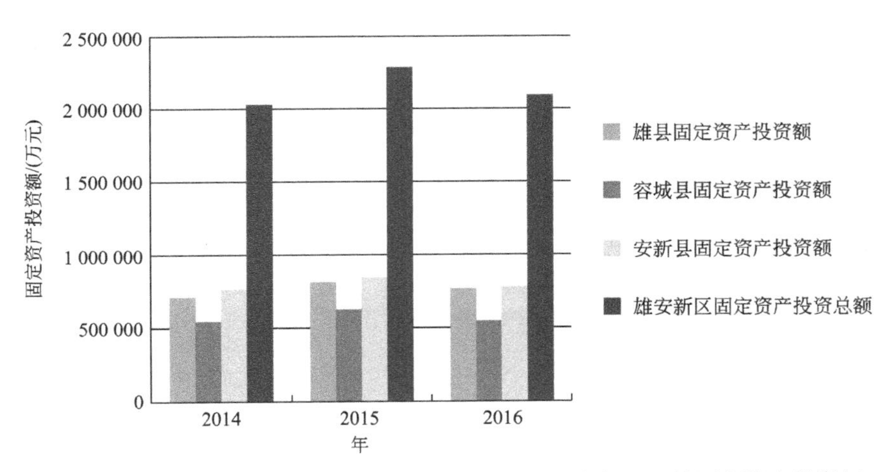

图 4-24　2014—2016 年雄安新区及三县固定资产投资额、人均固定资产投资额

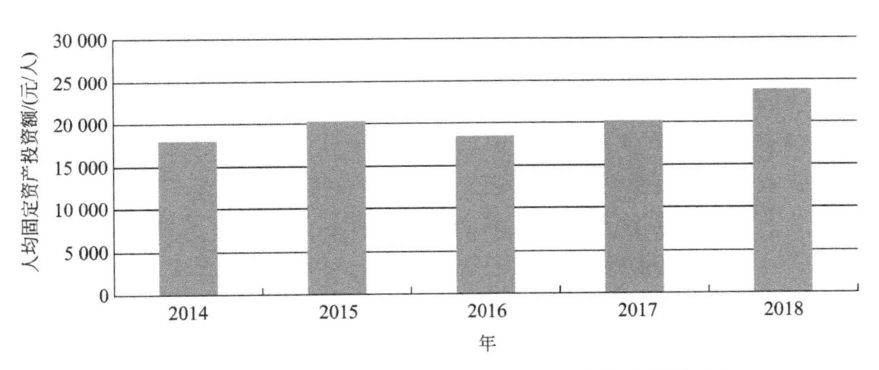

图 4-25　2014—2018 年雄安新区人均固定资产投资额

7）第三产业发展情况

POI 数量增长反映了城市基础设施的快速发展和城镇化进程的快速推进。与 2018 年相比，2019 年雄安新区各类 POI 的数量增长了 63.16%，其中，购物、美食、丽人等类别 POI 增长了近一倍，公司企业 POI 增长超过 61.49%，如图 4-26 所示。生活和工作类 POI 的快速增长是雄安新区吸引外来人口、保证高速发展的基石。新区的交通设施不断完善，娱乐设施类 POI 的也显著增加。同时，雄安新区科技服务、信息技术、生活服务等相关公司数量有较大幅度的增长，雄安新区常住人口的主要就业行业发生了明显的变化：从事纺织服装与能源采矿化工行业的人口占比不断减少，而从事生活服务业和其他轻工业的人口占比不断增加。

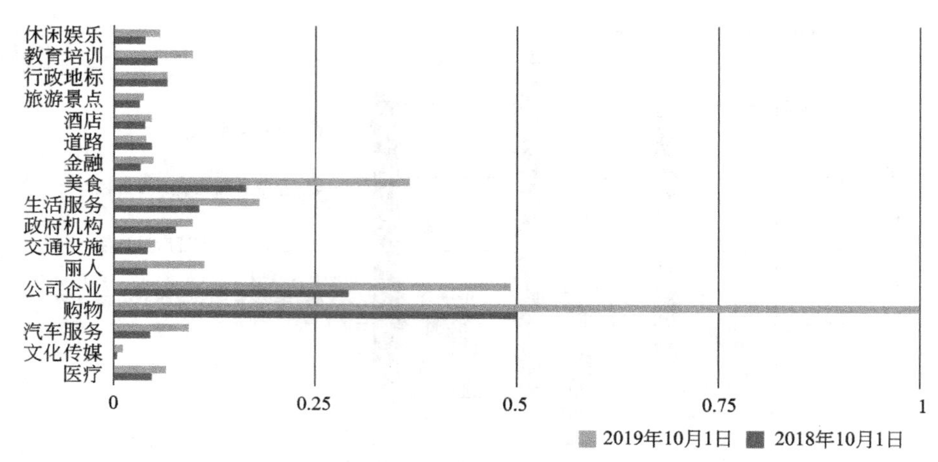

图 4-26　2019 年雄安新区各类 POI 变化情况

（数据来源于《雄安嬗变——雄安新区 2019 年大数据报告》

8）企业创新发展情况

雄县拥有塑料包装、压延制革、乳胶制品、电器电缆四大支柱产业，是“中国塑料包装产业基地”“中国软包装产业基地”；容城县是服装生产大县，服装企业近千余家，是著名的“中国男装名城”和“全国纺织产业集群试点”；安新县境内拥有白洋淀大部分淀区，形成了独特的集旅游、有色金属、制鞋、羽绒合一的产业基地，也是华北地区最大的鞋业生产基地。总体来讲，新区三县发展的都是传统产业，普遍存在着科技含量低、产品附加值低、规模小而分散、从业人员众多等特点。

由表 4-21 和图 4-27 可知，雄安新区三县 2016 年、2018 年高新技术企业数的情况，从之前倾向于传统产业驱动，慢慢向创新驱动引领转变。

表 4-21　2016 年与 2018 年雄安新区三县高新技术企业创新发展情况

项目名称	2016 年			2018 年		
	雄县	容城县	安新县	雄县	容城县	安新县
高新技术企业数	11	2	9	35	8	28
有研发机构	2	0	1	8	2	6
有研发活动	0	0	0	5	2	5

数据来源于《雄安新区发展研究报告》。

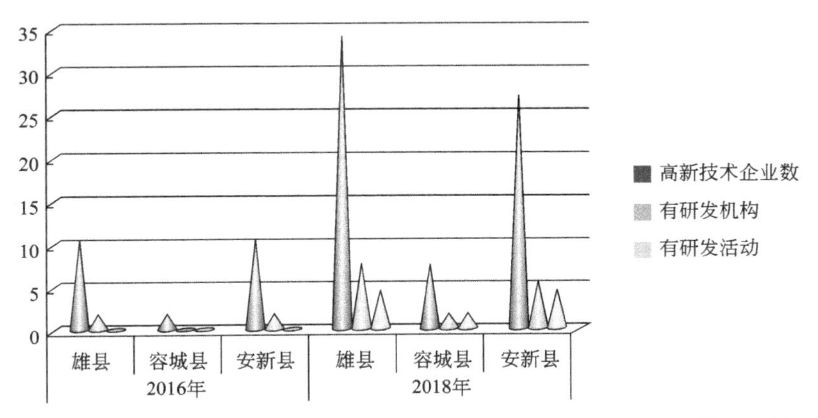

图 4-27　2016 年、2018 年雄安新区三县高新技术企业创新发展情况比较

4.3　雄安新区资源环境承载力评价的核心要素分析

4.3.1　地理位置优势

雄安新区西承太行、北望燕山，地处海河水系大清河流域腹地。大清河上游支流潴龙河、孝义河、唐河、府河、漕河、萍河、杨村河、瀑河及白沟引河，九水汇集，注入华北明珠白洋淀。特殊的地理位置赋予新区背山向海、坐拥华北平原最大湿地等自然环境优势。

太行山东侧冲积平原自古繁华，从北到南屡建“首善之区”而被誉为中国“古都廊道”，北京、燕下都、灵寿故城、邯郸、邢都、邺城、安阳等古都都分布在这条廊道之上。新区临近“古都廊道”，连接荣乌高速、大广高速、京港澳高速及京广铁路和京九铁路，与京、津两地各距 100 多 km，区位优势十分明显。

4.3.2　区域规划定位

设立雄安新区，是以习近平同志为核心的党中央深入推进京津冀协同发展作出的一项重大决策部署，对于集中疏解北京非首都功能、探索人口经济密集地区优化开发新模式、调整优化京津冀城市布局和空间结构、培育创新驱动发展新引擎，具有重大现实意义和深远历史意义。

2018 年 4 月，《河北雄安新区规划纲要》正式颁布，明确指出要“坚持以资源环境承载能力为刚性约束条件，科学确定新区开发边界、人口规模、用地规模和开发强度”。雄安新区具有典型的区域生态系统特征，被规划定位于“蓝绿交织、清新明亮、水城交融的生态城市”（新区蓝绿空间比达到 70%）。

4.3.3 白洋淀水质情况

白洋淀位于河北省中部，总面积为 366 km^2，平均蓄水量为 13.2 亿 m^3。白洋淀主要承接上游萍河、府河等 8 条河流的洪沥水，是华北地区最大的淡水浅湖草本沼泽型湿地生态系统。

2000 年以来，白洋淀区域年降水量呈增多趋势，平均每年增加 10.5 mm。2018 年，白洋淀区域降水量达 550 mm，较 2000—2017 年平均降水量偏多 19.2%，区域降水量的增加有利于白洋淀蓄水。据相关研究调查（选择 6 个典型的淀中村对周边水体 COD、TP、TN 和 NH_3—N 进行测定），并与开阔水域的水质进行对照，如图 4-28～图 4-31 所示，白洋淀水质情况不容乐观，淀边水体总氮水平已远超地表水环境质量标准 V 类标准限值（2.0 mg/L），表现为严重的富营养化。

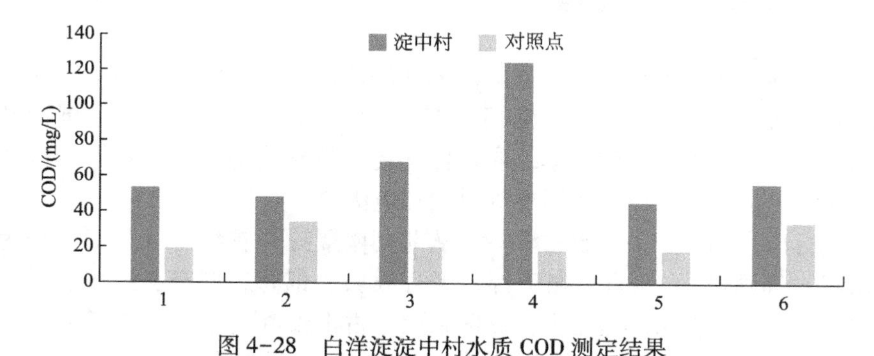

图 4-28　白洋淀淀中村水质 COD 测定结果

白洋淀水质污染的主要原因：① 淀内污染。白洋淀淀区有纯水村 39 个、人口约为 10 万人；半水村 84 个、人口约为 20 万人，主要从事水上种植、养殖等经济活动。从淀中村的情况看，淀内污染的主要来源为垃圾长期堆放、生活污水肆意排放、水产养殖等，同时，随着近年来旅游业的快速发展，机动船舶、游客丢弃垃圾等也给淀内造成了污染。② 淀外污染。府河是上游保定市生活污水和工业废水的排放渠道，上游工业企业和城市生活排放污水不能稳定达标，市区人口约为 116 万人，其生产与生活污水

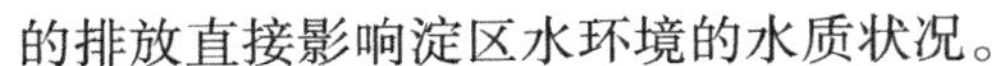
的排放直接影响淀区水环境的水质状况。

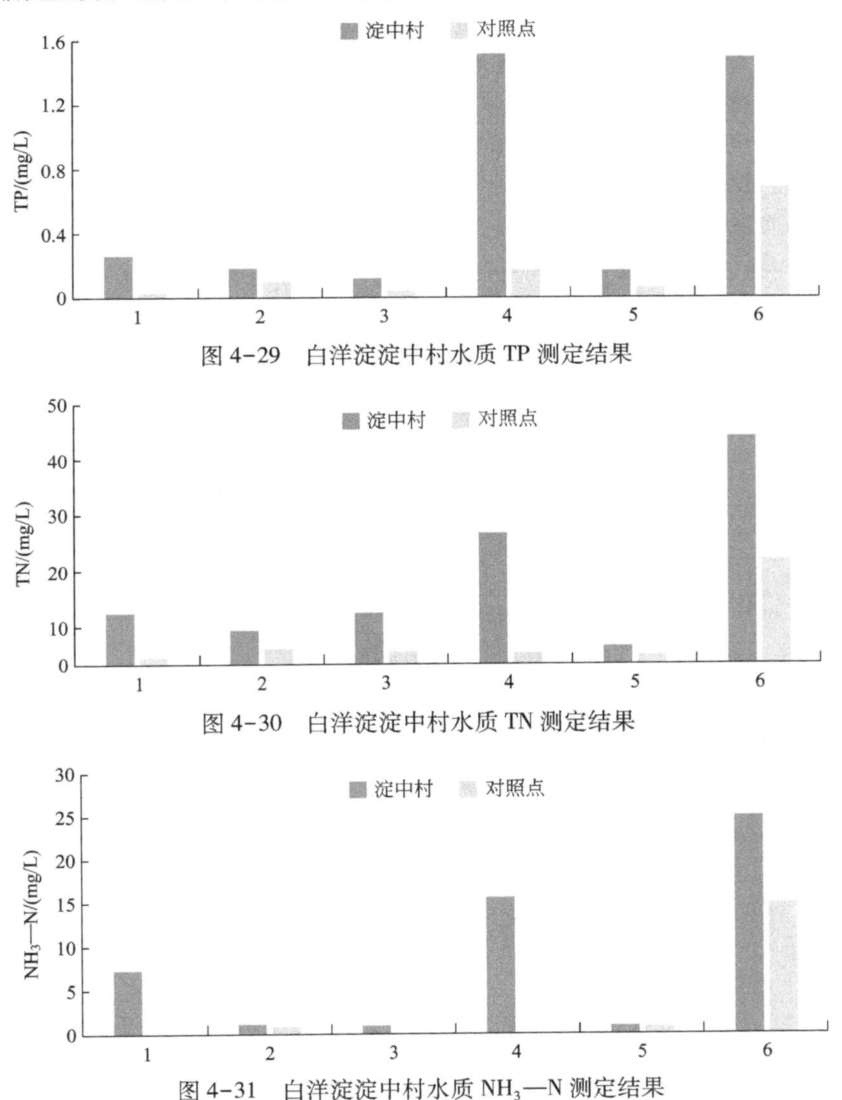

图 4-29　白洋淀淀中村水质 TP 测定结果

图 4-30　白洋淀淀中村水质 TN 测定结果

图 4-31　白洋淀淀中村水质 NH_3—N 测定结果

4.3.4　区域生态环境治理情况

经过 2017 年的生态环境治理，白洋淀水质逐步恢复到Ⅲ～Ⅳ类、绿化覆盖率达到 50%、基层医疗卫生机构标准化达标率达到 100%、供电可靠率为 99.999%、生活垃圾无害化处理率达到 100%。

2018年，新区平均植被生态质量指数同比增加6.9%。据监测数据显示：新区北部、西南部生态质量指数平均每年增加0.5~1.0，地表更“绿”；生态质量指数下降的区域只在东北部、西部和南部零星分布。目前，新区通过水环境集中整治攻坚行动、“千年秀林”工程以及从西大洋水库、王快水库、南水北调工程等引水入淀等，不断改善生态条件，推动新区绿色发展。图4-32所示为气象部门发布的2000—2018年雄安新区植被生态质量指数变化趋势率。

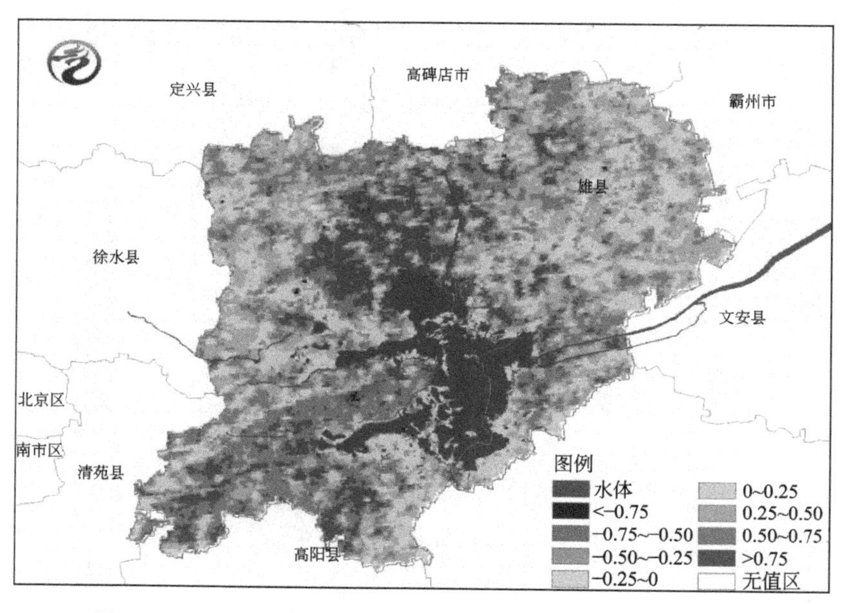

图4-32　2000—2018年雄安新区植被生态质量指数变化趋势率
（数据来源于《中国气象报》）

4.4　小　　结

4.4.1　雄安新区资源与环境特征

雄安新区地处北京、天津、河北保定腹地，区位优势十分明显，涵盖雄县、容城县、安新县三县（含白洋淀水域）及周边部分区域，共辖29个乡镇。雄安新区资源与环境的基本情况：①土地资源。2017年，雄安新区所辖雄县、容城、安新三县的土地总面积为 1 560. 70 km^2，其中，耕地面积为 958. 16 km^2，占比 61. 4%；城乡建设用地面积为 310. 70 km^2，占比 19. 91%；以白洋淀为主体的湿地面积为 194. 26 km^2（仅指新区行政边界内的湿地面积），占比 12. 45%；林地面积为 97. 58 km^2，占比 6. 25%，区域土地利用呈现“六田、二建、一水、半分林”的明显特征。②水资源。雄安新区水资源丰富，其中白洋淀水域面积约为 366 km^2。雄安新区多年总降水量为 1 549 mm（平均降水量为 516 mm），水资源总量为 1. 73 亿 m^3/年，2018 年，人均水资源量仅有 144 m^3，低于河北省平均水平。另外，雄安新区地下水开采量占总水量的 90%左右，逼近水资源承载极限。③矿产资源。雄安新区储备着丰富的石油、天然气、地热等矿产资源，其中雄县是华北油田的主产区，产油井共 1 200 多口，年产原油 70 万 t、天然气 1 800 万 m^3；雄县地热储藏面积为 320 km^2，安新县地热储藏为 350 km^2。④水环境。2018 年雄安新区所处的大清河流域化学需氧量浓度年均值达到Ⅲ类水质标准、氨氮浓度年均值为Ⅳ类水质标准；白洋淀水质整体情况为Ⅴ类中度污染，部分区域为劣Ⅵ类水质。⑤大气环境。2018 年雄安新区 $PM_{2.5}$为 63. 52 mg/m^3、PM_{10}为 102. 00 mg/m^3、SO_2 为 34. 65 mg/m^3，对比国家空气质量的二级标准，$PM_{2.5}$ 超标率为 85. 43%、PM_{10} 超标率为 66. 29%、SO_2 超标率为－35. 00%。⑥地质环境。雄安新区海拔标高为 7～19 m，自然纵坡千分之一左右。地表埋深 100 m 内工程地质条件良好，但存在地面沉降、地裂缝、砂土液化等不良地质作用。

4. 4. 2　雄安新区生态与社会经济发展现状

1. 雄安新区生态系统建设现状

雄安新区具有典型的区域生态系统特征，被规划定位于“蓝绿交织、清新明亮、水城交融的生态城市”（新区蓝绿空间比达到 70%）。自成立以来，雄安新区加大投资进行了白洋淀治理工程、唐河污水库污染治理与修复项目、“千年秀林”工程等，在生态环境治理方面取得了显著成效。①白洋淀治理工程。“没有清新明亮的白洋淀，就没有雄安新区高质量的发展。”2018 年白洋淀水质由劣Ⅴ类改善至Ⅴ类，总磷、氨氮浓度同比分别下降 35. 16%、45. 45%。新区对白洋淀实施了 5 次补水过程，水位达到近年新高。据统计：2019 年 6 月白洋淀水域面积整体增加 24. 05%，而紧邻雄安新区启动区的烧车淀水域面积增长率高达 89. 21%。②唐河污水库污染治理与修复项目。截至2018年，雄安新区清理固废12.1万t，完成库区生态修复工作约50%。雄安三县清理河道垃圾130.9万m^3，排查河道、淀区2 km范围内入河入淀排污（排放）口11 395个。③“千年秀林”工程。截至2018年年底，“千年秀林”面积达到11万亩，植树1 100多万株，植被覆盖范围显著扩大，其中大清河片区绿色植被覆盖面积增加29.17%、容城县东侧绿色植被覆盖面积增加30.21%。2020年，新区森林面积达到61万亩，森林覆盖率达到29%，“三带”“九片”“多廊”的整体效果初步完成。

2. 雄安新区社会经济发展现状

从经济发展总量上看，2018年雄安新区GDP为184.5亿元，同比下降13.2%左右（主要由于第二产业增加值同比下降30%左右），从城镇化水平上看，2018年雄安新区城镇化率为44.93%，远低于北京市的86.5%、天津市的82.64%，也低于河北省的整体水平55.32%。从城镇居民和农村居民人均可支配收入上看，2014—2018年雄安新区城镇居民人均可支配收入分别为21 536元/人、23 300元/人、25 290元/人、27 306元/人和29 244元/人；2014—2018年雄安新区农村居民人均可支配收入分别为11 506元/人、12 596元/人、13 909元/人、15 125元/人和16 064元/人。从产业结构变化上看，2019年雄安新区第一、二、三产业比为9.3%：44.5%：46.2%，第三产业服务业占比首次超过第二产业，服务业各类POI数量增长63.16%，其中，购物、美食、丽人等类别POI增长近一倍。从投资规模上看，2018年雄安新区投资规模为3 000亿元左右，集中在基础设施建设和产业发展两个方面，人均固定资产投资为23 890元/人。从路网密度上看，2018年雄安新区路网密度为26.65 km/km^2，2019年雄安新区每平方千米路网密度比2018年提升23.36%。

从人口总量上看，2000年雄安新区为92万人，2016年为113.62万人，2018年124.7万人，年均增长率为0.9%~1.5%。从人均GDP上看，2018年雄安新区人均GDP为14 796元，分别为河北省、北京市、天津市人均GDP水平的31.2%、10.6%、12.2%。从人口密度上看，2018年雄安新区人口密度为711人/km^2，远高于河北省人口密度398人/km^2，低于周边高阳县的721人/km^2和任丘市的882人/km^2。从人口特征上看，2017年4月以来雄安新区人口特征发生了较大变化，高学历人口占比增加了60%左右，雄安新区对外来人口的吸引力持续增强。从千人医疗机构床位数上看，2014—2018年雄安新区千人医疗机构床位数分别为2.36个/千人、2.83个/千人、3.07个/千人、3.49个/千人和4.02个/千人。

第5章 雄安新区资源环境承载力评价指标体系设计

本章基于科学性、系统性、动态性、人地关系协调性及可持续发展的主要原则，选取能够反映雄安新区资源系统、环境系统、生态系统与社会经济系统四个层面的若干指标，运用主成分分析法对雄安新区资源环境承载力评价指标进行筛选，设计科学合理的雄安新区资源环境承载力评价指标体系。

5.1 雄安新区资源环境承载力评价指标体系的初步设计

5.1.1 设计思路

结合雄安新区地质背景、地质环境特征与资源环境的状况，以“生态优先和绿色发展”的思路为指导，从资源、环境、生态与社会经济四个维度设计雄安新区资源环境承载力评价指标体系，依据雄安新区发展的现实状况选择二级准则层集成性指标及若干个三级基础性指标，并运用SPSS的相关性分析消除各项特征指标间信息重叠的问题，实现评价指标的第一次筛选，之后运用主成分分析法对评价的各项特征指标进行第二次筛选，避免了指标选取仅仅依赖影响因素的定性分析，最终设计符合区域特征的雄安新区资源环境承载力评价指标体系。

5.1.2 设计原则

1. 科学性原则

评价指标能够客观真实地反映区域发展状况，充分体现雄安新区资源环境的本质特征，同时，指标要求概念明确、数据可得且统计规范，保证客观、科学及有效的评估结果。

2. 系统性原则

资源环境承载力是一个与资源—环境—生态—社会经济相关的复杂系统，评价指标既要有反映社会、经济、人口方面的发展指标，又要有反映资源、环境、生态系统的客观现实指标。

3. 动态性原则

雄安新区处于起步规划发展阶段，资源环境承载力会持续地发生动态变化，因此，评价指标应能充分描述与评估雄安新区资源环境与社会经济发展的运行模式与发展状态。

4. 人地关系协调性原则

区域资源环境承载力是人地关系相互作用研究的重要载体，因此，必须立足评价区的客观现实，指标要充分反映雄安新区资源环境承载状况的人地关系特征，刻画出雄安新区人地关系的相互作用机制。

5. 可持续发展原则

可持续发展理念贯穿于资源环境承载力评价始终，指标选取应考虑到区域资源的可持续利用及环境的可持续发展，评价结果能够反映雄安新区资源、环境、生态与社会经济系统的可持续发展能力。

5.1.3 雄安新区资源环境承载力评价指标体系初步设计

从雄安新区绿色发展的定位出发，将生态作为一个单独的维度，从资源系统、环境系统、生态系统（从绿色生态的角度）与社会经济系统四个层面，基于土地资源、水资源、矿产资源，水环境、大气环境、地质环境，绿色治理、绿色生产、绿色生活，经济和社会等 11 个二级指标，选择最能反映雄安新区的资源环境特征与社会经济发展现实状况，同时统计数据可查或计算可得的 104 个三级指标，初步设计雄安新区资源环境承载力评价指标体系，见表 5-1。

表 5-1　雄安新区资源环境承载力评价指标体系初步设计

一级指标	二级指标	三级指标
资源系统	土地资源	土地总面积、人均耕地面积、人均建设用地面积、单位耕地生产力、万元 GDP 建设用地面积、建设用地新增率、土地利用率、土地开发强度、单位土地产出、人均粮食占有量
	水资源	水资源总量、平均降水量、地表水资源量、人均水资源量、人均水资源需求量、农业用水占比、单位有效灌溉面积、水资源可持续度、水资源利用率、用水效益
	矿产资源	矿山企业数、年产矿量、单位用地产矿量、单位用地实际采矿能力、年产原油数量、天然气产量、地热田面积、地热水储量
环境系统	水环境	工业万元 GDP 废水排放量、城市污水日处理能力、湖泊综合营养指数、总磷排放量、氨氮排放量、化学需氧量 COD 排放强度、饮用水水质达标率、地下水开采率、劣质水占比、生态用水率
	大气环境	空气质量优良天数占比、空气质量综合指数、$PM_{2.5}$浓度、PM_{10}浓度、SO_2 浓度、$PM_{2.5}$超标率、$PM_{2.5}$超标率、SO_2 超标率
	地质环境	平均地下水埋深度、地下水超采量、地面沉降速率、地下水矿化度、建筑地基承载力、高程、地震烈度等级、地下水可利用率
生态系统（绿色生态）	绿色治理	环保投入占财政支出的比重、科教文卫支出占财政支出的比重、城市污水集中处理率、人均造林面积、白洋淀水质达标率、生活垃圾无害化处理率、建成区绿化覆盖率、工业 SO_2 去除率、工业固废综合利用率、工业废水排放达标率
	绿色生产	单位面积农药化肥使用量、第三产业占 GDP 比重、万元 GDP 能耗、万元 GDP 水耗、万元 GDP 电耗、工业废水排放强度、工业万元 GDP 固废排放量、单位工业 GDP 天然气使用率、万元工业增加值耗水量、工业污水集中处理率
	绿色生活	居民生活中清洁能源的比重、地热资源取暖覆盖率、液化石油气家庭用量、每万人拥有公共汽电车、新能源汽车增长率、电动自行车的保有率、人均绿地面积、蓝绿空间占比、森林覆盖率、充电站覆盖率

续表

一级指标	二级指标	三级指标
社会经济系统	经济	GDP 总量、人均 GDP、GDP 年增长率、规模以上工业总产值、第一产业占 GDP 比重、第二产业占 GDP 比重、城镇居民人均可支配收入、农村居民人均可支配收入、人均固定资产投资额、居民消费价格指数
	社会	人口总量、城镇化率、人口自然增长率、人口密度、农民平均受教育程度、恩格尔系数、人均城市道路面积、林草覆盖率、路网密度、千人医疗机构床位数

5.1.4 基于相关性分析的指标初次筛选

将资源、环境、生态与社会经济系统的三级指标进行编码，见表5-2~表5-5。

表 5-2 雄安新区资源系统的评价指标

一级指标	二级指标	三级指标名称	代码
资源系统	土地资源	土地总面积/km^2	X1
		人均耕地面积/(亩/人)	X2
		人均建设用地面积/(m^2/人)	X3
		单位耕地生产力/(t/km^2)	X4
		万元 GDP 建设用地面积/(m^2/万元)	X5
		建设用地新增率/%	X6
		土地利用率/%	X7
		土地开发强度/%	X8
		单位土地产出/(万元/km^2)	X9
		人均粮食占有量	X10
	水资源	水资源总量/(亿 m^3/年)	X11
		平均降水量/mm	X12
		地表水资源量/(亿 m^3/年)	X13
		人均水资源量/(m^3/人)	X14
		人均水资源需求量/(m^3/人)	X15
		农业用水占比/%	X16
		单位有效灌溉面积/(m^2/t)	X17
		水资源可持续度	X18
		水资源利用率/%	X19
		用水效益/(元/m^3)	X20

续表

一级指标	二级指标	三级指标名称	代码
资源系统	矿产资源	矿山企业数/个	X21
		年产矿量/万 t	X22
		单位用地产矿量/(万 t/km^2)	X23
		单位用地实际采矿能力/(t/hm^2)	X24
		年产原油数量/(t/年)	X25
		天然气产量/万 m^3	X26
		地热田面积/km^2	X27
		地热水储量/亿 m^3	X28

表 5-3　雄安新区环境系统的评价指标

一级指标	二级指标	三级评价指标	代码
环境系统	水环境	工业万元 GDP 废水排放量/(t/万元)	Y1
		城市污水日处理能力/万 t	Y2
		湖泊综合营养指数	Y3
		总磷排放量/t	Y4
		氨氮排放量/t	Y5
		化学需氧量 COD 排放强度/(kg/万元)	Y6
		饮用水水质达标率/%	Y7
		地下水开采率/%	Y8
		劣质水占比/%	Y9
		生态用水率/%	Y10
	大气环境	空气质量优良天数占比/%	Y11
		空气质量综合指数	Y12
		$PM_{2.5}$浓度/(μg/m^3)	Y13
		PM_{10}浓度/(μg/m^3)	Y14
		SO_2 浓度/(μg/m^3)	Y15
		$PM_{2.5}$超标率/%	Y16
		PM_{10}超标率/%	Y17
		SO_2 超标率/%	Y18

续表

一级指标	二级指标	三级评价指标	代码
环境系统	地质环境	平均地下水埋深度/m	Y19
		地下水超采量/(亿 m^3/年)	Y20
		地面沉降速率/(mm/年)	Y21
		地下水矿化度/(g/L)	Y22
		建筑地基承载力/(kPa)	Y23
		高程/m	Y24
		地震烈度等级/(°)	Y25
		地下水可利用率/%	Y26

表 5-4 雄安新区生态系统的评价指标

一级指标	二级指标	三级评价指标	代码
生态系统	绿色治理	环保投入占财政支出的比重/%	Z1
		科教文卫支出占财政支出的比重/%	Z2
		城市污水集中处理率/%	Z3
		人均造林面积/(m^2/人)	Z4
		白洋淀水质达标率/%	Z5
		生活垃圾无害化处理率/%	Z6
		建成区绿化覆盖率/%	Z7
		工业 SO_2 去除率/%	Z8
		工业固废综合利用率/%	Z9
		工业废水排放达标率/%	Z10
	绿色生产	单位面积农用化肥使用量/(t/km^2)	Z11
		第三产业占 GDP 比重/%	Z12
		万元 GDP 能耗/(t 标准煤/万元)	Z13
		万元 GDP 水耗/(m^3/万元)	Z14
		万元 GDP 电耗/(kW · h/万元)	Z15
		工业废水排放强度/(t/km^2)	Z16
		工业万元 GDP 固废排放量/(t/年)	Z17
		单位工业 GDP 天然气使用率/%	Z18
		万元工业增加值耗水量/m^3	Z19
		工业污水集中处理率/%	Z20

续表

一级指标	二级指标	三级评价指标	代码
生态系统	绿色生活	居民生活中清洁能源的比重/%	Z21
		地热资源取暖覆盖率/%	Z22
		液化石油气家庭用量/t	Z23
		每万人拥有公共汽电车/辆	Z24
		新能源汽车增长率/%	Z25
		电动自行车的保有率/%	Z26
		人均绿地面积/(km^2/人)	Z27
		蓝绿空间占比/%	Z28
		森林覆盖率/%	Z29
		充电站覆盖率/%	Z30

表 5-5　雄安新区社会经济系统的评价指标

一级指标	二级指标	三级评价指标	代码
社会经济系统	经济	GDP 总量/亿元	W1
		人均 GDP/(元/人)	W2
		GDP 年增长率/%	W3
		规模以上工业总产值/亿元	W4
		第一产业占 GDP 比重/%	W5
		第二产业占 GDP 比重/%	W6
		城镇居民人均可支配收入/元	W7
		农村居民人均可支配收入/元	W8
		人均固定资产投资额/(元/人)	W9
		居民消费价格指数/%	W10
	社会	人口总量/万人	W11
		城镇化率/%	W12
		人口自然增长率/%	W13
		人口密度/(人/km^2)	W14
		农民平均受教育程度/%	W15
		恩格尔系数/%	W16
		人均城市道路面积/m^2	W17
		林草覆盖率/%	W18
		路网密度/(km/km^2)	W19
		千人医疗机构床位数/个	W20

基于 SPSS 的相关性分析，找出显著相关的指标（相关系数 $|r| \geq 0.8$），见表 5-6~表 5-9。

表 5-6 相关性分析（资源系统）

	X1	X2	X3	X4	X5	X6	X7	X8	X9	X10	X11	X12	X13	X14	X15	X16	X17	X18	X19	X20	X21	X22	X23	X24	X25	X26	X27	X28
X1	1																											
X2	0.685**	1																										
X3	0.562**	-0.474	1																									
X4	0.734	-0.489	0.578	1																								
X5	0.682*	-0.012	0.625	0.760	1																							
X6	*0.567	-0.460	0.979**	0.774	0.485	1																						
X7	-0.833**	-0.421	0.940**	0.671	0.427	0.562	1																					
X8	-0.810**	-0.490	0.952**	0.703	0.431	0.990**	0.997**	1																				
X9	-0.824**	-0.395	-0.097	0.991**	0.836*	0.742	0.640	0.667	1																			
X10	0.093	0.861*	0.116	0.873*	-0.696	0.106	0.217	0.176	0.510	1																		
X11	0.556	-0.393	0.171	0.647	0.668	0.015	0.869*	-0.567	0.659	-0.087	1																	
X12	-0.443	0.043	-0.340	-0.219	-0.638	-0.307	-0.377	-0.370	-0.290	0.260	-0.770	1																
X13	0.483	-0.114	0.520	0.632	0.945**	0.387	0.360	0.372	0.708	-0.702	0.904*	0.898*	1															
X14	-0.468	0.878*	-0.507	-0.394	-0.162	-0.515	-0.538	-0.589	-0.337	0.054	0.884*	0.996**	-0.356	1														
X15	0.486	0.405	0.542	-0.703	-0.566	-0.562	-0.479	-0.177	-0.692	-0.076	0.651	0.548	-0.535	0.587	1													
X16	0.580	0.401	-0.594	-0.640	-0.595	-0.589	-0.260	-0.263	-0.521	0.014	-0.539	0.327	-0.476	0.448	0.951**	1												
X17	-0.563	-0.291	-0.256	0.567	0.445	0.325	0.655	0.145	0.555	0.261	0.717	-0.507	0.406	-0.499	0.578	0.611	1											
X18	-0.279	0.714	-0.527	-0.785	-0.316	-0.416	-0.277	-0.341	-0.724	0.515	-0.170	-0.251	-0.218	0.388	0.253	0.452	-0.092	1										
X19	-0.106	-0.275	0.002	0.609	0.466	0.106	0.058	0.537	0.597	0.241	-0.669	-0.455	0.399	-0.452	0.677	-0.537	0.480	0.848*	1									
X20	0.648	-0.363	0.503	0.063	-0.206	0.662	0.756	0.742	-0.001	0.745	0.560	-0.195	-0.167	-0.523	-0.677	-0.550	0.776	0.818*	0.746	1								
X21	0.652	-0.035	-0.677	-0.287	-0.314	-0.774	-0.553	-0.510	-0.298	0.458	-0.768	0.493	-0.267	0.245	0.844*	0.742	-0.431	-0.253	0.122	-0.781	1							
X22	-0.490	-0.475	-0.247	0.158	-0.032	-0.378	-0.488	-0.418	0.124	-0.649	-0.377	0.304	0.029	-0.185	0.457	0.346	-0.618	-0.649	-0.608	-0.617	0.862*	1						
X23	-0.437	-0.096	-0.405	-0.442	-0.389	-0.301	-0.310	-0.303	-0.537	0.565	-0.694	0.716	-0.562	0.239	0.493	0.383	-0.409	-0.055	-0.391	0.123	0.367	0.899*	1					
X24	0.116	-0.579	0.359	0.035	0.482	0.027	0.235	0.090	0.032	-0.034	0.740	-0.156	0.361	-0.521	0.479	0.566*	0.140	-0.635	-0.137	0.526	-0.586	0.856*	0.827*	1				
X25	0.202	0.134	0.468	0.609	0.423	0.251	0.112	0.114	0.620	-0.417	-0.097	0.418	0.126	0.444	-0.065	-0.356	-0.002	-0.574	0.085	-0.404	0.921*	0.885	0.006	0.931*	1			
X26	0.270	0.591	0.281	0.395	0.581	0.201	0.131	0.091	0.471	-0.302	0.057	0.033	0.317	0.637	-0.143	-0.320	0.143	-0.044	0.211	-0.347	0.852*	0.923*	-0.342	0.912*	0.798	1		
X27	0.678	-0.553	0.179	-0.223	0.750	0.006	0.797	0.827*	0.960**	-0.393	0.701	-0.374	0.671	-0.548	-0.638	0.511	0.718	-0.689	0.744	0.254	-0.448	0.029	-0.507	0.099	0.425	0.273	1	
X28	0.750	-0.402	0.057	0.495	0.102	0.197	0.395	-0.298	0.433	0.488	0.642	-0.064	-0.003	-0.418	-0.237	0.353	*0.174	-0.237	0.175	-0.148	-0.799	-0.522	0.048	0.972**	0.112	0.048	0.607	1

*在0.05级别(双尾),相关性显著。
**在0.01级别(双尾),相关性显著。

表 5-7　相关性分析(环境系统)

	Y1	Y2	Y3	Y4	Y5	Y6	Y7	Y8	Y9	Y10	Y11	Y12	Y13	Y14	Y15	Y16	Y17	Y18	Y19	Y20	Y21	Y22	Y23	Y24	Y25	Y26
Y1	1																									
Y2	0.650	1																								
Y3	0.981**	0.705	1																							
Y4	0.986**	0.594	0.989**	1																						
Y5	0.981**	0.627	0.929*	0.616	1																					
Y6	0.983**	0.755	0.993**	0.525	0.625	1																				
Y7	0.766	0.755	0.548	0.760	0.690	0.768	1																			
Y8	−0.729	−0.593	−0.779	−0.680	−0.699	−0.625	−0.464	1																		
Y9	0.914*	0.507	0.635	0.972**	0.944*	0.930*	0.765	0.566	1																	
Y10	0.773	0.718	0.026	0.439	0.647	0.704	0.619	−0.660	0.159	1																
Y11	0.600	0.319	0.690	0.574	0.537	0.727	−0.805	−0.272	0.063	0.108	1															
Y12	0.612	0.711	−0.028	−0.032	0.637	0.637	−0.651	−0.872	0.731	0.359	−0.528	1														
Y13	0.521	0.585	−0.105	−0.058	−0.092	0.021	0.773	−0.671	0.499	0.728	0.585	0.931*	1													
Y14	0.006	0.023	−0.016	−0.037	−0.029	0.052	0.676	−0.794	0.637	0.008	0.726	0.706	0.863	1												
Y15	0.518	0.253	0.668	0.794	0.784	0.737	−0.129	−0.956*	0.320	0.269	0.421	0.717	0.792	0.587	1											
Y16	0.329	0.466	0.569	−0.028	0.158	−0.119	0.604	−0.560	0.457	0.682	−0.910*	977**	0.982**	0.622	0.581	1										
Y17	0.106	0.710	0.039	−0.085	−0.037	−0.045	0.764	−0.700	0.659	0.159	0.813*	0.971**	0.681	0.996**	0.586	0.655	1									
Y18	0.515	0.624	0.018	−0.029	−0.052	0.616	0.451	−0.798	0.668	0.159	0.973**	0.967**	0.700	0.666	0.985**	0.595	0.696	1								
Y19	−0.716	−0.490	−0.767	−0.668	−0.694	−0.507	−0.548	0.991**	−0.561	−0.165	−0.261	−0.646	−0.661	−0.785	−0.974**	−0.502	−0.790	−0.779	1							
Y20	0.010	−0.734	−0.054	0.086	−0.011	−0.119	−0.510	0.988**	−0.760	−0.469	−0.709	−0.213	0.092	−0.092	−0.531	0.229	−0.090	−0.073	0.681	1						
Y21	0.187	−0.616	0.113	0.255	0.175	0.049	−0.389	0.989**	−0.642	−0.308	−0.613	−0.069	0.253	0.068	−0.378	0.375	0.077	0.095	0.547	0.585	1					
Y22	−0.501	−0.973**	−0.536	−0.752	−0.784	−0.674	−0.451	0.649	−0.947*	−0.989**	−0.933*	−0.891*	−0.739	−0.544	−0.982**	−0.611	−0.455	−0.250	0.991**	0.981**	0.995**	1				
Y23	−0.280	0.515	−0.220	−0.352	−0.245	−0.160	0.259	−0.411	0.555	0.210	0.494	−0.063	−0.354	−0.179	0.288	−0.483	−0.184	−0.206	−0.453	−0.260	−0.185	−0.339	1			
Y24	−0.668	0.596	−0.712	−0.607	−0.658	−0.763	−0.323	0.521	−0.983**	−0.941*	−0.958*	−0.701	−0.594	−0.727	−0.947*	−0.467	−0.737	−0.731	0.436	0.732	0.605	0.658	−0.514	1		
Y25	0.592	0.035	0.603	0.661	0.489	0.570	0.324	−0.144	−0.047	0.259	0.107	0.571	0.677	0.585	0.174	0.780	0.576	0.602	−0.060	0.604	0.980**	−0.159	0.877**	0.873**	1	
Y26	−0.367	−0.296	−0.475	−0.341	−0.291	−0.525	−0.564	0.008	−0.450	−0.719	−0.451	−0.672	−0.358	−0.518	−0.738	−0.252	−0.499	−0.493	0.541	0.764	0.722	0.789	−0.596	0.457	−0.039	1

*在 0.05 级别(双尾),相关性显著。

**在 0.01 级别(双尾),相关性显著。

表 5-8　相关性分析(生态系统)

	Z1	Z2	Z3	Z4	Z5	Z6	Z7	Z8	Z9	Z10	Z11	Z12	Z13	Z14	Z15	Z16	Z17	Z18	Z19	Z20	Z21	Z22	Z23	Z24	Z25	Z26	Z27	Z28	Z29	Z30
Z1	1																													
Z2	0.548	1																												
Z3	0.980**	0.975**	1																											
Z4	0.625	0.792	0.830	1																										
Z5	0.917*	0.798	0.618	0.220	1																									
Z6	0.720	0.766	0.997**	0.372	0.583	1																								
Z7	0.981**	0.939*	0.663	0.983**	0.353	0.300	1																							
Z8	0.733	0.645	0.724	0.755	0.945*	0.653	0.264	1																						
Z9	0.956*	0.669	0.700	0.082	0.603	0.387	0.549	0.664	1																					
Z10	0.907*	0.905	0.889*	0.700	0.879*	0.682	0.565	0.926*	0.585	1																				
Z11	0.735	0.482	0.546	0.630	0.407	0.651	0.308	0.397	0.507	0.664	1																			
Z12	0.475	0.371	0.418	0.199	0.306	0.275	0.176	0.261	0.279	0.444	0.987**	1																		
Z13	0.636	0.509	0.772	0.519	0.495	0.408	0.641	0.469	0.513	0.505	0.632	0.994**	1																	
Z14	0.674	0.577	0.607	0.558	0.337	0.372	0.658	0.480	0.575	0.493	0.590	0.984*	0.626	1																
Z15	0.628	0.479	0.796	0.495	0.317	0.368	0.616	0.514	0.483	0.467	0.672	0.915*	0.485	*0.525	1															
Z16	0.644	0.772	0.756	0.231	0.252	0.365	0.015	0.581	0.364	*0.599	0.674	0.412	0.695	0.564	0.553	1														
Z17	0.317	0.150	0.219	0.348	0.931*	0.622	0.350	0.601	0.183	0.505	0.597	0.374	-0.170	-0.246	-0.151	0.955*	1													
Z18	0.542	0.096	0.625	0.511	0.605	0.571	0.124	0.677	0.102	0.223	0.433	0.526	0.130	0.194	0.112	0.964**	0.448	1												
Z19	0.676	0.738	0.630	0.189	0.142	0.693	0.176	0.345	0.549	0.276	0.821	0.668	0.462	0.909*	0.512	0.913*	0.162	0.481	1											
Z20	0.952*	0.463	0.975**	0.181	0.980**	0.686	0.222	0.294	0.269	0.396	0.768	0.565	0.429	0.562	0.429	0.888*	0.132	0.645	0.551	1										
Z21	0.696	0.511	0.479	0.278	0.469	0.555	0.148	0.532	0.208	0.625	0.212	0.298	-0.063	0.036	-0.074	0.311	0.298	0.244	0.267	0.486	1									
Z22	0.295	0.455	0.591	0.191	0.552	0.245	0.080	0.230	0.286	0.123	0.711	0.190	0.561	0.600	0.551	0.221	0.370	0.259	0.330	0.418	0.984**	1								
Z23	0.475	0.190	0.440	0.389	0.337	0.393	0.255	0.144	0.093	0.087	0.580	0.089	0.501	0.562	0.483	0.368	0.260	0.220	0.561	0.183	0.989**	0.981**	1							
Z24	0.560	0.069	0.794	0.492	0.281	0.151	0.353	0.157	0.176	0.021	0.592	0.196	0.415	0.464	0.395	0.357	0.385	0.155	0.215	0.233	0.348	0.250	0.623	1						
Z25	0.641	0.605	0.458	0.704	0.406	0.715	0.422	0.225	0.623	0.293	0.516	0.033	-0.132	-0.113	-0.123	0.337	0.293	0.276	0.278	0.402	0.316	0.206	0.683	0.967**	1					
Z26	0.472	0.515	0.778	0.572	0.152	0.187	0.292	0.114	0.127	0.132	0.661	0.180	0.357	0.389	0.344	0.237	0.533	0.154	0.292	0.394	0.329	0.069	0.154	0.650	0.986**	1				
Z27	0.289	0.011	0.500	0.968**	0.284	0.045	0.991**	0.220	0.024	0.189	0.584	0.163	0.601	0.602	0.567	0.031	0.405	0.114	0.344	0.272	0.122	0.055	0.024	0.243	0.634	0.330	1			
Z28	0.568	0.731	0.189*	-0.941*	0.194	0.504	0.937*	0.343	0.136	0.325	0.513	0.738	0.209	0.250	0.339	0.201	0.107	0.527	0.017	0.157	0.396	0.123	0.175	0.111	0.342	0.283	0.716	1		
Z29	0.923*	0.119	0.727	-0.971**	0.203	0.207	0.934*	0.255	0.231	0.346	0.603	0.191	0.328	0.357	0.305	0.145	0.521	0.060	0.161	0.162	0.136	0.155	0.049	0.185	0.242	0.195	0.771	0.626	1	
Z30	0.669	0.223	0.237	0.153	0.119	0.232	0.272	0.258	0.030	0.181	0.447	0.053	0.202	0.255	0.174	0.040	0.437	0.192	0.239	0.081	0.020	0.011	0.138	0.172	0.937*	0.937*	0.171	0.236	0.180	1

*在 0.05 级别(双尾),相关性显著。

**在 0.01 级别(双尾),相关性显著。

表 5-9　相关性分析(社会经济系统)

	W1	W2	W3	W4	W5	W6	W7	W8	W9	W10	W11	W12	W13	W14	W15	W16	W17	W18	W19	W20
W1	1																			
W2	0.940*	1																		
W3	0.894*	0.939*	1																	
W4	0.976**	0.001	0.919*	1																
W5	−0.720	−0.942*	0.256	0.020	1															
W6	0.124	−0.203	0.786	0.896*	0.948*	1														
W7	0.493	0.889*	0.345	−0.447	−0.866	−0.630	1													
W8	0.207	0.635	−0.349	−0.623	−0.720	−0.758	0.958*	1												
W9	0.652	0.947*	−0.484	−0.205	−0.917*	−0.455	0.161	0.626	1											
W10	0.036	−0.324	0.853	0.276	0.332	0.198	0.950*	0.999**	−0.566	1										
W11	0.219	0.638	−0.352	−0.643	−0.712	−0.777	−0.749	−0.470	0.528	−0.884*	1									
W12	0.056	0.505	−0.929*	−0.712	−0.586	−0.644	0.188	0.284	0.737	−0.929*	0.028	1								
W13	0.446	0.656	0.497	0.413	−0.677	0.486	0.270	0.033	0.407	0.336	0.985**	−0.141	1							
W14	0.283	0.614	0.073	−0.122	−0.334	−0.246	0.381	0.145	0.499	−0.211	0.992**	0.086	0.992**	1						
W15	0.324	0.728	−0.502	−0.569	−0.766	−0.746	0.181	0.285	0.662	−0.349	−0.898	0.559	0.092	0.283	1					
W16	0.211	0.641	−0.471	−0.632	−0.681	−0.312	0.949*	0.989**	0.442	0.989***	0.178	0.383	−0.036	0.229	0.360	1				
W17	0.093	0.530	−0.930*	−0.708	−0.553	−0.891*	−0.672	0.061	0.896*	−0.947*	0.967**	−0.192	0.984**	0.986**	0.558	0.486	1			
W18	−0.052	0.389	−0.972**	−0.767	−0.410	−0.939*	0.502	0.213	0.651	−0.969**	0.962**	0.465	−0.346	0.895	0.299	0.447	0.923*	1		
W19	0.181	0.611	−0.264	−0.647	−0.697	−0.776	−0.187	0.199	0.999**	−0.884*	0.209	0.989**	0.005	0.134	0.183	0.289	0.915*	0.966**	1	
W20	0.125	0.601	−0.207	−0.461	−0.742	−0.620	0.292	0.666	0.920*	−0.751	0.941*	0.355	0.049	−0.049	0.139	0.138	*0.142	0.843	0.596	1

*在0.05级别(双尾),相关性显著。
**在0.01级别(双尾),相关性显著。

通过对雄安新区资源系统的28项指标进行相关性检验，见表5-6，指标X1（土地总面积）与指标X7（土地利用率）、X8（土地开发强度）、X9（单位土地产出）3个指标显著相关；指标X10（人均粮食占有量）与指标X2（人均耕地面积）、X4（单位耕地生产力）显著相关；指标X11（水资源总量）与指标X13（地表水资源量）、X14（人均水资源量）显著相关；指标X12（平均降水量）与指标X13（地表水资源量）、X14（人均水资源量）显著相关；指标X18（水资源可持续度）与指标X19（水资源利用率）、X20（用水效益）显著相关；指标X21（矿山企业数）与指标X22（年产矿量）、X25（年产原油数量）、X26（天然气产量）显著相关；指标X22（年产矿量）与指标X21（矿山企业数）、X23（单位用地产矿量）、X24（单位用地实际采矿能力）、X25（年产原油数量）、X26（天然气产量）显著相关；指标X24（单位用地实际采矿能力）与指标X22（年产矿量）、X23（单位用地产矿量）、X25（年产原油数量）、X26（天然气产量）显著相关。同时结合专家评分法（邀请10名相关专家进行打分），剔除权数得分较低的指标，实现对信息重复指标的筛选，资源系统筛除土地总面积、人均粮食占有量、水资源总量、平均降水量、水资源可持续度、矿山企业数、年产矿量、单位用地产矿量8个指标，剩余的20个指标作为雄安新区资源系统的评价指标。

通过对环境系统的26项指标进行相关性检验，见表5-7，指标Y8（地下水开采率）与指标Y19（平均地下水埋深度）、Y20（地下水超采量）、Y21（地面沉降速率）、Y26（地下水可利用率）显著相关；指标Y9（劣质水占比）与指标Y1（工业万元GDP废水排放量）、Y4（总磷排放量）、Y5（氨氮排放量）、Y6（化学需氧量COD排放强度）显著相关；指标Y16（$PM_{2.5}$超标率）与指标Y11（空气质量优良天数占比）、Y12（空气质量综合指数）、Y13（$PM_{2.5}$浓度）显著相关；指标Y17（PM_{10}超标率）与指标Y11（空气质量优良天数占比）、Y12（空气质量综合指数）、Y14（PM_{10}浓度）显著相关；指标Y18（SO_2超标率）与指标Y11（空气质量优良天数占比）、Y12（空气质量综合指数）、Y15（SO_2浓度）显著相关；指标Y22（地下水矿化度）与指标Y19（平均地下水埋深度）、Y20（地下水超采量）、Y21（地面沉降速率）显著相关；指标Y25（地震烈度等级）与指标Y21（地面沉降速率）、Y23（建筑地基承载力）、Y24（高程）显著相关。同时结合专家评分法，剔除权数得分较低的指标，实现对信息重复指标的筛选，环境系统筛除地下水开采率、劣质水占比、$PM_{2.5}$超标率、PM_{10}超标率、SO_2超标率、地下水矿化度、地震烈度等级7个指标，剩余的 19 个指标作为新区环境系统的评价指标。

通过对生态系统的 30 项指标进行相关性检验，见表 5-8，指标 Z3（城市污水集中处理率）与指标 Z1（环保投入占财政支出的比重）、Z2（科教文卫支出占财政支出的比重）、Z6（生活垃圾无害化处理率）、Z10（工业废水排放达标率）显著相关；指标 Z10（工业废水排放达标率）与指标 Z1（环保投入占财政支出的比重）、Z2（科教文卫支出占财政支出的比重）、Z3（城市污水集中处理率）、Z5（白洋淀水质达标率）、Z8（工业 SO_2 去除率）显著相关；指标 Z12（第三产业占 GDP 比重）与指标 Z11（单位面积农用化肥使用量）、Z13（万元 GDP 能耗）、Z14（万元 GDP 水耗）、Z15（万元 GDP 电耗）显著相关；指标 Z16（工业废水排放强度）与指标 Z17（工业万元 GDP 固废排放量）、Z18（单位工业 GDP 天然气使用率）、Z19（万元工业增加值耗水量）、Z20（工业污水集中处理率）显著相关；指标 Z19（万元工业增加值耗水量）与指标 Z14（万元 GDP 水耗）、Z16（工业废水排放强度）显著相关；指标 Z23（液化石油气家庭用量）与指标 Z21（居民生活中清洁能源的比重）、Z22（地热资源取暖覆盖率）显著相关；指标 Z25（新能源汽车增长率）与指标 Z24（每万人拥有公共汽电车）、Z26（电动自行车的保有率）、Z30（充电站覆盖率）显著相关；指标 Z30（充电站覆盖率）与指标 Z25（新能源汽车增长率）、Z26（电动自行车的保有率）显著相关。同时结合专家评分法，剔除权数得分较低的指标，实现对信息重复指标的筛选，生态系统筛除城市污水集中处理率、工业废水排放达标率、第三产业占 GDP 比重、工业废水排放强度、万元工业增加值耗水量、液化石油气家庭用量、新能源汽车增长率、充电站覆盖率 8 个指标，剩余的 22 个指标作为新区生态系统的评价指标。

通过对社会经济系统的 20 项指标进行相关性检验，见表 5-9，指标 W1（GDP 总量）与指标 W2（人均 GDP）、W3（GDP 年增长率）、W4（规模以上工业总产值）显著相关；指标 W11（人口总量）与指标 W13（人口自然增长率）、W14（人口密度）、W17（人均城市道路面积）、W20（千人医疗机构床位数）显著相关；指标 W17（人均城市道路面积）与指标 W9（人均固定资产投资额）、W11（人口总量）、W13（人口自然增长率）、W14（人口密度）、W19（路网密度）显著相关；指标 W18（林草覆盖率）与指标 W11（人口总量）、W14（人口密度）、W17（人均城市道路面积）、W19（路网密度）显著相关。同时结合专家评分法，剔除权数得分较低的指标，实现对信息重复指标的筛选，社会经济系统筛除 GDP 总量、人口总量、人均城市道路面积、林草覆盖率 4 个指标，剩余的 16 个指标作为新区社会经济系统的评价指标。

经过相关性分析，初次筛选后的雄安新区资源环境承载力评价指标体系（包含 77 个三级指标），见表 5-10。

表 5-10　雄安新区资源环境承载力评价指标体系

一级指标	二级指标	三级指标	指标含义	正负向
资源系统	土地资源	人均耕地面积/(亩/人)	耕地面积/总人口	+
		人均建设用地面积/(m^2/人)	建设用地面积/总人口	+
		单位耕地生产力/(t/km^2)	农作物产量/耕地面积	+
		万元 GDP 建设用地面积/(m^2/万元)	建设用地面积/GDP	−
		建设用地新增率/%	规划新增建设用地规模/建设用地总规模	+
		土地利用率/%	已利用土地面积/土地总面积	+
		土地开发强度/%	建设用地总量/土地总面积	+
		单位土地产出/(万元/km^2)	GDP/土地总面积	+
	水资源	地表水资源量/(亿 m^3/年)		+
		人均水资源量/(m^3/人)	水资源总量/总人口	+
		人均水资源需求量/(m^3/人)	水资源需求总量/总人口	−
		农业用水占比/%	农业用水总量/水资源总量	+
		单位有效灌溉面积/(m^2/t)	耕地灌溉面积/用水量	+
		水资源利用率/%	用水量/水资源可利用量	−
		用水效益/(元/m^3)	GDP/供水量	+
	矿产资源	单位用地产矿量/(万 t/km^2)	年产矿量/采矿用地规模	+
		年产原油数量/(t/年)		+
		天然气产量/万 m^3		+
		地热田面积/km^2		+
		地热水储量/亿 m^3		+
环境系统	水环境	工业万元 GDP 废水排放量/(t/万元)	工业废水排放量/工业产值	−
		城市污水日处理能力/万 t		+
		湖泊综合营养指数	综合湖泊水体中总氮、总磷、叶绿素 a 浓度和化学需氧量等水质指标进行评判，采用 0~100 对湖泊营养状态进行分级，指数越高，水质越差	−
		总磷排放量/t		−
		氨氮排放量/t		−

续表

一级指标	二级指标	三级指标	指标含义	正负向
环境系统	水环境	化学需氧量 COD 排放强度/(kg/万元)	化学需氧量 COD 排放量/GDP	-
		饮用水水质达标率/%		+
		生态用水率/%	生态用水量/总用水量	+
	大气环境	空气质量优良天数占比/%	每年空气质量优良天数/每年天数	+
		空气质量综合指数	六项污染物（NO_2、SO_2 等）浓度与对应的二级标准值之商的总和，空气质量综合指数值越大，表明大气环境质量越差	-
		$PM_{2.5}$浓度/($\mu g/m^3$)		-
		PM_{10}浓度/($\mu g/m^3$)		-
		SO_2 浓度/($\mu g/m^3$)		-
	地质环境	平均地下水埋深度/m		-
		地下水超采量/(亿 m^3/年)	地下水开采量-地下水容许开采量	-
		地面沉降速率/(mm/年)	单位时间地面下沉的幅度	-
		建筑地基承载力/kPa	建筑地基承担荷载的能力	+
		高程/m		-
		地下水可利用率/%	地下水开采量/地下水资源拥有量	-
生态系统	绿色治理	环保投入占财政支出的比重/%	环保投入金额/财政支出金额	+
		科教文卫支出占财政支出的比重/%	科学、教育、文化与卫生行业财政投入金额/财政总投入金额	+
		人均造林面积/(m^2/人)	造林面积/总人口	+
		白洋淀水质达标率/%		+
		生活垃圾无害化处理率/%		+
		建成区绿化覆盖率/%	建成区绿化覆盖面积/建成区面积	+
		工业 SO_2 去除率/%		+
		工业固废综合利用率/%	工业固废综合利用量/工业固废发生量	+
	绿色生产	单位面积农用化肥使用量/(t/km^2)	农用化肥施用折纯量/有效灌溉面积	-
		万元 GDP 能耗/(t 标准煤/万元)	能源消费总量/(t 标准煤）/GDP	-
		万元 GDP 水耗/(m^3/万元)	总耗水量/GDP	-
		万元 GDP 电耗/(kW · h/万元)	总耗电量/GDP	-
		工业万元 GDP 固废排放量/(t/年)	工业固废排放量/工业产值	-
		单位工业 GDP 天然气使用率/%		+
		工业污水集中处理率/%		+

续表

一级指标	二级指标	三级指标	指标含义	正负向
生态系统	绿色生活	居民生活中清洁能源的比重/%	居民生活清洁能源（包括非化石能源和天然气消费总量）/一次能源消费总量	+
		地热资源取暖覆盖率/%		+
		每万人拥有公共汽电车/辆		+
		电动自行车的保有率/%		+
		人均绿地面积/(km^2/人)	公共绿地面积/城镇人口数量	+
		蓝绿空间占比/%	绿地水体面积/区域面积	+
		森林覆盖率/%	森林面积/土地面积	+
社会经济系统	经济	人均 GDP/(元/人)	GDP/总人口	+
		GDP 年增长率/%		+
		规模以上工业总产值/亿元		+
		第一产业占 GDP 比重/%	第一产业增加值/GDP	+
		第二产业占 GDP 比重/%	第二产业增加值/GDP	+
		城镇居民人均可支配收入/元		+
		农村居民人均可支配收入/元		+
		人均固定资产投资额/(元/人)	全社会固定资产投资额/总人口	+
		居民消费价格指数/%	CPI 表示通胀程度	-
	社会	城镇化率/%	城镇人口/总人口	+
		人口自然增长率/%		+
		人口密度/(人/km^2)	常住人口/土地总面积	-
		农民平均受教育程度/%		+
		恩格尔系数/%	食品支出总额/个人消费支出总额	-
		路网密度/(km/km^2)	路网里程/区域面积	+
		千人医疗机构床位数/个	医疗机构床位数/每千人	+

5.2　基于主成分分析法的雄安新区资源环境承载力评价指标体系构建

5.2.1　主成分分析法

主成分分析法是度量多变量之间相关性的一种多元统计方法，旨在利用降维的思想，把多个指标转化为少数几个综合指标（主成分），每个主成分都能够反映原始变量的大部分信息。本书利用 SPSS 软件的主成分分析，在对评价的各项特征指标进行优化筛选的基础上设计雄安新区资源环境承载力评价指标体系。

1. 主成分分析法的产生

主成分分析法（principal component analysis，PCA）由 K. 皮尔森于 1901 年提出，之后 H. 霍特林将此方法推广到随机向量的情形。运用统计分析方法研究多变量的问题时，有些变量之间存在着一定的相关关系，这些变量反映的信息就会存在一定的重叠。主成分分析法就是针对所有变量，将重复的变量（关系紧密的变量）删去，建立尽可能少的新变量，使得这些新变量之间两两不相关，而且这些新变量在反映信息方面尽可能保持原有的信息。

2. 主成分分析法的基本原理

主成分分析法是一种降维的统计方法，其借助于一个正交变换将分量相关的原随机向量转化成为分量不相关的新随机向量，在代数上表现为将原随机向量的协方差阵变换成对角形阵，在几何上表现为将原坐标系变换成新的正交坐标系，使之指向样本点散布最开的 p 个正交方向，然后将多维变量降维转换成低维变量，再通过构造适当的价值函数，进一步将低维转化为一维系统。

主成分分析法的基本原理是设法将最初变量组合成一组互相无关的综合变量，同时根据实际需要从中可以取出较少的变量，这些变量要尽可能多地反映之前变量的信息。最典型的做法是用 F_1（选取的第一个线性组合，即第一个综合指标）的方差表达，即 $\mathrm{Var}(F_1)$ 越大、表示 F_1 包含的信息越多。因此，在所有的线性组合中，选取的 F_1 是方差最大的，故称 F_1 为第一主成分。如果第一主成分不足以代表原来指标的信息，再考虑选取 F_2 即选第二个线性组合，为了有效地反映原来信息，F_1 已有的信息不需要出现在 F_2 中，用数学语言表达就是要求 $Cov(F_1, F_2)=0$，则称 F_2 为第二主成分，依次类推可以构造出第三、第四主成分等。

3. 主成分分析法的作用

① 降低维数。用 m 维的 Y 空间代替 p 维的 X 空间（$m<p$），而低维的 Y 空间代替高维的 X 空间损失的信息很少，即只有一个主成分 Y_l（即 $m=1$）时，Y_l 是使用全部 X 变量（p 个）得到的。例如：计算 Y_l 的均值要使用全部 X 的均值。在所选的前 m 个主成分中，如果某个 X_i 的系数全部近似于零的话，就可以把这个 X_i 删除，这是一种删除多余变量的方法。

② 多维数据表示。当多维数据的维数大于 3 时，无法用几何图形表示。但是大多数多元统计研究的问题都多于 3 个变量，因此，经过主成分分析后，可以选取前两个主成分或其中某两个主成分，根据主成分的得分，画出 n 个样品在二维平面上的分布状况，进而可以对样本进行分类处理，发现远离大多数样本点的离群点。

③ 回归模型构造。将各个主成分作为新自变量代替原来的自变量，之后进行回归分析。

④ 回归变量筛选。为了实现结构分析、控制与预报，要从原始变量构成的子集合中选择最佳变量构成集合。运用主成分分析法筛选变量，可以基于较少的计算量获得选择最佳变量子集合的效果。

5.2.2 基于主成分分析法构建雄安新区资源环境承载力评价指标体系

以雄安新区的雄县、安新、容城三县行政辖区（含白洋淀水域）为主要评价单元，研究数据来自《河北经济年鉴》《保定市统计年鉴》《河北经济发展报告》，以及河北统计局网站，雄安新区官网，雄县、安新县与容城县三县官网，实地调研的 2014—2018 年统计数据或计算得出。

基于主成分分析法构建雄安新区资源环境承载力评价指标体系的步骤如下：

第一步：数据标准化。假设研究样本集 $X(i, j)$ 为第 i 个样本的第 j 个指标值。为了统一各评价的变化范围，要对指标数据进行无量纲化处理。本书选择极差标准化方法进行原始数据的无量纲化，对越大越优型评价指标采用式（5-1）进行极差标准化处理，对越小越优型评价指标采用式（5-2）进行极差标准化处理。

$$X^*(i,j)=\frac{X(i,j)-X_{min}(j)}{X_{max}(j)-X_{min}(j)} \tag{5-1}$$

$$X^*(i,j)=\frac{X_{max}(j)-X(i,j)}{X_{max}(j)-X_{min}(j)} \tag{5-2}$$

其中，$X_{max}(j)$、$X_{min}(j)$ 分别表示样本数据中的评价指标 j 的最大值和最小值，计算得到的 $X^*(i,j)$ 为区间在 [0，1] 上的评价指标。

将雄安新区资源、环境、生态与社会经济系统的各项指标进行极差标准化处理，得到雄安新区资源环境承载力评价指标的标准化数据，见表 5-11～表 5-14。

表 5-11　雄安新区资源系统评价指标数据（标准化后）

评价指标	2014	2015	2016	2017	2018
人均耕地面积/（亩/人）	1.00	0.62	0.55	0.21	0.00
人均建设用地面积/（m^2/人）	0.00	0.15	0.22	0.29	1.00
单位耕地生产力/（t/km^2）	0.82	0.66	1.00	0.05	0.00
万元 GDP 建设用地面积/（m^2/万元）	0.56	0.00	1.00	0.68	0.90
建设用地新增率/%	0.00	0.32	0.51	0.84	1.00
土地利用率/%	0.00	0.27	0.36	0.87	1.00
土地开发强度/%	0.35	0.55	0.63	0.96	1.00
单位土地产出/（万元/km^2）	0.87	0.89	1.00	0.15	0.00
地表水资源量/（亿 m^3/年）	0.72	0.00	1.00	0.91	0.81
人均水资源量/（m^3/人）	1.00	0.85	0.71	0.00	0.87
人均水资源需求量/（m^3/人）	1.00	0.94	0.63	0.06	0.00
农业用水占比/%	1.00	0.76	0.43	0.24	0.00
单位有效灌溉面积/（m^2/t）	0.00	0.08	0.16	0.83	1.00
水资源利用率/%	1.00	0.85	0.70	0.00	0.18
用水效益/（元/m^3）	0.22	0.65	0.00	1.00	0.82
单位用地产矿量/（万 t/km^2）	0.27	044	1.00	0.00	0.41
年产原油数量/（t/年）	0.15	0.48	1.00	0.00	0.81
天然气产量/万 m^3	0.50	0.25	0.75	0.00	1.00
地热田面积/km^2	0.00	0.17	1.00	0.96	0.97
地热水储量/亿 m^3	0.00	0.57	0.29	0.80	1.00

表 5-12 雄安新区环境系统评价指标数据（标准化后）

评价指标	2014	2015	2016	2017	2018
工业万元 GDP 废水排放量/(t/万元)	0.33	0.20	0.00	0.47	1.00
城市污水日处理能力/万 t	0.00	0.25	0.50	0.88	1.00
湖泊综合营养指数	0.35	0.16	0.00	0.63	1.00
总磷排放量/t	0.46	0.21	0.00	0.58	1.00
氨氮排放量/t	0.24	0.16	0.00	0.29	1.00
化学需氧量 COD 排放强度/(kg/万元)	0.25	0.18	0.00	0.59	1.00
饮用水水质达标率/%	0.00	0.08	0.15	1.00	0.98
生态用水率/%	0.02	0.00	0.16	0.64	1.00
空气质量优良天数占比/%	0.00	0.21	0.42	1.00	0.88
空气质量综合指数	0.23	0.18	0.00	0.83	1.00
$PM_{2.5}$浓度/(μg/m^3)	0.51	0.20	0.00	0.66	1.00
PM_{10}浓度/(μg/m^3)	0.36	0.11	0.00	0.71	1.00
SO_2 浓度/(μg/m^3)	0.12	0.00	0.30	0.74	1.00
平均地下水埋深度/m	1.00	0.89	0.58	0.20	0.00
地下水超采量/(亿 m^3/年)	1.00	0.67	0.00	0.17	0.33
地面沉降速率/(mm/年)	1.00	0.63	0.00	0.18	0.49
建筑地基承载力/kPa	0.00	0.29	1.00	0.66	0.42
高程/m	1.00	0.80	0.50	0.20	0.00
地下水可利用率/%	1.00	0.62	0.52	0.00	0.33

表 5-13 雄安新区生态系统评价指标数据（标准化后）

评价指标	2014	2015	2016	2017	2018
环保投入占财政支出的比重/%	0.00	0.13	0.16	0.68	1.00
科教文卫支出占财政支出的比重/%	0.00	0.23	0.42	0.57	1.00
人均造林面积/(m^2/人)	0.00	0.11	0.35	0.71	1.00
白洋淀水质达标率/%	0.19	0.38	0.00	0.63	1.00
生活垃圾无害化处理率/%	0.40	0.00	0.60	1.00	1.00
建成区绿化覆盖率/%	0.00	0.25	0.42	0.67	1.00
工业 SO_2 去除率/%	0.15	0.35	0.00	1.00	0.76
工业固废综合利用率/%	0.00	0.21	0.41	0.59	1.00
单位面积农用化肥使用量/(t/km^2)	0.50	0.31	0.00	1.00	0.81
万元 GDP 能耗/(t 标准煤/万元)	0.00	0.33	0.52	0.78	1.00

续表

评价指标	2014	2015	2016	2017	2018
万元 GDP 水耗/(m^3/万元)	0.46	0.32	0.00	0.29	1.00
万元 GDP 电耗/(kW·h/万元)	0.60	0.36	0.00	0.41	1.00
工业万元 GDP 固废排放量/(t/年)	0.26	0.00	0.28	1.00	0.15
单位工业 GDP 天然气使用率/%	0.00	0.40	0.73	0.90	1.00
工业污水集中处理率/%	0.00	0.13	0.21	0.52	1.00
居民生活中清洁能源的比重/%	0.00	0.67	0.91	1.00	1.00
地热资源取暖覆盖率/%	0.00	0.11	0.17	0.50	1.00
每万人拥有公共汽电车/辆	0.00	0.00	0.45	0.80	1.00
新能源汽车增长率/%	0.00	0.25	0.50	1.00	0.50
人均绿地面积/(km^2/人)	0.18	0.00	0.35	0.72	1.00
蓝绿空间占比/%	0.27	0.47	0.00	0.65	1.00
森林覆盖率/%	0.00	0.12	0.52	0.95	1.00

表 5-14　雄安新区社会经济系统评价指标数据（标准化后）

评价指标	2014	2015	2016	2017	2018
人均 GDP/(元/人)	0.88	0.90	1.00	0.51	0.00
GDP 年增长率/%	0.58	0.86	1.00	0.67	0.00
规模以上工业总产值/亿元	1.00	0.84	0.69	0.20	0.00
第一产业占 GDP 比重/%	1.00	0.42	0.00	0.20	0.26
第二产业占 GDP 比重/%	1.00	0.76	0.67	0.19	0.00
城镇居民人均可支配收入/元	0.00	0.23	0.49	0.75	1.00
农村居民人均可支配收入/元	0.00	0.24	0.53	0.79	1.00
人均固定资产投资额/(元/人)	0.00	0.38	0.09	0.37	1.00
居民消费价格指数/%	0.78	1.00	0.71	0.38	0.00
城镇化率/%	0.00	0.40	0.91	1.00	0.85
人口自然增长率/%	0.78	0.81	1.00	0.00	0.78
人口密度/(人/km^2)	0.21	0.16	0.00	0.90	1.00
农民平均受教育程度/%	0.00	0.23	0.62	0.87	1.00
恩格尔系数/%	0.00	0.22	0.50	0.92	1.00
路网密度/(km/km^2)	0.00	0.00	0.00	0.01	1.00
千人医疗机构床位数/个	0.00	0.28	0.43	0.68	1.00

第二步：计算主成分和累计方差贡献率。基于 SPSS 软件进行主成分

分析，见表 5-15~表 5-18。表 5-15 中资源系统的前四个主成分的特征值均大于 1、且累计贡献率超过 80%，表明这四个主成分基本能够代表原始指标对雄安新区资源环境承载力进行评价；表 5-16 中环境系统的前四个主成分的特征值均大于 1、且累计贡献率超过 80%，表明这四个主成分基本能够代表原始指标对雄安新区资源环境承载力进行评价；表 5-17 中生态系统的前三个主成分的特征值均大于 1、且累计贡献率超过 80%，表明这三个主成分基本能够代表原始指标对雄安新区资源环境承载力进行评价；表 5-18 中社会经济系统的前三个主成分的特征值均大于 1、且累计贡献率超过 80%，表明这三个主成分基本能够代表原始指标对雄安新区资源环境承载力进行评价。

表 5-15　特征根与方差贡献表（资源系统）

成分	初始特征值			提取载荷平方和			旋转载荷平方和		
	总计	方差百分比	累积/%	总计	方差百分比	累积/%	总计	方差百分比	累积/%
1	6.549	42.743	42.743	6.549	42.743	42.743	4.419	35.094	35.094
2	2.932	24.659	67.402	2.932	24.659	67.402	3.108	30.542	65.636
3	1.759	8.797	76.199	1.759	8.797	76.199	2.174	10.070	75.706
4	1.260	6.802	83.001	1.260	6.802	83.001	1.599	7.295	83.001
5	0.918	5.172	88.173						
6	0.772	4.875	93.048						
7	0.517	3.115	96.163						
8	0.348	1.825	97.988						
9	0.177	0.928	98.916						
10	0.078	0.537	99.453						
11	0.042	0.329	99.782						
12	0.025	0.216	99.998						
13	0.018	0.194	100.000						
14	$6.221X10^{-16}$	$3.111X10^{-15}$	100.000						
15	$5.532X10^{-16}$	$2.766X10^{-15}$	100.000						
16	$3.727X10^{-16}$	$1.863X10^{-15}$	100.000						
17	$1.954X10^{-16}$	$9.769X10^{-16}$	100.000						
18	$-4.206X10^{-16}$	$-2.103X10^{-15}$	100.000						
19	$-5.042X10^{-16}$	$-2.521X10^{-15}$	100.000						
20	$-1.390X10^{-15}$	$-6.949X10^{-15}$	100.000						

提取方法：主成分分析法。

表 5-16　特征根与方差贡献表（环境系统）

成分	总计	初始特征值		提取载荷平方和			旋转载荷平方和		
		方差百分比	累积/%	总计	方差百分比	累积/%	总计	方差百分比	累积/%
1	11.741	61.795	61.795	11.741	61.795	61.795	8.741	53.923	53.923
2	2.822	10.378	72.173	2.822	10.378	72.173	3.724	14.392	68.315
3	1.430	6.263	78.436	1.430	6.263	78.436	2.557	8.018	76.333
4	1.334	5.550	83.986	1.334	5.550	83.986	2.324	7.653	83.986
5	0.927	5.082	89.068						
6	0.859	4.869	93.937						
7	0.634	3.992	97.929						
8	0.225	1.287	99.216						
9	0.108	0.873	100.000						
10	$2.178X10^{-15}$	$1.146X10^{-14}$	100.000						
11	$7.957X10^{-16}$	$4.188X10^{-15}$	100.000						
12	$6.737X10^{-16}$	$3.546X10^{-15}$	100.000						
13	$4.144X10^{-16}$	$2.181X10^{-15}$	100.000						
14	$-5.119X10^{-17}$	$-2.694X10^{-16}$	100.000						
15	$-2.294X10^{-16}$	$-1.207X10^{-15}$	100.000						
16	$-3.485X10^{-16}$	$-1.834X10^{-15}$	100.000						
17	$-5.043X10^{-16}$	$-2.654X10^{-15}$	100.000						
18	$-5.903X10^{-16}$	$-3.107X10^{-15}$	100.000						
19	$-1.128X10^{-15}$	$-5.937X10^{-15}$	100.000						

提取方法：主成分分析法。

表 5-17　特征根与方差贡献表（生态系统）

成分	总计	初始特征值		提取载荷平方和			旋转载荷平方和		
		方差百分比	累积/%	总计	方差百分比	累积/%	总计	方差百分比	累积/%
1	10.535	64.248	64.248	10.535	64.248	64.248	8.137	50.623	50.623
2	3.807	15.758	80.006	3.807	15.758	80.006	4.204	20.384	71.007
3	2.074	8.154	88.160	2.074	8.154	88.160	4.059	17.153	88.160
4	0.985	5.843	94.003						
5	0.773	4.142	98.145						
6	0.418	3.391	100.000						
7	$1.160X10^{-15}$	$5.271X10^{-15}$	100.000						

续表

成分	总计	初始特征值		提取载荷平方和			旋转载荷平方和		
		方差百分比	累积/%	总计	方差百分比	累积/%	总计	方差百分比	累积/%
8	$5.786X10^{-16}$	$2.630X10^{-15}$	100. 000						
9	$4.693X10^{-16}$	$2.133X10^{-15}$	100. 000						
10	$4.650X10^{-16}$	$2.114X10^{-15}$	100. 000						
11	$3.504X10^{-16}$	$1.593X10^{-15}$	100. 000						
12	$1.998X10^{-16}$	$9.082X10^{-16}$	100. 000						
13	$1.276X10^{-16}$	$5.799X10^{-16}$	100. 000						
14	$1.761X10^{-17}$	$8.004X10^{-17}$	100. 000						
15	$-6.491X10^{-17}$	$-2.950X10^{-16}$	100. 000						
16	$-1.019X10^{-16}$	$-4.630X10^{-16}$	100. 000						
17	$-2.089X10^{-16}$	$-9.495X10^{-16}$	100. 000						
18	$-2.579X10^{-16}$	$-1.172X10^{-15}$	100. 000						
19	$-3.583X10^{-16}$	$-1.629X10^{-15}$	100. 000						
20	$-5.340X10^{-15}$	$-2.427X10^{-14}$	100. 000						
21	$-1.394X10^{-15}$	$-6.337X10^{-15}$	100. 000						
22	$-1.340X10^{-15}$	$-5.427X10^{-14}$	100. 000						

提取方法：主成分分析法。

表 5-18 特征根与方差贡献表（社会经济系统）

成分	总计	初始特征值		提取载荷平方和			旋转载荷平方和		
		方差百分比	累积/%	总计	方差百分比	累积/%	总计	方差百分比	累积/%
1	11. 008	58. 800	58. 800	11. 008	58. 800	58. 800	7. 440	46. 499	46. 499
2	3. 464	18. 653	77. 453	3. 464	18. 653	77. 453	4. 792	22. 451	68. 950
3	1. 173	7. 334	84. 787	1. 173	7. 334	84. 787	3. 414	15. 837	84. 787
4	0. 954	5. 214	90. 001						
5	0. 873	4. 336	94. 337						
6	0. 654	3. 275	97. 610						
7	0. 273	2. 336	99. 946						
8	0. 154	1. 289	100. 000						
9	$3.753X10^{-15}$	$2.345X10^{-14}$	100. 000						
10	$1.235X10^{-15}$	$7.720X10^{-15}$	100. 000						
11	$6.451X10^{-16}$	$4.032X10^{-15}$	100. 000						

续表

成分	初始特征值			提取载荷平方和			旋转载荷平方和		
	总计	方差百分比	累积/%	总计	方差百分比	累积/%	总计	方差百分比	累积/%
12	3.927×10^{-16}	2.454×10^{-15}	100.000						
13	3.174×10^{-16}	1.984×10^{-15}	100.000						
14	1.552×10^{-16}	9.699×10^{-16}	100.000						
15	9.196×10^{-17}	5.748×10^{-16}	100.000						
16	-2.165×10^{-17}	-1.353×10^{-16}	100.000						

提取方法：主成分分析法。

第三步：求因子载荷矩阵，见表 5-19~表 5-22。

表 5-19　旋转后的成分矩阵（资源系统）

指标	成分			
	1	2	3	4
人均耕地面积	0.919	0.288	-0.224	0.149
人均建设用地面积	0.912	0.224	-0.072	0.338
单位耕地生产力	0.364	0.928	0.044	-0.072
万元 GDP 建设用地面积	0.254	0.634	0.198	-0.155
建设用地新增率	-0.815	-0.524	0.236	-0.073
土地利用率	0.998	0.055	-0.037	0.003
土地开发强度	0.542	0.235	-0.237	0.035
单位土地产出	-0.066	0.983	0.172	-0.005
地表水资源量	-0.254	0.447	0.175	-0.840
人均水资源量	-0.288	0.380	0.813	0.049
人均水资源需求量	-0.856	-0.165	-0.484	0.080
农业用水占比	0.413	-0.264	-0.854	0.173
单位有效灌溉面积	0.755	0.098	0.643	0.085
水资源利用率	-0.161	0.067	0.968	0.181
用水效益	0.961	0.157	-0.078	0.212
单位用地产矿量	0.582	0.809	0.064	-0.055
年产原油数量	-0.131	0.719	0.504	-0.346
天然气产量	0.975	0.218	-0.024	0.015
地热田面积	0.626	-0.101	-0.144	0.759
地热水储量	0.677	0.553	0.268	0.406

提取方法：主成分分析法。

旋转方法：凯撒正态化最大方差法。

表 5-20　旋转后的成分矩阵（环境系统）

指标	成分			
	1	2	3	4
工业万元 GDP 废水排放量	0.998	-0.003	-0.012	0.008
城市污水日处理能力	0.750	0.643	0.136	0.662
湖泊综合营养指数	-0.988	0.062	0.139	0.090
总磷排放量	-0.992	-0.080	0.091	-0.056
氨氮排放量	-0.971	0.014	-0.193	0.005
化学需氧量 COD 排放强度	0.683	0.129	0.154	0.912
饮用水水质达标率	0.675	0.523	0.353	0.570
生态用水率	0.878	0.475	0.055	0.489
空气质量优良天数占比	0.607	0.622	0.333	-0.663
空气质量综合指数	0.227	0.921	0.318	0.274
$PM_{2.5}$浓度	-0.085	0.977	0.163	-0.053
PM_{10}浓度	0.100	0.969	0.199	0.134
SO_2 浓度	0.232	0.534	0.064	0.548
平均地下水埋深度	0.322	0.787	-0.081	0.701
地下水超采量	0.005	-0.999	0.990	0.026
地面沉降速率	0.483	-0.982	0.978	-0.048
建筑地基承载力	0.955	-0.086	-0.935	-0.273
高程	-0.669	-0.739	-0.054	-0.749
地下水可利用率	-0.368	-0.782	-0.488	-0.838

提取方法：主成分分析法。

旋转方法：凯撒正态化最大方差法。

表 5-21　旋转后的成分矩阵（生态系统）

指标	成分		
	1	2	3
环保投入占财政支出的比重	0.795	-0.035	0.606
科教文卫支出占财政支出的比重	0.663	0.226	0.640
人均造林面积	0.817	0.124	0.574
白洋淀水质达标率	0.811	-0.023	0.562
生活垃圾无害化处理率	0.908	-0.184	0.340
建成区绿化覆盖率	0.837	0.659	0.706

续表

指标	成分		
	1	2	3
工业 SO_2 去除率	0.774	−0.185	0.633
工业固废综合利用率	0.535	0.061	0.830
单位面积农用化肥使用量	0.024	0.138	0.555
万元 GDP 能耗	0.388	0.802	0.007
万元 GDP 水耗	0.369	0.734	−0.137
万元 GDP 电耗	0.368	0.591	−0.200
工业万元 GDP 固废排放量	−0.797	0.684	−0.588
单位工业 GDP 天然气使用率	0.796	−0.095	0.574
工业污水集中处理率	0.725	−0.025	0.669
居民生活中清洁能源的比重	0.392	0.027	0.602
地热资源取暖覆盖率	0.390	0.410	0.981
每万人拥有公共汽电车	0.131	0.832	0.518
电动自行车的保有率	0.435	−0.168	0.564
人均绿地面积	0.459	0.245	0.673
蓝绿空间占比	0.180	0.898	0.707
森林覆盖率	0.458	−0.068	0.687

提取方法：主成分分析法。
旋转方法：凯撒正态化最大方差法。

表 5-22　旋转后的成分矩阵（社会经济系统）

指标	成分		
	1	2	3
人均 GDP	0.038	0.923	0.374
GDP 年增长率	−0.944	−0.238	0.206
规模以上工业总产值	0.915	0.055	−0.127
第一产业占 GDP 比重	−0.044	−0.994	−0.076
第二产业占 GDP 比重	0.979	−0.108	−0.167
城镇居民人均可支配收入	0.600	−0.743	−0.294
农村居民人均可支配收入	0.528	0.839	0.133
人均固定资产投资额	0.318	0.901	0.236
居民消费价格指数	−0.953	−0.280	−0.094

续表

指标	成分		
	1	2	3
城镇化率	0.820	0.561	-0.111
人口自然增长率	-0.599	0.665	0.260
人口密度	0.055	0.266	0.958
农民平均受教育程度	0.671	-0.739	0.049
恩格尔系数	0.854	0.654	0.008
路网密度	0.835	0.671	-0.083
千人医疗机构床位数	0.613	0.895	-0.078

提取方法：主成分分析法。

旋转方法：凯撒正态化最大方差法。

第四步：基于主成分提取相关指标。

通过分析旋转后的因子载荷矩阵（见表5-19），资源系统从四大主成分中提取人均耕地面积、人均建设用地面积、单位耕地生产力、土地利用率、单位土地产出、人均水资源量、单位有效灌溉面积、水资源利用率、用水效益、单位用地产矿量、年产原油数量、天然气产量、地热田面积共13个指标。

通过分析旋转后的因子载荷矩阵（见表5-20），环境系统从四大主成分中提取工业万元GDP废水排放量、城市污水日处理能力、化学需氧量COD排放强度、生态用水率、空气质量综合指数、$PM_{2.5}$浓度、PM_{10}浓度、平均地下水埋深度、地下水超采量、地面沉降速率、建筑地基承载力11个指标。

通过分析旋转后的因子载荷矩阵（见表5-21），生态系统从三大主成分中提取环保投入占财政支出的比重、人均造林面积、白洋淀水质达标率、生活垃圾无害化处理率、建成区绿化覆盖率、工业SO_2去除率、工业固废综合利用率、万元GDP能耗、万元GDP水耗、单位工业GDP天然气使用率、工业污水集中处理率、地热资源取暖覆盖率、每万人拥有公共汽电车、蓝绿空间占比共14个指标。

通过分析旋转后的因子载荷矩阵（见表5-22），社会经济系统从三大主成分中提取人均GDP、规模以上工业总产值、第二产业占GDP比重、农村居民人均可支配收入、人均固定资产投资额、城镇化率、人口密度、恩格尔系数、路网密度、千人医疗机构床位数10个指标。

因此，基于资源、环境、生态与社会经济系统4个一级指标，土地资源、水资源、矿产资源、水环境、大气环境、地质环境、绿色治理、绿色生产、绿色生活、经济与社会 11 个二级指标，筛选人均耕地面积、人均建设用地面积、单位耕地生产力、土地利用率、单位土地产出、人均水资源量、单位有效灌溉面积、水资源利用率、用水效益、单位用地产矿量、年产原油数量、天然气产量、地热田面积、工业万元 GDP 废水排放量、城市污水日处理能力、化学需氧量 COD 排放强度、生态用水率、空气质量综合指数、$PM_{2.5}$浓度、PM_{10}浓度、平均地下水埋深度、地下水超采量、地面沉降速率、建筑地基承载力、环保投入占财政支出的比重、人均造林面积、白洋淀水质达标率、生活垃圾无害化处理率、建成区绿化覆盖率、工业 SO_2 去除率、工业固废综合利用率、万元 GDP 能耗、万元 GDP 水耗、单位工业 GDP 天然气使用率、工业污水集中处理率、地热资源取暖覆盖率、每万人拥有公共汽电车、蓝绿空间占比、人均 GDP、规模以上工业总产值、第二产业占 GDP 比重、农村居民人均可支配收入、人均固定资产投资额、城镇化率、人口密度、恩格尔系数、路网密度、千人医疗机构床位数 48 个指标，构建雄安新区资源环境承载力指标体系，如图 5-1 所示。

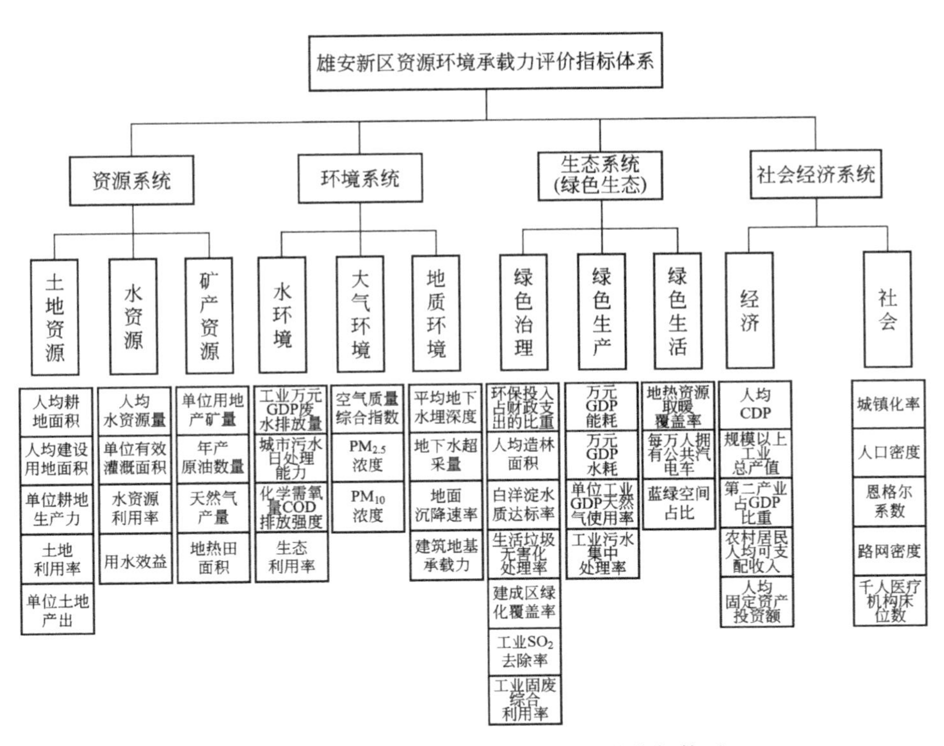

图 5-1　雄安新区资源环境承载力评价指标体系

5.3 小　　结

区域资源环境承载力评价研究的核心内容之一就是构建区域资源环境承载力评价指标体系。科学、合理的区域资源环境承载力评价指标体系，不仅能够涵盖区域资源、环境、生态与经济社会系统中诸多要素的相对情况，还可以在时空维度上进行比较，反映区域资源环境承载能力的变化状况。雄安新区资源环境承载力评价指标体系的指标选取，应从雄安新区资源环境与社会经济系统间的物质、能量和信息的交换入手，寻求一组具有典型代表意义、同时能够全面反映雄安新区资源环境承载力各个方面要求的特征指标。

本章以资源环境承载力为目标层，以资源、环境、生态与社会经济系统为一级准则层指标，选择土地资源、水资源、矿产资源、水环境、大气环境、地质环境、绿色治理、绿色生产、绿色生活、经济、社会为二级准则层集成性指标。首先，基于雄安新区的资源、环境、生态与社会经济的现实状况与发展定位，选取了土地总面积、水资源总量等 104 个三级基础指标；其次，运用 SPSS 的相关性分析进行评价指标的初步筛选，选取出万元 GDP 建设用地面积、地表水资源量等 77 个三级指标；最后，基于主成分分析法进一步筛选评价指标，选取出人均耕地面积、人均水资源量等 48 个三级指标，构建能够反映资源、环境、生态、社会经济系统之间协调发展程度的雄安新区资源环境承载力评价指标体系，旨在对雄安新区资源环境承载力进行科学、客观的评价，揭示雄安新区资源环境承载力关键要素的变化及驱动机制。

第 6 章

雄安新区资源环境承载力评价指标体系应用

本章基于雄安新区资源环境承载力评价指标体系，运用模糊综合评价法对雄安新区资源环境承载力进行评价，深入剖析雄安新区资源环境承载力的时空变化特征，为雄安新区的资源开发利用、环境保护及社会经济发展规划提供基础依据。

6.1 雄安新区资源环境承载力的评价方法

6.1.1 模糊综合评价法概述

模糊综合评价法是一种基于模糊数学的综合评价方法，根据模糊数学的隶属度理论将定性评价转化为定量评价，即用模糊数学对受到多种因素制约的事物或对象做出一个总体评价，具有结果清晰、系统性强的特点，能够较好地解决模糊、难以量化的问题，适合各种非确定性问题的解决。区域资源环境承载力评价是一个十分复杂的问题，各种因素均会对资源环境承载力评价的效果产生影响，而产生影响的方式、大小又都是不同的和模糊的，采用模糊综合评价方法能够比较客观地反映这些影响作用，因而更加具有科学性和可行性。

6.1.2 模糊综合评价法的主要步骤

1. 确定因素集

首先将因素集分为目标层 U、第一级评价指标 U_m、第二级评价指标

U_{mn}和第三级评价指标 U_{mno}，即 $U=\{U_1, U_2, U_3, \cdots, U_m\}$，$U_m=\{U_{m1}, U_{m2}, U_{m3}, \cdots, U_{mn}\}$，$U_{mn}=\{U_{mn1}, U_{mn2}, U_{mn3}, \cdots, U_{mno}\}$，其中，$m$，$n$，$o>0$。

2. 确定评语集

一般情况下，针对综合评价指标集中可能值为区间评价指标的选取特点，将评语集 $V_1=\{V_1, V_2, V_3, \cdots, V_n\}$ 定为 $V=\{$很好，好，一般，差，很差$\}$，评分时结合极限最优值或多方案比较最优值进行评分，具体说明见表 6-1。

表 6-1　评语集等级说明表

评判等级	参考说明
很好 V_1	完全符合指标评判标准
好 V_2	符合指标绝大多数评判标准，只有个别项目不能达到要求
一般 V_3	基本符合指标评判标准，不能达到要求的较少
差 V_4	基本不符合指标评判标准，不能达到要求的较多
很差 V_5	不符合指标绝大多数评判标准，只有个别项目能达到要求

根据评价指标对区域资源环境承载力的影响程度，将评价指标分为三个等级：V_1 级属于理想承载状态的级别、V_3 级属于不可承载状态的级别、V_2 级属于可承载状态的级别（介于 V_1 和 V_3 级之间的状态）。

3. 建立模糊矩阵

第一，构建模糊隶属度函数。

隶属度表示各评价结果与各阶段标准对应的隶属程度，通常用模糊统计实验或实际经验总结等方法近似推理确定。下文介绍常用的典型模糊隶属度函数。

常用的半矩形分布和矩形分布如图 6-1～图 6-3 所示。

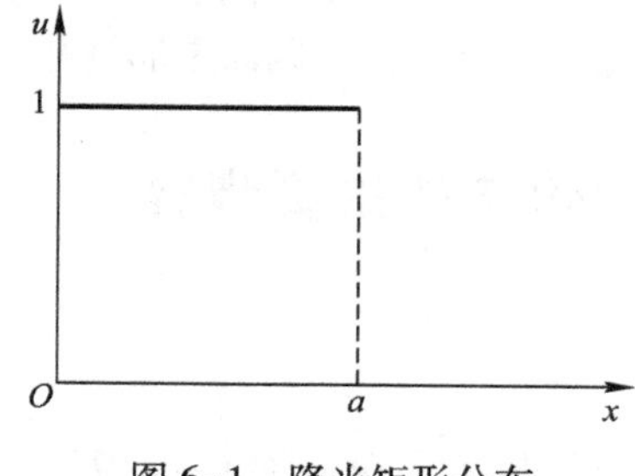

图 6-1　降半矩形分布

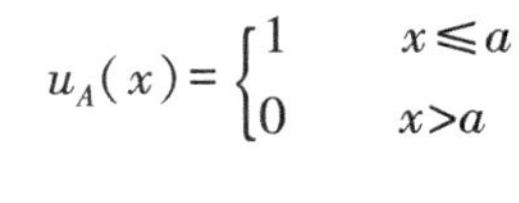

$$u_A(x)=\begin{cases}1 & x\leqslant a\\0 & x>a\end{cases}$$

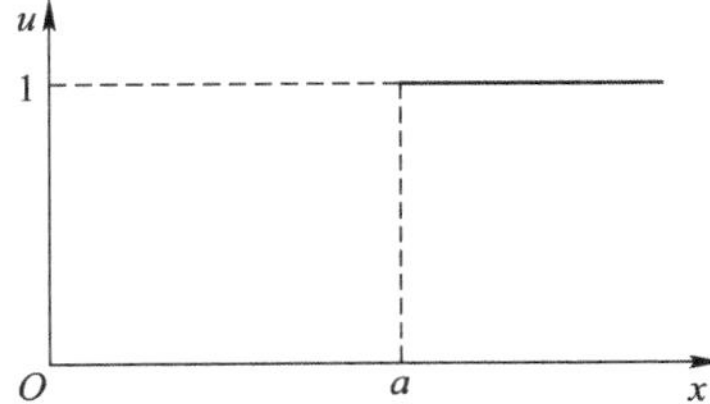

图 6-2　升半矩形分布

$$u_A(x)=\begin{cases}0 & x<a\\1 & x\geqslant a\end{cases}$$

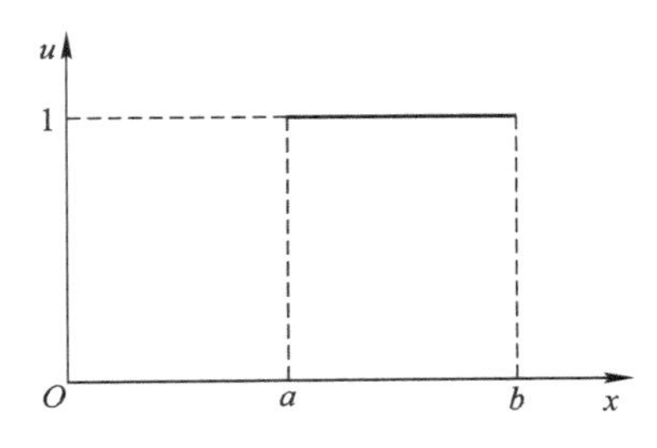

图 6-3　矩形分布

$$u_A(x)=\begin{cases}0 & x<a,x>b\\1 & a\leqslant x\leqslant b\end{cases}$$

常用的半梯形分布和梯形分布如图 6-4~图 6-6 所示。

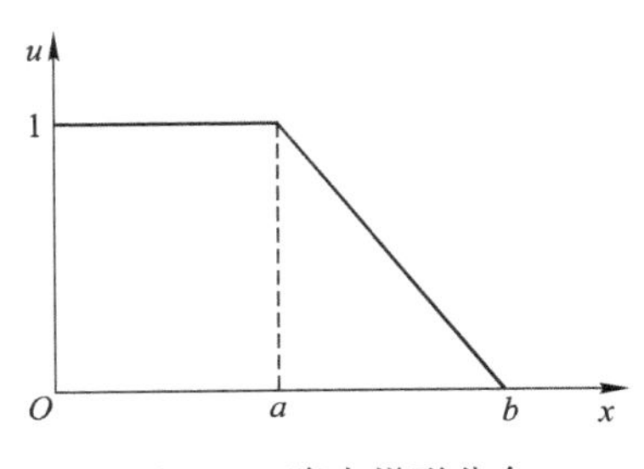

图 6-4　降半梯形分布

$$u_A(x)=\begin{cases}1 & x<a\\(b-x)/(b-a) & a\leqslant x\leqslant b\\0 & x>b\end{cases}$$

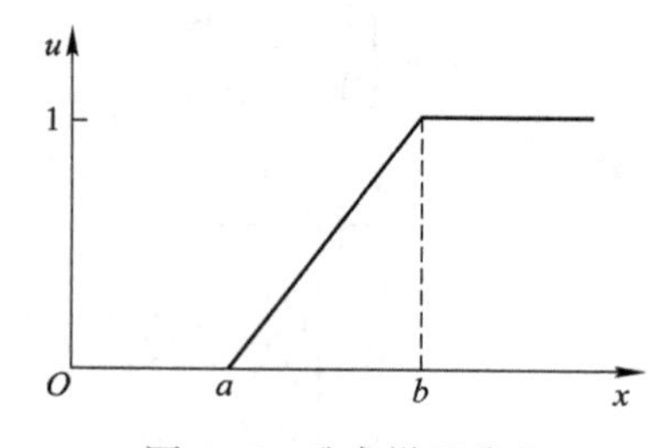

图 6-5 升半梯形分布

$$u_A(x)=\begin{cases}0 & x<a\\(x-a)/(b-a) & a\leqslant x\leqslant b\\1 & x>b\end{cases}$$

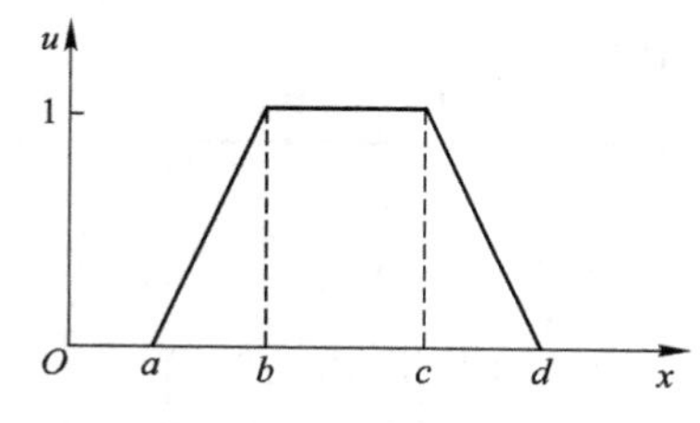

图 6-6 梯形分布

$$u_A(x)=\begin{cases}0 & x<a,x>b\\(x-a)/(b-a) & a\leqslant x\leqslant b\\(d-x)/(b-a) & c\leqslant x\leqslant d\\1 & b<x<c\end{cases}$$

常用的半 t 分布和 t 分布如图 6-7、图 6-8 和图 6-9。

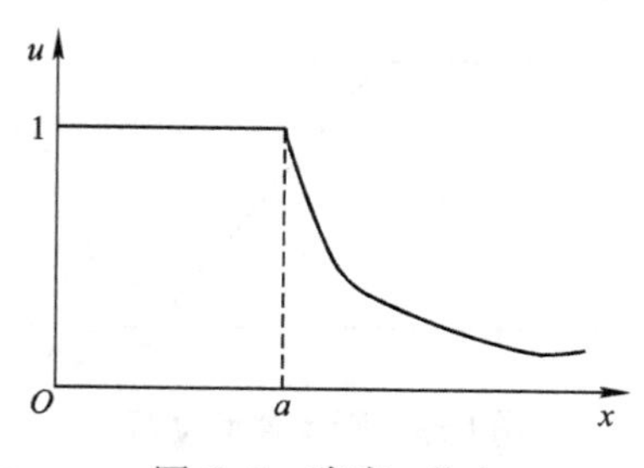

图 6-7 降半 t 分布

$$u_A(x)=\begin{cases}e^{-k(x-a)} & x>a\\1 & x\leqslant a\end{cases}$$

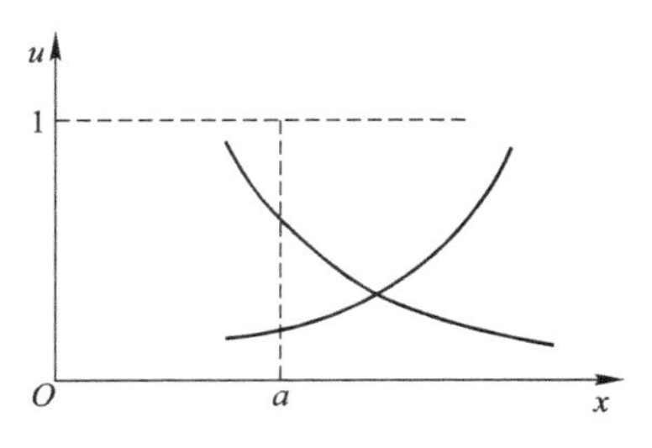

图 6-8　升半 t 分布

$$u_A(x)=\begin{cases}e^{-k(x-a)} & x>a\\0 & x\leqslant a\end{cases}$$

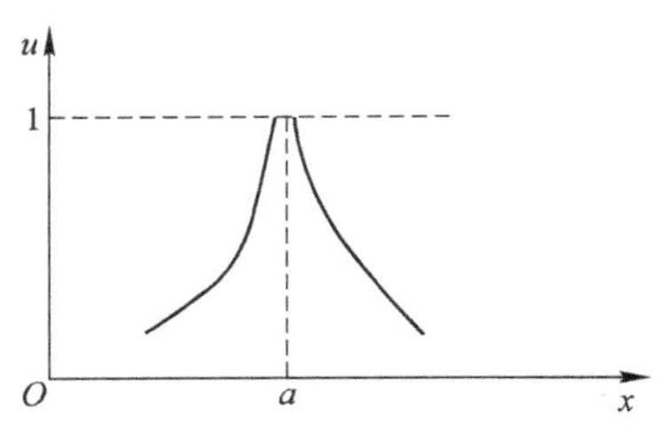

图 6-9　尖 t 分布

$$u_A(x)=\begin{cases}e^{k(x-a)} & x\leqslant a\\e^{-k(x-a)} & x>a\end{cases}$$

评价指标 $U=\{U_1, U_2, U_3, \cdots, U_i\}$ 对应评语集 $V_1=\{V_1, V_2, V_3, \cdots, V_n\}$，评价指标的实际值与各评价分级标准进行对比，依实际情况选取适当的隶属函数，确定其对评价等级 V_j 的隶属度 r_{ij}，构建隶属函数评判矩阵 $\boldsymbol{R}(r_{ij})_{m\times n}$。矩阵 $\boldsymbol{R}$ 中的 $(r_{i1}, r_{i2}, \cdots, r_{in})$ 为对第 i 个指标 U_i 的单因素评价结果。

结合资源环境综合评价的特点，为了消除各等级之间数值相差不大、而评价等级相差一级的跳跃现象，使隶属函数在各级之间平滑过渡，将其进行模糊处理。现令 V_1 级和 V_2 级的临界值为 k_1，V_2 级和 V_3 级的临界值为 k_3，V_2 等级区间中点值为 k_2，$k_2=(k_1+k_3)/2$。

对于指标数值越大，资源环境承载力水平越高的评价因素，各等级相对隶属度函数的计算公式见式（6-1）。

$$u_{v1}=\begin{cases}0.5[1+(k_1-U_i)/(k_2-U_i)] & U_i>k_1\\0.5[1-(U_i-k_1)/(k_2-k_1)] & k_2<U_i\leqslant k_1\\0 & U_i\leqslant k_2\end{cases}$$

$$u_{v2}=\begin{cases}0.5[1-(k_1-U_i)/(k_2-U_i)] & U_i>k_1\\0.5[1+(U_i-k_1)/(k_2-k_1)] & k_2<U_i\leqslant k_1\\0.5[1+(k_3-U_i)/(k_3-k_2)] & k_3<U_i\leqslant k_2\\0.5[1-(k_3-U_i)/(k_2-U_i)] & U_i\leqslant k_3\end{cases} \tag{6-1}$$

$$u_{v3}=\begin{cases}0.5[1+(k_3-U_i)/(k_2-U_i)] & U_i\leqslant k_3\\0.5[1-(U_i-k_3)/(k_2-k_3)] & k_3<U_i\leqslant k_2\\0 & U_i>k_2\end{cases}$$

对于指标数值越小，资源环境承载力水平越高的评价因素，各等级相对隶属度函数的计算公式见式（6-2）。

$$u_{v1}=\begin{cases}0.5[1+(k_1-U_i)/(k_2-U_i)] & U_i<k_1\\0.5[1-(U_i-k_1)/(k_2-k_1)] & k_1\leqslant U_i<k_2\\0 & U_i\geqslant k_2\end{cases}$$

$$u_{v2}=\begin{cases}0.5[1-(k_1-U_i)/(k_2-U_i)] & U_i<k_1\\0.5[1+(U_i-k_1)/(k_2-k_1)] & k_1\leqslant U_i<k_2\\0.5[1+(k_3-U_i)/(k_3-k_2)] & k_2\leqslant U_i<k_3\\0.5[1-(k_3-U_i)/(k_2-U_i)] & U_i\geqslant k_3\end{cases} \tag{6-2}$$

$$u_{v3}=\begin{cases}0.5[1+(k_3-U_i)/(k_2-U_i)] & U_i\geqslant k_3\\0.5[1-(U_i-k_3)/(k_2-k_3)] & k_2\leqslant U_i<k_3\\0 & U_i<k_2\end{cases}$$

通过上述公式可以计算得到各评价因素对应各个等级的隶属度 r_{ij}，其中 $r_{i1}=u_{v1}(U_i)$，$r_{i2}=u_{v2}(U_i)$，$r_{i3}=u_{v3}(U_i)$，其中，$i=1,2,3,\cdots,m$。

第二，建立模糊关系矩阵。

通过隶属度的计算，建立模糊关系矩阵 $\boldsymbol{R}_{m\times n}$：

$$\boldsymbol{R}_{m\times n}=(r_{ij})=\begin{bmatrix}r_{11} & r_{12} & r_{1n}\\r_{21} & r_{22} & r_{2n}\\\vdots & \vdots & \vdots\\r_{m1} & r_{m2} & r_{mn}\end{bmatrix}$$

4. 确定权重

权重向量是与因素集对应的集合，用于显示各因素所占的权重值。

$$\boldsymbol{W}=(w_1,\ w_2,\ w_3,\ \cdots,\ w_m)$$

$$w_m \geqslant 0,\ \sum w_m = 1$$

雄安新区资源环境承载力评价指标体系共包括三级指标，因此，选择专家打分法与主成分分析法确定各级评价指标的权重，其中，一、二级评价指标的权重采用专家打分法，三级评价指标的权重采用主成分分析法。

雄安新区资源环境承载评价指标体系的一、二级评价指标采用专家打分法确定权重。具体做法是：邀请十位专家，按要求独立填写指标权重调查表，互相之间不能讨论，填写表格的人只对调查表中的内容负责。专家人员选取原则为精通相关研究的学者，人数选取则考虑到排除个人的主观因素与调查的可操作性。

雄安新区资源环境承载评价指标体系的三级评价指标采用主成分分析法确定权重。具体步骤为：首先，计算指标在各主成分线性组合中的系数；其次，计算主成分的方差贡献率；最后，进行指标权重的归一化处理。

5. 选取模糊算子对

选取模糊算子对，即权重向量 $\boldsymbol{W}$ 和其对应的模糊矩阵 $\boldsymbol{R}$ 作模糊变换，得出综合评价结果。

$$\boldsymbol{B} = \boldsymbol{WR} = (w_1,\ w_2,\ w_3,\ \cdots,\ w_m)\begin{bmatrix} r_{11} & r_{12} & \cdots & r_{1j} \\ r_{21} & r_{22} & \cdots & r_{2j} \\ \vdots & \vdots & & \vdots \\ r_{m1} & r_{m2} & \cdots & r_{mj} \end{bmatrix}$$

$$= (b_1,\ b_2,\ b_3,\ \cdots,\ b_j)$$

评价结果 $\boldsymbol{B}$ 为 V 上的模糊子集，$\boldsymbol{B}=(b_1,\ b_2,\ \cdots,\ b_j)$，$0 \leqslant b_j \leqslant 1$，$b_j$ 为等级 V_j 对综合评价所得模糊子集 $\boldsymbol{B}$ 的隶属度，表示综合评价的结果。权重向量 $\boldsymbol{W}=(w_1,\ w_2,\ \cdots,\ w_m)$ 代表各评价指标对综合评价重要性的权重指数，根据各评价因素对资源环境承载力影响程度的不同，对各个评价因素赋予不同的权重，满足 $w_1+w_2+\cdots+w_m=1$。

对 V_1、V_2、V_3 各等级进行 0~1 区间的评分，承载能力越强对应的指标评分值越高，与 V_1、V_2、V_3 的分级指标对应的评分值为 α_1、α_2、α_3，取 $\alpha_1=0.95$、$\alpha_2=0.5$、$\alpha_3=0.05$，综合评价分数计算公式见式（6-3）。

$$a = \frac{\sum_{j=1}^{3} b_j \alpha_j}{\sum_{j=1}^{3} b_j} \tag{6-3}$$

式中，b_j为结果矩阵的第j个值，a值表示区域某资源的承载力，评价值α介于0~1。a值越接近1，说明资源环境承载力的潜力越大，此区域资源环境的承载力较高；a值越接近0，说明资源环境承载力的潜力越小，此区域资源环境的承载力较低。

6.2 基于模糊综合评价法的雄安新区资源环境承载力评价

6.2.1 雄安新区资源环境承载力评价指标体系

依据图5-1，雄安新区资源环境承载力评价指标体系见表6-2。

表6-2 雄安新区资源环境承载力评价指标体系

一级指标	二级指标	三级指标	指标含义	正负向
资源系统	土地资源	人均耕地面积/(亩/人)	耕地面积/总人口	+
		人均建设用地面积/(m^2/人)	建设用地面积/总人口	+
		单位耕地生产力/(t/km^2)	农作物产量/耕地面积	+
		土地利用率/%	已利用土地面积/土地总面积	+
		单位土地产出/(万元/km^2)	GDP/土地总面积	+
	水资源	人均水资源量/(m^3/人)	水资源总量/总人口	+
		单位有效灌溉面积/(m^2/t)	耕地灌溉面积/用水量	+
		水资源利用率/%	用水量/水资源可利用量	-
		用水效益/(元/m^3)	GDP/供水量	+
	矿产资源	单位用地产矿量/(万t/km^2)	年产矿量/采矿用地规模	+
		年产原油数量/(t/年)		+
		天然气产量/(万m^3)		+
		地热田面积/km^2		+

续表

一级指标	二级指标	三级指标	指标含义	正负向
环境系统	水环境	工业万元 GDP 废水排放量/(t/万元)	工业废水排放量/工业产值	-
		城市污水日处理能力/万 t		+
		化学需氧量 COD 排放强度/(kg/万元)	化学需氧量 COD 排放量/GDP	-
		生态用水率/%	生态用水量/总用水量	+
	大气环境	空气质量综合指数	六项污染物（NO_2、SO_2 等）的浓度值与各自的二级标准值的总和，空气质量综合指数值越大，表明大气环境质量越差	-
		$PM_{2.5}$浓度/($\mu g/m^3$)		-
		PM_{10}浓度/($\mu g/m^3$)		-
	地质环境	平均地下水埋深度/m		-
		地下水超采量/(亿 m^3/年)	地下水开采量-地下水容许开采量	-
		地面沉降速率/(mm/年)	单位时间地面下沉的幅度	-
		建筑地基承载力/kPa	建筑地基承担荷载的能力	+
生态系统	绿色治理	环保投入占财政支出的比重/%	环保投入金额/财政支出金额	+
		人均造林面积/(m^2/人)	造林面积/总人口	+
		白洋淀水质达标率/%		+
		生活垃圾无害化处理率/%		+
		建成区绿化覆盖率/%	建成区绿化覆盖面积/建成区面积	+
		工业 SO_2 去除率/%		+
		工业固废综合利用率/%	工业固废综合利用量/工业固废发生量	+
	绿色生产	万元 GDP 能耗/(t 标准煤/万元)	能源消费总量（t 标准煤）/GDP	-
		万元 GDP 水耗/(m^3/万元)	总耗水量/GDP	-
		单位工业 GDP 天然气使用率/%		-
		工业污水集中处理率/%		+
	绿色生活	地热资源取暖覆盖率/%		+
		每万人拥有公共汽电车/辆		+
		蓝绿空间占比/%	绿地水体面积/区域面积	+

续表

一级指标	二级指标	三级指标	指标含义	正负向
社会经济系统	经济	人均 GDP/(元/人)	GDP/总人口	+
		规模以上工业总产值/亿元		+
		第二产业占 GDP 比重/%	第二产业增加值/GDP	+
		农村居民人均可支配收入/元		+
		人均固定资产投资额/(元/人)		+
	社会	城镇化率/%	城镇人口/总人口	+
		人口密度/(人/km^2)	常住人口/土地总面积	-
		恩格尔系数/%	食品支出总额/个人消费支出总额	-
		路网密度/(km/km^2)	路网里程/区域面积	+
		千人医疗机构床位数/个	医疗机构床位数/每千人	+

6.2.2 基于模糊综合评价法的雄安新区资源环境承载力评价

1. 雄安新区资源系统承载力评价

1）雄安新区土地资源承载力评价

第一步：评价指标分级标准。

根据《全国城镇体系规划》《城市用地分类与规划建设用地标准》《土地利用总体规划》《河北雄安新区总体规划（2018—2035 年）》等相关政策文件，结合全国土地利用水平、雄安新区土地实际使用情况及土地利用水平等，参考相关文献，制定雄安新区土地资源承载力各个评价指标的分级标准。

人均耕地面积：目前，我国人均耕地面积为 1.499 亩，仅为世界人均耕地面积的三分之一，雄安新区人均耕地面积约为 1.20 亩，低于全国平均水平。根据世界公认的人均耕地标准，国际警戒线为人均 0.8 亩，结合相关文献和专家建议，选取 k_1 为 1.5、k_3 为 0.8。

人均建设用地面积：全国人均建设用地面积为 284.78 m^2/人，雄安新区人均建设用地面积为 340.85 m^2/人，国外大城市人均建设用地面积大于 200 m^2/人，结合相关研究成果，选取 k_1 为 300、k_3 为 250。

单位耕地生产力：全国单位耕地生产力平均值为 650 t/km^2，雄安新区单位耕地生产力为 590.83 t/km^2，结合相关研究成果和专家意见，选取 k_1 为 650、k_3 为 550。

土地利用率：与全国土地利用率的平均水平 73.95%相比，雄安新区土地利用率为 62.8%，参考《河北雄安新区总体规划（2018—2035年）》，选取 k_1 为 75、k_3 为 60。

单位土地产出：全国单位土地产出为 937.81 万元/km^2，雄安新区单位土地产出为 1 051.88 万元/km^2，结合国民经济和社会发展“十三五”规划纲要，选取 k_1 为 1 200、k_3 为 950。

通过上述分级标准选取过程，确定雄安新区土地资源承载力评价指标分级标准，见表 6-3。

表 6-3　雄安新区土地资源承载力评价指标分级标准

评价内容	评价指标	评价分级 V		
		V_1	V_2	V_3
土地资源	人均耕地面积/（亩/人）	>1.5	1.5~0.8	<0.8
	人均建设用地面积/（m^2/人）	>300	300~250	<250
	单位耕地生产力/（t/km^2）	>650	650~550	<550
	土地利用率/%	>75	75~60	<60
	单位土地产出/（万元/km^2）	>1 200	1 200~950	<950

按照上述 5 个指标对于区域土地资源承载力影响程度的不同，划分为 3 个等级，即 V_1、V_2、V_3。V_1 级表示较好，该区域土地有较大的承载能力；V_3 级表示较差，土地资源承载能力已经趋于饱和，进一步开发潜力较小；V_2 级介于 V_1 和 V_3，有一定开发利用潜力。为了定量反映各级标准对土地资源的影响程度，对各级别进行 0~1 的评分赋值，V_1、V_2 和 V_3 对应的分值分别为 α_1、α_2、α_3，取 $\alpha_1=0.95$、$\alpha_2=0.5$、$\alpha_3=0.05$，数值越高表明承载力越强，开发利用潜力较大。

第二步：确定各指标权重。

选择用主成分分析法确定三级评价指标权重。首先，计算指标在不同主成分线性组合中的系数，系数 = 因子载荷数/$\sqrt{特征值}$。基于表 5-15、表 5-19，在第一主成分 F_1 的线性组合中，人均耕地面积的系数 $=0.919/\sqrt{6.549}=0.359$；在第二主成分 F_2 的线性组合中，人均耕地面积的系数 $=0.288/\sqrt{2.932}=0.168$；在第二主成分 F_3 的线性组合中，人均耕地面积的系数 $=-0.224/\sqrt{1.759}=-0.169$；在第二主成分 F_4 的线性组合中，人均耕地面积的系数=0. 149/$\sqrt{1.260}$=0. 133。以此类推得到表 6-4。

由此得到的 4 个主成分线性组合如下：

$$F_1=0.359x_1+0.356x_2+0.142x_3+0.390x_4-0.026x_5$$
$$F_2=0.168x_1+0.131x_2+0.542x_3+0.032x_4+0.574x_5$$
$$F_3=-0.169x_1-0.054x_2+0.033x_3-0.028x_4+0.130x_5$$
$$F_4=0.133x_1+0.301x_2-0.064x_3+0.003x_4-0.004x_5$$

表 6-4　雄安新区土地资源各评价指标在不同主成分线性组合中的系数

计算过程	评价指标	第一主成分 F_1	第二主成分 F_2	第三主成分 F_3	第四主成分 F_4
因子载荷数	人均耕地面积（x_1）	0. 919	0. 288	−0. 224	0. 149
	人均建设用地面积（x_2）	0. 912	0. 224	−0. 072	0. 338
	单位耕地生产力（x_3）	0. 364	0. 928	0. 044	−0. 072
	土地利用率（x_4）	0. 998	0. 055	−0. 037	0. 003
	单位土地产出（x_5）	−0. 066	0. 983	0. 172	−0. 005
主成分特征根		6. 549	2. 932	1. 759	1. 260
线性组合中的系数	人均耕地面积（x_1）	0. 359	0. 168	−0. 169	0. 133
	人均建设用地面积（x_2）	0. 356	0. 131	−0. 054	0. 301
	单位耕地生产力（x_3）	0. 142	0. 542	0. 033	−0. 064
	土地利用率（x_4）	0. 390	0. 032	−0. 028	0. 003
	单位土地产出（x_5）	−0. 026	0. 574	0. 130	−0. 004

其次，计算主成分的方差贡献率。表 5-15 中“初始特征值”的“方差百分比”表示各主成分方差贡献率，方差贡献率越大，则此主成分的重要性越强。因此，方差贡献率可以看成是不同主成分的权重。由于原有指标基本可以用前四个主成分代替，因此，指标系数可以看成是以这四个主成分方差贡献率为权重，对指标在这四个主成分线性组合中的系数做加权平均。

因此，雄安新区人均耕地面积 x_1 的方差贡献率=(0. 359×42. 743+0. 168×24. 659−0. 169×8. 797+0. 133×6. 802)/(42. 743+24. 659+8. 797+6. 802)=0. 228。

雄安新区人均建设用地面积 x_2 的方差贡献率=(0. 356×42. 743 +0. 131×24. 659−0. 054×8. 797+0. 301×6. 802)/(42. 743+24. 659+8. 797 +6. 802)=0. 241。

雄安新区单位耕地生产力 x_3 的方差贡献率=(0. 142×42. 743+0. 542×

24.659 + 0.033 × 8.797 − 0.064 × 6.802)/(42.743 + 24.659 + 8.797 + 6.802) = 0.227。

雄安新区土地利用率 x_4 的方差贡献率 = (0.390×42.743+0.032×24.659−0.028×8.797+0.003×6.802)/(42.743+24.659+8.797+6.802) = 0.207。

雄安新区单位土地产出 x_5 的方差贡献率 = (−0.026×42.743+0.574×24.659+0.130×8.797−0.004×6.802)/(42.743+24.659+8.797+6.802) = 0.171。

最后，进行归一化处理，得到雄安新区土地资源承载力评价指标的权重矩阵 W = (0.212，0.224，0.211，0.193，0.160)。

第三步：土地资源承载力评价。

首先，计算隶属函数评判矩阵 $\boldsymbol{R}$。根据表 6-3 雄安新区土地资源承载力评价指标分级标准，将 $k_1 = 1.5$，$k_3 = 0.8$，$k_2 = (k_1 + k_3)/2 = 1.15$ 代入式（6-1）可得式（6-4）。

$$u_{v1}=\begin{cases}0.5[1+(1.5-U_i)/(1.15-U_i)] & U_i>k_1\\ 0.5[1-(U_i-1.5)/(1.15-1.5)] & k_2<U_i\leqslant k_1\\ 0 & U_i\leqslant k_2\end{cases}$$

$$u_{v2}=\begin{cases}0.5[1-(1.5-U_i)/(1.15-U_i)] & U_i>k_1\\ 0.5[1+(U_i-1.5)/(1.15-1.5)] & k_2<U_i\leqslant k_1\\ 0.5[1+(0.8-U_i)/(0.8-1.15)] & k_3<U_i\leqslant k_2\\ 0.5[1-(0.8-U_i)/(1.15-U_i)] & U_i\leqslant k_3\end{cases} \tag{6-4}$$

$$u_{v3}=\begin{cases}0.5[1+(0.8-U_i)/(1.15-U_i)] & U_i\leqslant k_3\\ 0.5[1-(U_i-0.8)/(1.15-0.8)] & k_3<U_i\leqslant k_2\\ 0 & U_i>k_2\end{cases}$$

通过将雄安新区 2014—2018 年土地资源的基础数据代入隶属度函数计算公式（6-4），2014 年新区人均耕地指标在 3 个分级上的隶属度值分别为 0.65、0.35、0，行向量表示为［0.65，0.35，0］；2015 年新区人均耕地指标的隶属度值分别为 0.457 1、0.542 9、0，行向量表示为［0.457 1，0.542 9，0］；2016 年新区人均耕地指标的隶属度值分别为 0.414 3、0.585 7、0，行向量表示为［0.414 3，0.585 7，0］；2017 年新区人均耕地指标的隶属度值分别为 0.185 7、0.814 3、0，行向量表示为［0.185 7，0.814 3，0］；2018 年新区人均耕地指标的隶属度值分别为 0.042 9、0.957 1、0，行向量表示为［0.042 9，0.957 1，0］。

根据表 6-3 雄安新区人均建设用地面积指标评级标准，将 $k_1 = 300$、$k_3 = 250$，$k_2 = (k_1 + k_3)/2 = 275$ 代入式（6-1）可得式（6-5）。

$$u_{v1}=\begin{cases}0.5[1+(300-U_i)/(275-U_i)] & U_i>k_1\\ 0.5[1-(U_i-300)/(275-300)] & k_2<U_i\leqslant k_1\\ 0 & U_i\leqslant k_2\end{cases}$$

$$u_{v2}=\begin{cases}0.5[1-(300-U_i)/(275-U_i)] & U_i>k_1\\ 0.5[1+(U_i-300)/(275-300)] & k_2<U_i\leqslant k_1\\ 0.5[1+(250-U_i)/(250-275)] & k_3<U_i\leqslant k_2\\ 0.5[1-(250-U_i)/(275-U_i)] & U_i\leqslant k_3\end{cases} \tag{6-5}$$

$$u_{v3}=\begin{cases}0.5[1+(250-U_i)/(275-U_i)] & U_i\leqslant k_3\\ 0.5[1-(U_i-250)/(275-250)] & k_3<U_i\leqslant k_2\\ 0 & U_i>k_2\end{cases}$$

通过将2014—2018年雄安新区土地资源的基础数据代入式（6-5），2014年新区人均建设用地指标的行向量表示为［0，0.613 8，0.386 2］；2015年新区人均建设用地指标的行向量表示为［0，0.864 6，0.135 4］；2016年新区人均建设用地指标的行向量表示为［0，0.987 6，0.012 4］；2017年新区人均建设用地指标的行向量表示为［0.103 2，0.896 8，0］；2018年新区人均建设用地指标的行向量表示为［0.810 2，0.189 8，0］。

根据表6-3雄安新区的单位耕地生产力指标评级标准，将$k_1=650$、$k_3=550$，$k_2=(k_1+k_3)/2=600$代入式（6-1）可得式（6-6）。

$$u_{v1}=\begin{cases}0.5[1+(650-U_i)/(600-U_i)] & U_i>k_1\\ 0.5[1-(U_i-650)/(600-650)] & k_2<U_i\leqslant k_1\\ 0 & U_i\leqslant k_2\end{cases}$$

$$u_{v2}=\begin{cases}0.5[1-(650-U_i)/(600-U_i)] & U_i>k_1\\ 0.5[1+(U_i-650)/(600-650)] & k_2<U_i\leqslant k_1\\ 0.5[1+(550-U_i)/(550-600)] & k_3<U_i\leqslant k_2\\ 0.5[1-(550-U_i)/(600-U_i)] & U_i\leqslant k_3\end{cases} \tag{6-6}$$

$$u_{v3}=\begin{cases}0.5[1+(550-U_i)/(600-U_i)] & U_i\leqslant k_3\\ 0.5[1-(U_i-550)/(600-550)] & k_3<U_i\leqslant k_2\\ 0 & U_i>k_2\end{cases}$$

通过将2014—2018年雄安新区土地资源的基础数据代入式（6-6），2014年新区单位耕地生产力指标的行向量表示为［0.141 9，0.858 1，0］；2015年单位耕地生产力指标的行向量表示为［0.097 2，0.902 8，0］；2016年单位耕地生产力指标的行向量表示为［0.193 7，0.806 3，0］；

2017 年单位耕地生产力指标的行向量表示为［0，0.922，0.078］；2018 年单位耕地生产力指标的行向量表示为［0，0.908 3，0.091 7］。

根据表 6-3 的雄安新区土地利用率指标评级标准，将 $k_1=75$、$k_3=60$，$k_2=(k_1+k_3)/2=67.5$ 代入式（6-1）可得式（6-7）。

$$u_{v1}=\begin{cases}0.5[1+(75-U_i)/(67.5-U_i)] & U_i>k_1\\ 0.5[1-(U_i-75)/(67.5-75)] & k_2<U_i\leqslant k_1\\ 0 & U_i\leqslant k_2\end{cases}$$

$$u_{v2}=\begin{cases}0.5[1-(75-U_i)/(67.5-75)] & U_i>k_1\\ 0.5[1+(U_i-75)/(67.5-75)] & k_2<U_i\leqslant k_1\\ 0.5[1+(60-U_i)/(60-67.5)] & k_3<U_i\leqslant k_2\\ 0.5[1-(60-U_i)/(67.5-U_i)] & U_i\leqslant k_3\end{cases} \tag{6-7}$$

$$u_{v3}=\begin{cases}0.5[1+(60-U_i)/(67.5-U_i)] & U_i\leqslant k_3\\ 0.5[1-(U_i-60)/(67.5-60)] & k_3<U_i\leqslant k_2\\ 0 & U_i>k_2\end{cases}$$

通过将 2014—2018 年雄安新区土地资源的基础数据代入式（6-7），2014 年新区土地利用率指标的行向量表示为［0，0.221 9，0.778 1］；2015 年新区土地利用率指标的行向量表示为［0，0.273 7，0.726 3］；2016 年新区土地利用率指标的行向量表示为［0，0.297 6，0.702 4］；2017 年新区土地利用率指标的行向量表示为［0，0.58，0.42］；2018 年新区土地利用率指标的行向量为［0，0.686 7，0.313 3］。

根据表 6-3 雄安新区的单位土地产出指标评级标准，将$k_1=1\ 200$、$k_3=950$，$k_2=(k_1+k_3)/2=1\ 025$ 代入式（6-1）可得式（6-8）。

$$u_{v1}=\begin{cases}0.5[1+(1\ 200-U_i)/(1\ 025-U_i)] & U_i>k_1\\ 0.5[1-(U_i-1\ 200)/(1\ 025-1\ 200)] & k_2<U_i\leqslant k_1\\ 0 & U_i\leqslant k_2\end{cases}$$

$$u_{v2}=\begin{cases}0.5[1-(1\ 200-U_i)/(1\ 025-U_i)] & U_i>k_1\\ 0.5[1+(U_i-1\ 200)/(1\ 025-1\ 200)] & k_2<U_i\leqslant k_1\\ 0.5[1+(950-U_i)/(950-1\ 025)] & k_3<U_i\leqslant k_2\\ 0.5[1-(950-U_i)/(1\ 025-U_i)] & U_i\leqslant k_3\end{cases} \tag{6-8}$$

$$u_{v3}=\begin{cases}0.5[1+(950-U_i)/(1\ 025-U_i)] & U_i\leqslant k_3\\ 0.5[1-(U_i-950)/(1\ 025-950)] & k_3<U_i\leqslant k_2\\ 0 & U_i>k_2\end{cases}$$

通过将雄安新区2014—2018年土地资源的基础数据代入隶属度函数计算公式（6-8），2014年雄安新区单位土地产出指标的行向量表示为[0.736 0，0.264 0，0]；2015年新区单位土地产出指标的行向量表示为[0.741 7，0.258 3，0]；2016年新区单位土地产出指标的行向量表示为[0.769 0，0.231 0，0]；2017年新区单位土地产出指标的行向量表示为[0.541 7，0.458 3，0]；2018年单位土地产出指标的行向量表示为[0.076 8 ，0.923 2，0]。

因此，得出2014—2018年雄安新区土地资源系统的模糊矩阵 $\boldsymbol{R}$。

$$\boldsymbol{R}_{m\times n\,2014}=(r_{ij})=\begin{bmatrix} 0.65 & 0.35 & 0 \\ 0 & 0.613\,8 & 0.386\,2 \\ 0.141\,9 & 0.858\,1 & 0 \\ 0 & 0.221\,9 & 0.778\,1 \\ 0.736\,0 & 0.264\,0 & 0 \end{bmatrix}$$

$$\boldsymbol{R}_{m\times n\,2015}=(r_{ij})=\begin{bmatrix} 0.457\,1 & 0.542\,9 & 0 \\ 0 & 0.864\,6 & 0.135\,4 \\ 0.097\,2 & 0.902\,8 & 0 \\ 0 & 0.273\,7 & 0.726\,3 \\ 0.741\,7 & 0.258\,3 & 0 \end{bmatrix}$$

$$\boldsymbol{R}_{m\times n\,2016}=(r_{ij})=\begin{bmatrix} 0.414\,3 & 0.585\,7 & 0 \\ 0 & 0.987\,6 & 0.012\,4 \\ 0.193\,7 & 0.806\,3 & 0 \\ 0 & 0.297\,6 & 0.702\,4 \\ 0.769\,0 & 0.231\,0 & 0 \end{bmatrix}$$

$$\boldsymbol{R}_{m\times n\,2017}=(r_{ij})=\begin{bmatrix} 0.185\,7 & 0.814\,3 & 0 \\ 0.103\,2 & 0.896\,8 & 0 \\ 0 & 0.922 & 0.078 \\ 0 & 0.58 & 0.42 \\ 0.541\,7 & 0.458\,3 & 0 \end{bmatrix}$$

$$\boldsymbol{R}_{m\times n\,2018}=(r_{ij})=\begin{bmatrix} 0.042\,9 & 0.957\,1 & 0 \\ 0.810\,2 & 0.189\,8 & 0 \\ 0 & 0.908\,3 & 0.091\,7 \\ 0 & 0.686\,7 & 0.313\,3 \\ 0.076\,8 & 0.923\,2 & 0 \end{bmatrix}$$

其次，计算综合评判矩阵。通过模糊变换，以2014年为例，得到雄安新区土地资源系统的综合评价矩阵 $\boldsymbol{B}$。

$$\boldsymbol{B}_{2014}=\boldsymbol{WR}$$

$$=[0.212,0.224,0.211,0.193,0.160]\begin{bmatrix} 0.65 & 0.35 & 0 \\ 0 & 0.6138 & 0.3862 \\ 0.1419 & 0.8581 & 0 \\ 0 & 0.2219 & 0.7781 \\ 0.7360 & 0.2640 & 0 \end{bmatrix}$$

$$=[0.2855,0.4778,0.2367]$$

以此类推，依次计算 2015—2018 年雄安新区土地资源系统的综合评价矩阵 $\boldsymbol{B}$。

$\boldsymbol{B}_{2015}=[0.2361,\ 0.5934,\ 0.1705]$；　$\boldsymbol{B}_{2016}=[0.2517,\ 0.61,\ 0.1383]$

$\boldsymbol{B}_{2017}=[0.1491,\ 0.7378,\ 0.1131]$；　$\boldsymbol{B}_{2018}=[0.2029,\ 0.7173,\ 0.0798]$

综上，基于式（6-3），得出 2014—2018 年雄安新区土地资源承载力评价结果，见表 6-5 及图 6-10。2014—2018 年雄安新区土地资源承载力评价结果对 V_1、V_2级别的隶属度较大，表明有较高的开发潜力。从综合评价结果分析上看，2014—2018 年新区土地资源承载力在 0.51~0.56 间上下波动，2018 年较 2014 年提升了 6.4%。

表 6-5　2014—2018 年雄安新区土地资源承载力评价结果

区域名称	年份	评价结果 V_1	评价结果 V_2	评价结果 V_3	综合评价结果
雄安新区	2014	0.285 5	0.477 8	0.236 7	0.522 0
	2015	0.236 1	0.593 4	0.170 5	0.529 5
	2016	0.251 7	0.61	0.138 3	0.551 1
	2017	0.149 1	0.737 8	0.113 1	0.516 2
	2018	0.202 9	0.717 3	0.079 8	0.555 4

2）雄安新区水资源承载力评价

第一步：评价指标分级标准。

根据国际水资源评价标准、联合国居民用水标准，结合全国水资源利用水平、河北省保定市实际水资源利用情况、雄安新区的水资源开发利用水平以及新区发展规划，参考相关文献，制定雄安新区水资源承载力各个评价指标的分级标准。

人均水资源量：根据国际通用标准，人均水资源量大于 2 000 m^3的为丰水区，人均水资源量为 1 000~2 000 m^3的为脆弱区，人均水资源量为 500~1 000 m^3的为紧缺区，人均水资源量小于 5 00 m^3的为贫水区；我国人

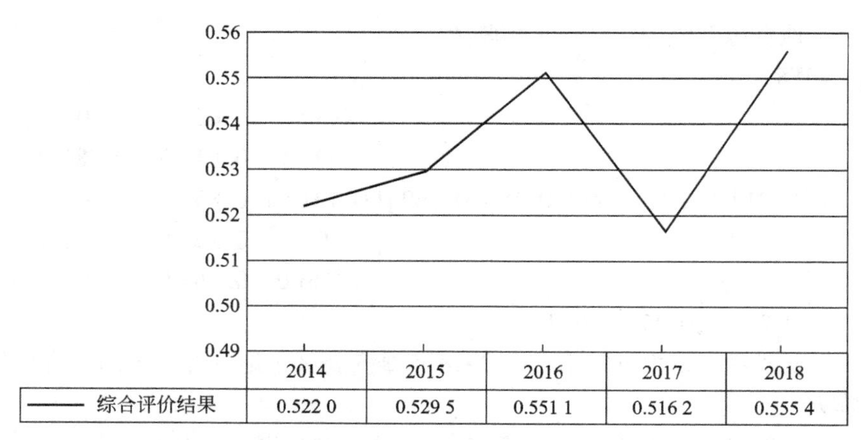

图 6-10　2014—2018 年雄安新区土地资源承载力

均水资源水平为 1 956 m³，保定市人均水资源水平为 287 m³，雄安新区人均水资源水平为 144 m³，参考国际标准和相关文献，选取 k_1 为 2 000、k_3 为 1 000。

单位有效灌溉面积：全国单位有效灌溉面积为 700 m²/t，河北省单位有效灌溉面积为 2 400 m²/t，雄安新区单位有效灌溉面积为 4 300 m²/t，结合相关研究成果，选取 k_1 为 3 000、k_3 为 1 000。

水资源利用率：根据国际通用标准，水资源利用率为 15%左右的为丰水区，水资源利用率为 15%~25%的为脆弱区，水资源利用率为 25%~50%的为紧缺区，水资源利用率大于 50%的为贫水区；我国水资源利用率平均水平约为 25%，雄安新区利用率则为 127%，选取 k_1 为 25、k_3 为 50。

用水效益：全国用水效益平均水平为 57 元/m³，雄安新区用水效益为 61. 71 元/m³，结合相关参考文献与专家意见，选取 k_1 为 100、k_3 为 50。

通过上述分级标准选取过程，确定雄安新区水资源承载力评价指标分级标准，见表 6-6。

表 6-6　雄安新区水资源承载力评价指标分级标准

评价内容	评价指标	评价分级 V		
		V_1	V_2	V_3
水资源	人均水资源量/(m³/人)	>2 000	2 000~1 000	<1 000
	单位有效灌溉面积/(m²/t)	>3 000	3 000~1 000	<1 000
	水资源利用率/%	<25	25~50	>50
	用水效益/(元/m³)	>100	100~50	<50

按照上述 4 个指标对于区域水资源承载力的影响程度不同，将其划分为 3 个等级，即 V_1、V_2、V_3。为了定量反映各级标准对水资源的影响程度，对各级别进行 0~1 的评分赋值，V_1、V_2 和 V_3 对应的分值分别为 α_1、α_2、α_3，取 $\alpha_1=0.95$、$\alpha_2=0.5$、$\alpha_3=0.05$，数值越高表明承载力越强，开发利用潜力较大。

第二步：确定各指标权重，见表 6-7。

雄安新区水资源承载力评价指标的权重矩阵 $\boldsymbol{W}=[0.167,\ 0.359,\ 0.110,\ 0.364]$。

表 6-7 雄安新区水资源各评价指标权重

计算过程	评价指标	第一主成分 F_1	第二主成分 F_2	第三主成分 F_3	第四主成分 F_4
因子载荷数	人均水资源量	-0.288	0.380	0.813	0.049
	单位有效灌溉面积	0.755	0.098	0.643	0.085
	水资源利用率	-0.161	0.067	0.968	0.181
	用水效益	0.961	0.157	-0.078	0.212
主成分特征根		6.549	2.932	1.759	1.260
线性组合中的系数	人均水资源量	-0.130	0.222	0.613	0.044
	单位有效灌溉面积	0.295	0.057	0.485	0.076
	水资源利用率	-0.063	0.039	0.730	0.161
	用水效益	0.376	0.092	-0.059	0.189
综合得分模型中的系数	人均水资源量	0.106			
	单位有效灌溉面积	0.227			
	水资源利用率	0.070			
	用水效益	0.230			
指标权重	人均水资源量	0.167			
	单位有效灌溉面积	0.359			
	水资源利用率	0.110			
	用水效益	0.364			

第三步：水资源承载力评价。

首先，计算隶属函数评判矩阵 $\boldsymbol{R}$。根据表 6-6 的雄安新区水资源承载力评价指标分级标准，将 2014—2018 年雄安新区人均水资源量、单位有效灌溉面积、水资源利用率及用水效益 4 个指标的基础数据代入式（6-1）和式(6-2)，求得 2014—2018 年雄安新区水资源系统的模糊矩阵 $\boldsymbol{R}$。

$$R_{m\times n\,2014}=(r_{ij})=\begin{bmatrix}0 & 0.1866 & 0.8134\\ 0.5833 & 0.4167 & 0\\ 0 & 0.1191 & 0.8809\\ 0 & 0.6592 & 0.3408\end{bmatrix}$$

$$R_{m\times n\,2015}=(r_{ij})=\begin{bmatrix}0 & 0.1845 & 0.8155\\ 0.6188 & 0.3812 & 0\\ 0 & 0.1055 & 0.8945\\ 0 & 0.7132 & 0.2868\end{bmatrix}$$

$$R_{m\times n\,2016}=(r_{ij})=\begin{bmatrix}0 & 0.1848 & 0.8152\\ 0.6366 & 0.3634 & 0\\ 0 & 0.0947 & 0.9053\\ 0 & 0.6366 & 0.3644\end{bmatrix}$$

$$R_{m\times n\,2017}=(r_{ij})=\begin{bmatrix}0 & 0.1827 & 0.8173\\ 0.7634 & 0.2366 & 0\\ 0 & 0.0641 & 0.9359\\ 0 & 0.7570 & 0.2430\end{bmatrix}$$

$$R_{m\times n\,2018}=(r_{ij})=\begin{bmatrix}0 & 0.1844 & 0.8156\\ 0.7826 & 0.2174 & 0\\ 0 & 0.0698 & 0.9302\\ 0 & 0.7342 & 0.2658\end{bmatrix}$$

其次，计算综合评判矩阵。通过模糊变换，以2014年为例，得到雄安新区水资源系统的综合评价矩阵 $\boldsymbol{B}$。

$$\boldsymbol{B}_{2014}=\boldsymbol{WR}$$

$$=[0.167,0.359,0.110,0.364]\begin{bmatrix}0 & 0.1866 & 0.8134\\ 0.5833 & 0.4167 & 0\\ 0 & 0.1191 & 0.8809\\ 0 & 0.6592 & 0.3408\end{bmatrix}$$

$$=[0.2094,0.4338,0.3568]$$

以此类推，依次计算出2015—2018年雄安新区水资源系统的综合评价矩阵 $\boldsymbol{B}$。

$\boldsymbol{B}_{2015}=[0.2221,\ 0.4389,\ 0.3390]$； $\boldsymbol{B}_{2016}=[0.2285,\ 0.4024,\ 0.3691]$

$\boldsymbol{B}_{2017}=[0.2741,\ 0.3980,\ 0.3279]$； $\boldsymbol{B}_{2018}=[0.2810,\ 0.3837,\ 0.3353]$

综上，基于式（6-3），得出2014—2018年雄安新区水资源承载力评价结果，见表6-8及图6-11。

表 6-8　2014—2018 年雄安新区水资源承载力评价结果

区域名称	年份	评价结果 V_1	评价结果 V_2	评价结果 V_3	综合评价结果
雄安新区	2014	0.209 4	0.433 8	0.356 8	0.433 7
	2015	0.222 1	0.438 9	0.339 0	0.447 4
	2016	0.228 5	0.402 4	0.369 1	0.436 7
	2017	0.274 1	0.398 0	0.327 9	0.475 8
	2018	0.281 0	0.383 7	0.335 3	0.475 6

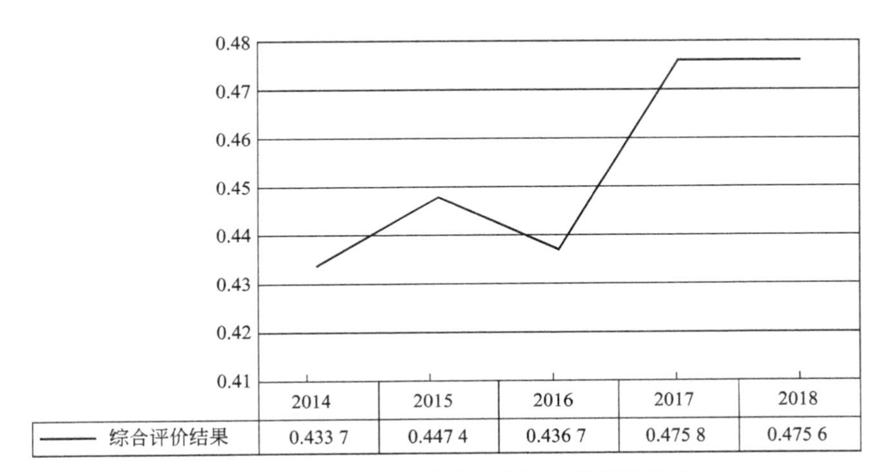

图 6-11　2014—2018 年雄安新区水资源承载力

2014—2018 年雄安新区水资源承载力评价结果对 V_2级别的隶属度较大，表明有一定开发潜力，对 V_1级别的隶属度呈现上升的趋势。从综合评价结果分析上看，由于 2016 年新区经济发展速度提升，因此水资源使用量超出负荷较多，使得 2016 年新区水资源承载力有一定程度的降低。从 2017 年起新区加强了水资源的管理与利用，水资源承载力处于逐步上升的趋势。

3）*雄安新区矿产资源承载力评价*

第一步：评价指标分级标准。

根据全国矿产资源利用水平、雄安新区矿产资源实际利用情况以及新区发展规划，参考相关文献，制定雄安新区矿产资源承载力各个评价指标的分级标准。

单位用地产矿量：全国单位用地产矿量平均值为 560 万 t/km^2，河北省单位用地产矿量平均值为 625 万 t/km^2，雄安新区单位用地产矿量平均值为 792. 70 万 t/km^2，参考相关文献，选取 k_1 为 750、k_3 为 600。

年产原油数量：全国年产原油数量为 17 590 万 t/年，河北省年产原油数量为 520 万 t/年，排名第八，雄安新区年产原油数量为 93.2 万 t/年，高于河北省平均水平，结合相关研究成果，选取 k_1 为 80、k_3 为 50。

天然气产量：全国天然气产量超过 1 600 亿 m^3，河北省天然气产量为 6.2 亿 m^3，排名第十三，雄安新区天然气产量为 2 010 万 m^3，因此，选取 k_1 为 2 000、k_3 为 1 000。

地热田面积：雄安新区地热田面积为 670 km^2，远远超过全国 280 km^2 的平均标准，结合相关参考文献与专家意见，选取 k_1 为 500、k_3 为 300。通过上述分级标准选取过程，确定雄安新区水资源承载力评价指标分级标准，见表 6-9。

表 6-9　雄安新区矿产资源承载力评价指标分级标准

评价内容	评价指标	评价分级 V		
		V_1	V_2	V_3
矿产资源	单位用地产矿量	>750	750~600	<600
	年产原油数量	>80	80~50	<50
	天然气产量	>2 000	2 000~1 000	<1 000
	地热田面积	>500	500~300	<300

第二步：确定各指标权重，见表 6-10。

表 6-10　雄安新区矿产资源各评价指标权重

计算过程	评价指标	第一主成分 F_1	第二主成分 F_2	第三主成分 F_3	第四主成分 F_4
因子载荷数	单位用地产矿量	0.582	0.809	0.064	-0.055
	年产原油数量	-0.131	0.719	0.504	-0.346
	天然气产量	0.975	0.218	-0.024	0.015
	地热田面积	0.626	-0.101	-0.144	0.759
主成分特征根		6.549	2.932	1.759	1.260
线性组合中的系数	单位用地产矿量	0.227	0.472	0.048	-0.049
	年产原油数量	-0.051	0.420	0.380	-0.308
	天然气产量	0.381	0.127	-0.018	0.013
	地热田面积	0.245	-0.039	-0.109	0.676
综合得分模型中的系数	单位用地产矿量	0.258			
	年产原油数量	0.116			
	天然气产量	0.233			
	地热田面积	0.158			

续表

计算过程	评价指标	第一主成分 F_1	第二主成分 F_2	第三主成分 F_3	第四主成分 F_4
指标权重	单位用地产矿量	0.337			
	年产原油数量	0.152			
	天然气产量	0.305			
	地热田面积	0.206			

雄安新区矿产资源承载力评价指标的权重矩阵 $\boldsymbol{W}=[0.337, 0.152, 0.305, 0.206]$。

第三步：矿产资源承载力评价。

首先，计算隶属函数评判矩阵 $\boldsymbol{R}$。根据表 6-9 的雄安新区矿产资源承载力评价指标分级标准，将 2014—2018 年雄安新区单位用地产矿量、年产原油数量、天然气产量及地热田面积 4 个指标的基础数据代入式（6-1），求得 2014—2018 年雄安新区矿产资源系统的模糊矩阵 $\boldsymbol{R}$。

$$\boldsymbol{R}_{m\times n\,2014}=[r_{ij}]=\begin{bmatrix}0.6546 & 0.3454 & 0\\0.6544 & 0.3456 & 0\\0.4970 & 0.5030 & 0\\0.6667 & 0.3333 & 0\end{bmatrix}$$

$$\boldsymbol{R}_{m\times n\,2015}=[r_{ij}]=\begin{bmatrix}0.6612 & 0.3488 & 0\\0.6914 & 0.3086 & 0\\0.4900 & 0.5100 & 0\\0.7066 & 0.2934 & 0\end{bmatrix}$$

$$\boldsymbol{R}_{m\times n\,2016}=[r_{ij}]=\begin{bmatrix}0.6814 & 0.3186 & 0\\0.7340 & 0.2560 & 0\\0.5030 & 0.4970 & 0\\0.8148 & 0.1852 & 0\end{bmatrix}$$

$$\boldsymbol{R}_{m\times n\,2017}=[r_{ij}]=\begin{bmatrix}0.6433 & 0.3567 & 0\\0.6359 & 0.3641 & 0\\0.4830 & 0.5170 & 0\\0.8115 & 0.1885 & 0\end{bmatrix}$$

$$\boldsymbol{R}_{m\times n\,2018}=[r_{ij}]=\begin{bmatrix}0.6570 & 0.3430 & 0\\0.7202 & 0.2798 & 0\\0.5098 & 0.4002 & 0\\0.8123 & 0.1877 & 0\end{bmatrix}$$

其次，计算综合评判矩阵。通过模糊变换，以 2014 年为例，得到雄安新区矿产资源系统的综合评价矩阵 $\boldsymbol{B}$。

$$\boldsymbol{B}_{2014}=\boldsymbol{WR}$$

$$=[0.337,0.152,0.305,0.206]\begin{bmatrix}0.6546 & 0.3454 & 0\\0.6544 & 0.3456 & 0\\0.4970 & 0.5030 & 0\\0.6667 & 0.3333 & 0\end{bmatrix}$$

$$=[0.6090,0.3910,0]$$

以此类推，依次计算出 2015—2018 年雄安新区矿产资源系统的综合评价矩阵 $\boldsymbol{B}$。

$\boldsymbol{B}_{2015}=[0.6229,\ 0.3771,\ 0]$； $\boldsymbol{B}_{2016}=[0.6625,\ 0.3375,\ 0]$

$\boldsymbol{B}_{2017}=[0.6279,\ 0.3721,\ 0]$； $\boldsymbol{B}_{2018}=[0.6540,\ 0.3460,\ 0]$

综上，基于式（6-3），得出 2014—2018 年雄安新区矿产资源承载力评价结果，见表 6-11 及图 6-12。

表 6-11　2014—2018 年雄安新区矿产资源承载力评价结果

区域名称	年份	评价结果 V_1	评价结果 V_2	评价结果 V_3	综合评价结果
雄安新区	2014	0.6090	0.3910	0	0.7741
	2015	0.6229	0.3771	0	0.7671
	2016	0.6625	0.3375	0	0.7981
	2017	0.6279	0.3721	0	0.7826
	2018	0.6540	0.3460	0	0.7943

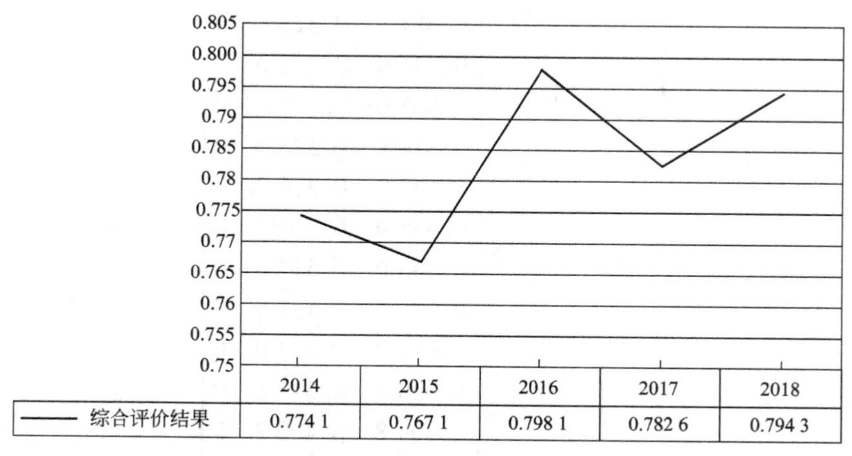

图 6-12　2014—2018 年雄安新区矿产资源承载力

2014—2018年雄安新区矿产资源承载力评价结果对V_1级别的隶属度较大，表明有较大的开发潜力。从综合评价结果分析上看，2014—2018年新区矿产资源承载力较高，数值在0.76~0.80波动。

4）雄安新区资源承载力评价

运用专家打分法，求得雄安新区土地资源、水资源与矿产资源对应的权重分别为0.4、0.4和0.2，运用式（6-9）可求得2014—2018年雄安新区资源承载力评价结果，见表6-12及图6-13。

。 $$Z = \sum w_i B_i \qquad (6-9)$$

式中，w_i为土地资源、水资源与矿产资源评价值在综合评价中被赋予的权重，B_i代表土地资源、水资源与矿产资源承载力评价值。

表6-12　2014—2018年雄安新区资源承载力评价结果

区域名称	年份	评价结果
雄安新区	2014	0.537 1
	2015	0.544 2
	2016	0.554 7
	2017	0.553 3
	2018	0.571 3

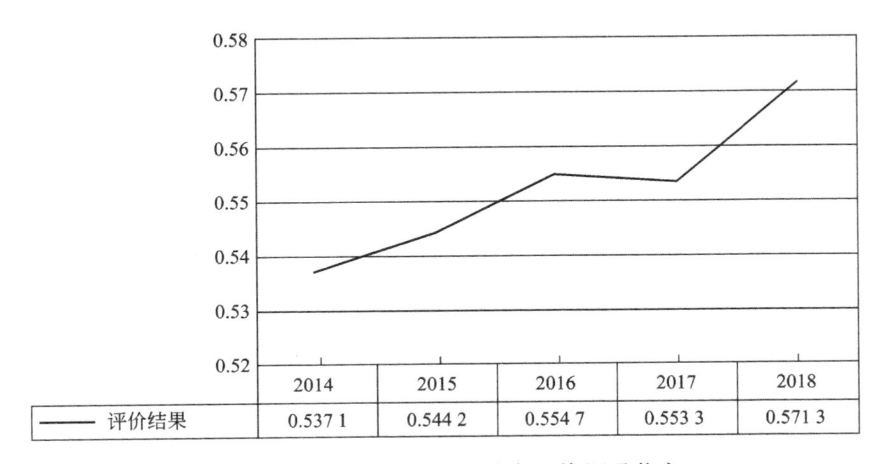

图6-13　2014—2018年雄安新区资源承载力

2014—2018年雄安新区资源承载力呈现上升的趋势，数值在0.53~0.58波动，资源承载力较好。从2017年后，新区开始加强建设，资源承载力呈现快速上升的趋势。

2. 雄安新区环境系统承载力评价

1）雄安新区水环境承载力评价

第一步：评价指标分级标准。

根据国际水环境评价标准、《地表水环境质量标准》（GB 3838—2002），结合全国水环境状况、河北省保定市水环境状况、雄安新区水环境状况以及新区发展规划，参考相关文献，制定雄安新区水环境承载力各个评价指标的分级标准。

工业万元 GDP 废水排放量：全国万元 GDP 废水排放量为 1.5t/万元，河北省万元 GDP 废水排放量为 4.6t/万元，雄安新区工业万元 GDP 废水排放量为 3.5t/万元，参考国际标准和相关文献，选取 k_1 为 1.5、k_3 为 3.5。

城市污水日处理能力：全国城市污水日处理能力超过 300 万 t，河北省城市污水日处理能力为 166.29 万 t，雄安新区城市污水日处理能力为 100 万 t，结合相关研究成果，选取 k_1 为 300、k_3 为 150。

化学需氧量 COD 排放强度：全国 COD 排放强度平均水平为 3.8 kg/万元，河北省 COD 排放强度平均水平为 15.3 kg/万元，雄安新区 COD 排放强度平均水平为 11.12 kg/万元，选取 k_1 为 3.5、k_3 为 10。

生态用水率：河北省生态用水率不到 10%，雄安新区生态用水率为 23.26%，结合相关参考文献与专家意见，选取 k_1 为 30、k_3 为 10。

通过上述分级标准选取过程，确定雄安新区水环境承载力评价指标分级标准，见表 6-13。

表 6-13　雄安新区水环境承载力评价指标分级标准

评价内容	评价指标	评价分级 V		
		V_1	V_2	V_3
水环境	工业万元 GDP 废水排放量/(t/万元)	<1.5	1.5~3.5	>3.5
	城市污水日处理能力/万 t	>300	300~150	<150
	化学需氧量 COD 排放强度/(kg/万元)	<3.5	3.5~10	>10
	生态用水率/%	>30	30~10	<10

第二步：确定各指标权重，见表 6-14。

表 6-14　雄安新区水环境各评价指标权重

计算过程	评价指标	第一主成分 F_1	第二主成分 F_2	第三主成分 F_3	第四主成分 F_4
因子载荷数	工业万元 GDP 废水排放量	0.998	-0.003	-0.012	0.008
	城市污水日处理能力	0.750	0.643	0.136	0.662
	化学需氧量 COD 排放强度	0.683	0.129	0.154	0.912
	生态用水率	0.878	0.475	0.055	0.489
主成分特征根		11.741	2.822	1.430	1.334
线性组合中的系数	工业万元 GDP 废水排放量	0.291	-0.002	-0.010	0.007
	城市污水日处理能力	0.219	0.383	0.114	0.573
	化学需氧量 COD 排放强度	0.199	0.077	0.129	0.790
	生态用水率	0.256	0.283	0.046	0.423
综合得分模型中的系数	工业万元 GDP 废水排放量	0.214			
	城市污水日处理能力	0.255			
	化学需氧量 COD 排放强度	0.218			
	生态用水率	0.255			
指标权重	工业万元 GDP 废水排放量	0.227			
	城市污水日处理能力	0.271			
	化学需氧量 COD 排放强度	0.231			
	生态用水率	0.271			

雄安新区水环境承载力评价指标的权重矩阵 $\boldsymbol{W}=[0.227,\ 0.271,\ 0.231,\ 0.271]$。

第三步：水环境承载力评价。

首先，计算隶属函数评判矩阵 $\boldsymbol{R}$。根据表 6-13 的雄安新区水环境承载力评价指标分级标准，将 2014—2018 年雄安新区工业万元 GDP 废水排放量、城市污水日处理能力、化学需氧量 COD 排放强度及生态用水率 4 个指标的基础数据代入式（6-1）与式（6-2），求得 2014—2018 年雄安新区水环境系统的模糊矩阵 $\boldsymbol{R}$。

$$\boldsymbol{R}_{m\times n\,2014}=[r_{ij}]=\begin{bmatrix}0 & 0.3571 & 0.6429\\0 & 0.2331 & 0.7669\\0 & 0.2097 & 0.7903\\0 & 0.6510 & 0.3490\end{bmatrix}$$

$$\boldsymbol{R}_{m\times n\,2015}=[r_{ij}]=\begin{bmatrix}0 & 0.3333 & 0.6667\\0 & 0.2455 & 0.7545\\0 & 0.2014 & 0.7986\\0 & 0.6405 & 0.3595\end{bmatrix}$$

$$\boldsymbol{R}_{m\times n\,2016}=[r_{ij}]=\begin{bmatrix}0 & 0.3125 & 0.6875\\0 & 0.2525 & 0.7475\\0 & 0.1830 & 0.8170\\0 & 0.7240 & 0.2760\end{bmatrix}$$

$$\boldsymbol{R}_{m\times n\,2017}=[r_{ij}]=\begin{bmatrix}0 & 0.3788 & 0.6212\\0 & 0.2713 & 0.7287\\0 & 0.2613 & 0.7387\\0 & 0.9750 & 0.0250\end{bmatrix}$$

$$\boldsymbol{R}_{m\times n\,2018}=[r_{ij}]=\begin{bmatrix}0 & 0.5000 & 0.5000\\0 & 0.3000 & 0.7000\\0 & 0.3719 & 0.6281\\0.1630 & 0.8370 & 0\end{bmatrix}$$

其次，计算综合评判矩阵。通过模糊变换，以 2014 年为例，得到雄安新区水环境系统的综合评价矩阵 $\boldsymbol{B}$。

$$\boldsymbol{B}_{2014}=\boldsymbol{WR}$$

$$=[0.227,0.271,0.231,0.271]\begin{bmatrix}0 & 0.3571 & 0.6429\\0 & 0.2331 & 0.7669\\0 & 0.2097 & 0.7903\\0 & 0.6510 & 0.3490\end{bmatrix}$$

$$=[0,0.3691,0.6309]$$

以此类推，依次计算出 2015—2018 年雄安新区水环境系统的综合评价矩阵 $\boldsymbol{B}$。

$\boldsymbol{B}_{2015}=[0,\ 0.3623,\ 0.6377]$； $\boldsymbol{B}_{2016}=[0,\ 0.3778,\ 0.6222]$

$\boldsymbol{B}_{2017}=[0,\ 0.4841,\ 0.5159]$； $\boldsymbol{B}_{2018}=[0.0442,\ 0.5075,\ 0.4483]$

综上，基于式（6-3），得出 2014—2018 年雄安新区水环境承载力评价结果，见表 6-15 及图 6-14。

表 6-15　2014—2018 年雄安新区水环境承载力评价结果

区域名称	年份	评价结果 V_1	评价结果 V_2	评价结果 V_3	综合评价结果
雄安新区	2014	0	0.369 1	0.630 9	0.216 1
	2015	0	0.362 3	0.637 7	0.213 0
	2016	0	0.377 8	0.622 2	0.220 0
	2017	0	0.484 1	0.515 9	0.267 9
	2018	0.044 2	0.507 5	0.448 3	0.318 2

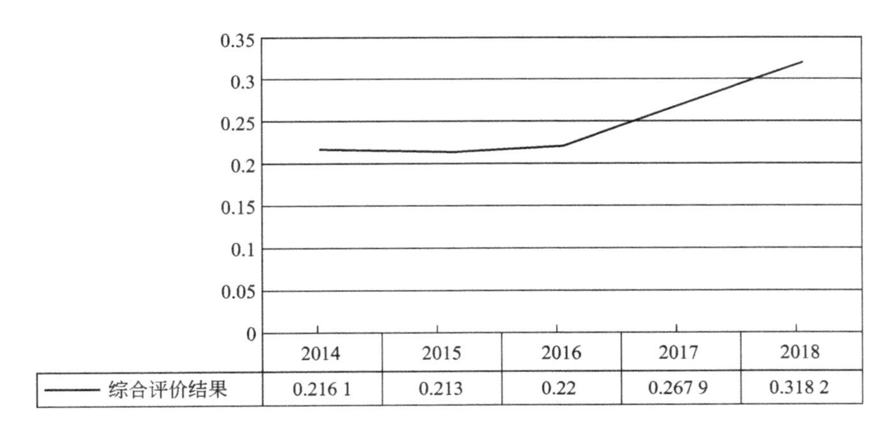

图 6-14　2014—2018 年雄安新区水环境承载力

2014—2018 年雄安新区水环境承载力评价结果对 V_2、V_3级别的隶属度较大，表明有一定开发潜力，但潜力不大。从综合评价结果分析上看，从 2017 年起，雄安新区加强了水环境治理力度，2017—2018 年新区水环境承载力呈现明显上升的趋势。

2）雄安新区大气环境承载力评价

第一步：评价指标分级标准。

根据《环境空气质量标准》（GB 3095—2012）二级标准及《环境空气质量标准》（GB 3095—2012）修改单（公告 2018 年第 29 号）、全国大气环境质量情况、河北及雄安新区大气环境质量情况以及新区发展规划，参考相关文献，制定雄安新区大气环境承载力各个评价指标的分级标准。

空气质量综合指数：参考 2018 年国内 74 个城市空气质量综合指数排名，全国空气质量综合指数平均水平为 4.21，河北省空气质量综合指数为 6.26，雄安新区空气质量综合指数为 6.86，参考相关文献，结合专家建议，选取 k_1 为 4.5、k_3 为 6.5。

$PM_{2.5}$浓度：根据对二类区执行的二级标准，要求污染物 $PM_{2.5}$浓度不超过 35 μg/m^3，雄安新区 $PM_{2.5}$浓度平均水平为 63.52 μg/m^3，全国 $PM_{2.5}$浓度平均水平为 54.05 μg/m^3，综合考虑国家标准和区域平均水平，选取 k_1 为 35、k_3 为 55。

PM_{10}浓度：根据对二类区执行的二级标准，要求污染物 PM_{10}浓度不超过 70 μg/m^3，雄安新区 PM_{10}浓度平均水平为 102 μg/m^3，全国 PM_{10}浓度平均水平为 85.77 μg/m^3，综合考虑国家标准和区域平均水平，选取 k_1 为 70、k_3 为 90。

通过上述分级标准选取过程，确定雄安新区大气环境承载力评价指标分级标准，见表 6-16。

表 6-16　雄安新区大气环境承载力评价指标分级标准

评价内容	评价指标	评价分级 V		
		V_1	V_2	V_3
大气环境	空气质量综合指数	<4. 5	4. 5~6. 5	>6. 5
	$PM_{2.5}$浓度/（μg/m^3）	<35	35~55	>55
	PM_{10}浓度/（μg/m^3）	<70	70~90	>90

第二步：确定各指标权重，见表 6-17。

表 6-17　雄安新区大气环境各评价指标权重

计算过程	评价指标	第一主成分 F_1	第二主成分 F_2	第三主成分 F_3	第四主成分 F_4
因子载荷数	空气质量综合指数	0. 227	0. 921	0. 318	0. 274
	$PM_{2.5}$浓度	-0. 085	0. 977	0. 163	-0. 053
	PM_{10}浓度	0. 100	0. 969	0. 199	0. 134
主成分特征根		11. 741	2. 822	1. 430	1. 334
线性组合中的系数	空气质量综合指数	0. 066	0. 548	0. 266	0. 237
	$PM_{2.5}$浓度	-0. 025	0. 582	0. 136	-0. 046
	PM_{10}浓度	0. 029	0. 577	0. 166	0. 116
综合得分模型中的系数	空气质量综合指数	0. 140			
	$PM_{2.5}$浓度	0. 091			
	PM_{10}浓度	0. 112			
指标权重	空气质量综合指数	0. 408			
	$PM_{2.5}$浓度	0. 265			
	PM_{10}浓度	0. 327			

雄安新区大气环境承载力评价指标的权重矩阵 $\boldsymbol{W}$=[0. 408，0. 265，0. 327]。

第三步：大气环境承载力评价。

首先，计算隶属函数评判矩阵 $\boldsymbol{R}$。根据表 6-16 的雄安新区大气环境承载力评价指标分级标准，将 2014—2018 年雄安新区空气质量综合指数、$PM_{2.5}$浓度、PM_{10}浓度 3 个指标的基础数据代入式（6-2），求得 2014—

2018 年雄安新区大气环境系统的模糊矩阵 $\boldsymbol{R}$。

$$\boldsymbol{R}_{m\times n\,2014}=[r_{ij}]=\begin{bmatrix}0 & 0.1603 & 0.8397\\0 & 0.2433 & 0.7567\\0 & 0.1437 & 0.8563\end{bmatrix}$$

$$\boldsymbol{R}_{m\times n\,2015}=[r_{ij}]=\begin{bmatrix}0 & 0.1393 & 0.8607\\0 & 0.2289 & 0.7711\\0 & 0.1256 & 0.8744\end{bmatrix}$$

$$\boldsymbol{R}_{m\times n\,2016}=[r_{ij}]=\begin{bmatrix}0 & 0.1374 & 0.8626\\0 & 0.2206 & 0.7794\\0 & 0.1190 & 0.8810\end{bmatrix}$$

$$\boldsymbol{R}_{m\times n\,2017}=[r_{ij}]=\begin{bmatrix}0 & 0.2857 & 0.7143\\0 & 0.2509 & 0.7491\\0 & 0.1799 & 0.8201\end{bmatrix}$$

$$\boldsymbol{R}_{m\times n\,2018}=[r_{ij}]=\begin{bmatrix}0 & 0.3676 & 0.6324\\0 & 0.2700 & 0.7300\\0 & 0.2273 & 0.7727\end{bmatrix}$$

其次，计算综合评判矩阵。通过模糊变换，以 2014 年为例，得到雄安新区大气环境系统的综合评价矩阵 $\boldsymbol{B}$。

$$\begin{aligned}\boldsymbol{B}_{2014}&=\boldsymbol{WR}\\&=[0.408,0.265,0.327]\begin{bmatrix}0 & 0.1603 & 0.8397\\0 & 0.2433 & 0.7567\\0 & 0.1437 & 0.8563\end{bmatrix}\\&=[0,0.1769,0.8231]\end{aligned}$$

以此类推，依次计算出 2015—2018 年雄安新区大气环境系统的综合评价矩阵 $\boldsymbol{B}$。

$\boldsymbol{B}_{2015}=[0,\ 0.1586,\ 0.8414]$；　$\boldsymbol{B}_{2016}=[0,\ 0.1534,\ 0.8466]$

$\boldsymbol{B}_{2017}=[0,\ 0.2419,\ 0.7581]$；　$\boldsymbol{B}_{2018}=[0,\ 0.2959,\ 0.7041]$

综上，基于式（6-3），得出 2014—2018 年雄安新区大气环境承载力评价结果，见表 6-18 及图 6-15。

表 6-18　2014—2018 年雄安新区大气环境承载力评价结果

区域名称	年份	评价结果 V_1	评价结果 V_2	评价结果 V_3	综合评价结果
雄安新区	2014	0	0. 176 9	0. 8231	0. 129 6
	2015	0	0. 158 6	0. 841 4	0. 121 4
	2016	0	0. 153 4	0. 846 6	0. 119 0
	2017	0	0. 241 9	0. 758 1	0. 158 9
	2018	0	0. 295 9	0. 704 1	0. 183 2

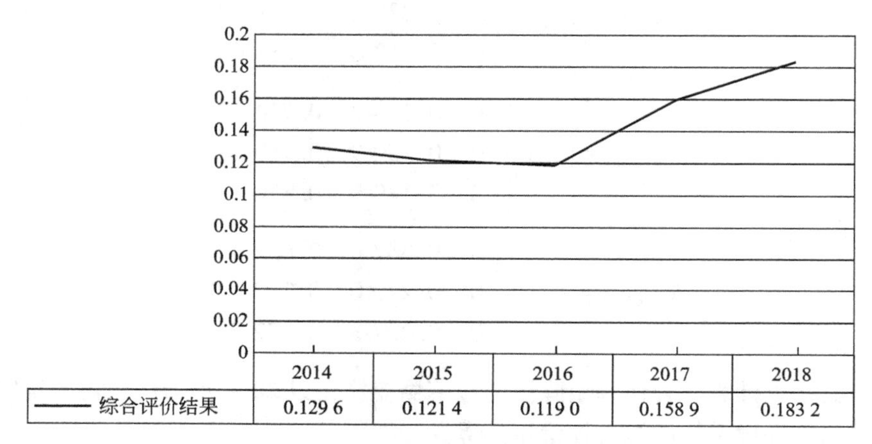

图 6-15　2014—2018 年雄安新区大气环境承载力

2014—2018 年雄安新区大气环境承载力评价结果对 V_2、V_3级别的隶属度较大，表明有一定开发潜力，但潜力不大。从综合评价结果上看，新区大气环境承载力水平较低，这主要是因为之前京津冀空气环境质量较差，从 2017 年起雄安新区加强了空气治理力度，大气环境承载力呈现上升的趋势。

3）雄安新区地质环境承载力评价

第一步：评价指标分级标准。

根据雄安新区地质环境基础数据，结合《全国地面沉降防治规划（2011—2020）》、《建筑地基基础设计规范》（GB 50007—2011）及全国地质环境状况，参考相关文献，并结合专家意见，制定雄安新区地质环境承载力各个评价指标的分级标准，见表 6-19。

表 6-19　雄安新区地质环境承载力评价指标分级标准

评价内容	评价指标	评价分级 V		
		V_1	V_2	V_3
地质环境	平均地下水埋深度/m	<6	6~9	>9
	地下水超采量/(亿 m^3/年)	<0.5	0.5~0.9	>0.9
	地面沉降速率/(mm/年)	<10	10~20	>20
	建筑地基承载力/kPa	>150	150~80	<80

第二步：确定各指标权重，见表 6-20。

表 6-20　雄安新区地质环境各评价指标权重

计算过程	评价指标	第一主成分 F_1	第二主成分 F_2	第三主成分 F_3	第四主成分 F_4
因子载荷数	平均地下水埋深度	0.322	0.787	-0.081	0.701
	地下水超采量	0.005	-0.999	0.990	0.026
	地面沉降速率	0.483	-0.982	0.978	-0.048
	建筑地基承载力	0.955	-0.086	-0.935	-0.273
主成分特征根		11.741	2.822	1.430	1.334
线性组合中的系数	平均地下水埋深度	0.094	0.469	-0.068	0.607
	地下水超采量	0.002	0.383	0.828	0.023
	地面沉降速率	0.053	-0.595	0.818	-0.042
	建筑地基承载力	0.279	-0.051	-0.782	-0.236
综合得分模型中的系数	平均地下水埋深度	0.162			
	地下水超采量	0.112			
	地面沉降速率	0.089			
	建筑地基承载力	0.125			
指标权重	平均地下水埋深度	0.332			
	地下水超采量	0.230			
	地面沉降速率	0.182			
	建筑地基承载力	0.256			

雄安新区地质环境承载力评价指标的权重矩阵 $\boldsymbol{W}$=[0.332，0.230，0.182，0.256]。

第三步：地质环境承载力评价。

首先，计算隶属函数评判矩阵 $\boldsymbol{R}$。根据表 6-19 的雄安新区地质环境承载力评价指标分级标准，将2014—2018年雄安新区平均地下水埋深度、地下水超采量、地面沉降速率及建筑地基承载力4个指标的基础数据代入式（6-1）与式（6-2），求得2014—2018年雄安新区地质环境系统的模糊矩阵 $\boldsymbol{R}$。

$$\boldsymbol{R}_{m\times n\,2014}=[r_{ij}]=\begin{bmatrix}0 & 0.66 & 0.34\\ 0 & 0.125 & 0.875\\ 0 & 0.230\,8 & 0.769\,2\\ 0.144 & 0.856 & 0\end{bmatrix}$$

$$\boldsymbol{R}_{m\times n\,2015}=[r_{ij}]=\begin{bmatrix}0 & 0.543\,3 & 0.456\,7\\ 0 & 0.113\,6 & 0.886\,4\\ 0 & 0.216\,5 & 0.783\,5\\ 0.262\,9 & 0.737\,1 & 0\end{bmatrix}$$

$$\boldsymbol{R}_{m\times n\,2016}=[r_{ij}]=\begin{bmatrix}0 & 0.320\,5 & 0.679\,5\\ 0 & 0.095\,2 & 0.904\,8\\ 0 & 0.195\,6 & 0.804\,4\\ 0.548\,4 & 0.451\,6 & 0\end{bmatrix}$$

$$\boldsymbol{R}_{m\times n\,2017}=[r_{ij}]=\begin{bmatrix}0 & 0.211\,9 & 0.788\,1\\ 0 & 0.099\,0 & 0.901\,0\\ 0 & 0.201\,1 & 0.798\,9\\ 0.414\,3 & 0.585\,7 & 0\end{bmatrix}$$

$$\boldsymbol{R}_{m\times n\,2018}=[r_{ij}]=\begin{bmatrix}0 & 0.179\,9 & 0.820\,1\\ 0 & 0.102\,0 & 0.898\,0\\ 0 & 0.211\,3 & 0.788\,7\\ 0.316 & 0.684 & 0\end{bmatrix}$$

其次，计算综合评判矩阵。通过模糊变换，以2014年为例，得到雄安新区地质环境系统的综合评价矩阵 $\boldsymbol{B}$。

$$\boldsymbol{B}_{2014}=\boldsymbol{WR}$$

$$=[0.332,0.230,0.182,0.256]\begin{bmatrix}0 & 0.66 & 0.34\\ 0 & 0.125 & 0.875\\ 0 & 0.230\,8 & 0.769\,2\\ 0.144 & 0.856 & 0\end{bmatrix}$$

$$=[0.036\,9,0.509\,0,0.454\,1]$$

以此类推，依次计算2015—2018年雄安新区地质环境系统的综合评价矩阵 $\boldsymbol{B}$。

B_{2015}=[0.067 3，0.414 6，0.498 1]；　B_{2016}=[0.140 4，0.279 5，0.580 1]

B_{2017}=[0.106 1，0.279 6，0.614 3]；　B_{2018}=[0.080 9，0.296 7，0.622 4]

综上，基于式（6-3），得出 2014—2018 年雄安新区地质环境承载力评价结果，见表 6-21 及图 6-16。

表 6-21　2014—2018 年雄安新区地质环境承载力评价结果

区域名称	年份	评价结果 V_1	评价结果 V_2	评价结果 V_3	综合评价结果
雄安新区	2014	0.036 9	0.509 0	0.454 1	0.312 3
	2015	0.067 3	0.414 6	0.498 1	0.296 2
	2016	0.140 4	0.279 5	0.580 1	0.302 1
	2017	0.106 1	0.279 6	0.614 3	0.271 3
	2018	0.080 9	0.296 7	0.622 4	0.256 3

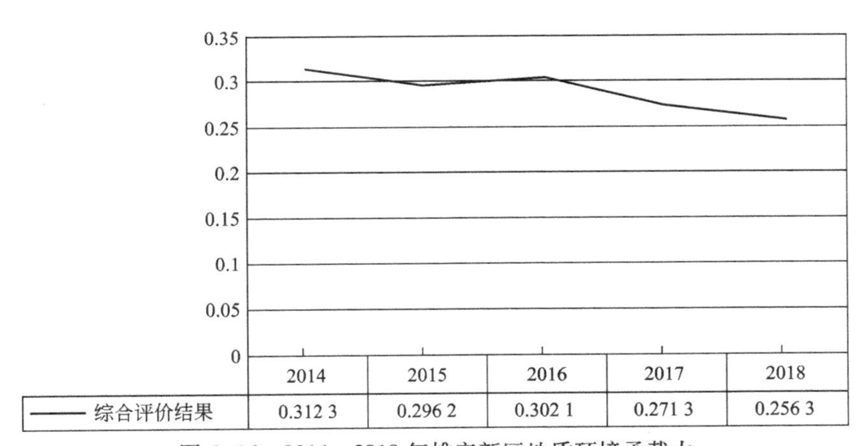

图 6-16　2014—2018 年雄安新区地质环境承载力

2014—2018 年雄安新区地质环境承载力评价结果对 V_2、V_3级别的隶属度较大，表明有一定开发潜力，但潜力不大。从综合评价结果分析上看，雄安新区地质环境资源承载力呈现出缓慢下降的趋势，这主要是地下水开采强度过大导致的。

4）雄安新区环境承载力评价

运用专家打分法，求得雄安新区水环境、大气环境与地质环境对应的权重分别为 0.5、0.25 和 0.25，运用式（6-10）可求得 2014—2018 年雄安新区环境承载力评价结果，见表 6-22 及图 6-17。

$$Z = \sum w_i B_i \tag{6-10}$$

式中，w_i为水环境、大气环境与地质环境评价值在综合评价中被赋予的权重，B_i代表水环境、大气环境与地质环境承载力评价值。

表 6-22　2014—2018 年雄安新区环境承载力评价结果

区域名称	年份	评价结果
雄安新区	2014	0.218 6
	2015	0.210 9
	2016	0.215 3
	2017	0.241 5
	2018	0.269 0

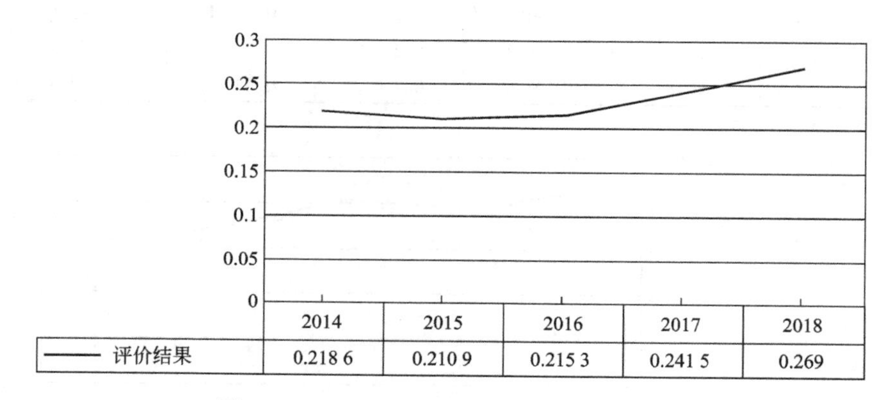

图 6-17　2014—2018 年雄安新区环境承载力

2014—2018 年雄安新区环境承载力呈现上升的趋势，数值在 0.21 ~ 0.27 波动，环境承载力较弱。但从 2017 年后，新区开始加强环境治理，环境承载力呈现上升的趋势。

3. 雄安新区生态系统承载力评价

1）雄安新区绿色生态（绿色治理）承载力评价

第一步：评价指标分级标准。

根据《关于财政生态环境保护资金分配和使用情况调研报告》、《国家园林城市系列标准》（建城〔2016〕235 号）、《"十三五"全国城镇生活垃圾无害化处理设施建设规划》、《白洋淀生态环境治理和保护规划（2018—2035 年）》、《国家环境保护模范城市考核指标及其实施细则》、《工业固体废物综合利用技术评价导则》（GB/T 32326—2015）、《工业固体废物资源综合利用评价管理暂行办法》、《烟气脱硫工艺设计标准》（GB 51284—2018），结合全国绿色治理状况、河北省保定市绿色治理状况、雄安新区绿色治理状况以及新区规划纲要，参考相关文献，制定雄安新区绿色生态

（绿色治理）承载力各个评价指标的分级标准，见表 6-23。

表 6-23　雄安新区绿色生态（绿色治理）承载力评价指标分级标准

评价内容	评价指标	评价分级 V		
		V_1	V_2	V_3
绿色治理	环保投入占财政支出的比重/%	>10	10~5	<5
	人均造林面积/（m^2/人）	>100	100~50	<50
	白洋淀水质达标率/%	>99	99~80	<80
	生活垃圾无害化处理率/%	>95	95~85	<85
	建成区绿化覆盖率/%	>40	40~35	<35
	工业 SO_2 去除率/%	>85	85~70	<70
	工业固废综合利用率/%	>90	90~73	<73

第二步：确定各指标权重，见表 6-24。

表 6-24　雄安新区绿色生态（绿色治理）各评价指标权重

计算过程	评价指标	第一主成分 F_1	第二主成分 F_2	第三主成分 F_3
因子载荷数	环保投入占财政支出的比重	0.795	-0.035	0.606
	人均造林面积	0.817	0.124	0.574
	白洋淀水质达标率	0.811	-0.023	0.562
	生活垃圾无害化处理率	0.908	-0.184	0.340
	建成区绿化覆盖率	0.837	0.659	0.706
	工业 SO_2 去除率	0.774	-0.185	0.633
	工业固废综合利用率	0.535	0.061	0.830
主成分特征根		10.535	3.807	2.074
线性组合中的系数	环保投入占财政支出的比重	0.245	-0.018	0.421
	人均造林面积	0.252	0.064	0.399
	白洋淀水质达标率	0.250	-0.012	0.390
	生活垃圾无害化处理率	0.280	-0.094	0.236
	建成区绿化覆盖率	0.256	0.338	0.490
	工业 SO_2 去除率	0.238	-0.095	0.440
	工业固废综合利用率	0.165	0.031	0.576

续表

计算过程	评价指标	第一主成分 F_1	第二主成分 F_2	第三主成分 F_3
综合得分模型中的系数	环保投入占财政支出的比重		0.214	
	人均造林面积		0.232	
	白洋淀水质达标率		0.216	
	生活垃圾无害化处理率		0.209	
	建成区绿化覆盖率		0.292	
	工业 SO_2 去除率		0.197	
	工业固废综合利用率		0.179	
指标权重	环保投入占财政支出的比重		0.139	
	人均造林面积		0.151	
	白洋淀水质达标率		0.140	
	生活垃圾无害化处理率		0.136	
	建成区绿化覆盖率		0.190	
	工业 SO_2 去除率		0.128	
	工业固废综合利用率		0.116	

雄安新区绿色生态（绿色治理）承载力评价指标的权重矩阵 $\boldsymbol{W}=[0.139, 0.151, 0.140, 0.136, 0.190, 0.128, 0.116]$。

第三步：绿色生态（绿色治理）承载力评价。

首先，计算隶属函数评判矩阵 $\boldsymbol{R}$。根据表6-23的雄安新区绿色生态承载力（绿色治理）评价指标分级标准，将2014—2018年雄安新区环保投入占财政支出的比重、人均造林面积、白洋淀水质达标率、生活垃圾无害化处理率、建成区绿化覆盖率、工业 SO_2 去除率及工业固废综合利用率7个指标的基础数据代入式（6-1），求得2014—2018年雄安新区绿色生态（绿色治理）的模糊矩阵 $\boldsymbol{R}$。

$$\boldsymbol{R}_{m\times n\,2014}=[r_{ij}]=\begin{bmatrix} 0 & 0.2016 & 0.7984 \\ 0 & 0.15 & 0.85 \\ 0 & 0.1234 & 0.8766 \\ 0.6875 & 0.3125 & 0 \\ 0 & 0.794 & 0.206 \\ 0 & 0.1221 & 0.8779 \\ 0 & 0.1126 & 0.8874 \end{bmatrix}$$

$$R_{m\times n\,2015}=[r_{ij}]=\begin{bmatrix}0 & 0.2854 & 0.7146\\ 0 & 0.2294 & 0.7706\\ 0 & 0.1667 & 0.8333\\ 0.6269 & 0.3731 & 0\\ 0.236 & 0.764 & 0\\ 0 & 0.1311 & 0.8689\\ 0 & 0.1054 & 0.8946\end{bmatrix}$$

$$R_{m\times n\,2016}=[r_{ij}]=\begin{bmatrix}0 & 0.3157 & 0.6843\\ 0 & 0.2941 & 0.7059\\ 0 & 0.1 & 0.9\\ 0.7126 & 0.2874 & 0\\ 0.5301 & 0.4699 & 0\\ 0 & 0.1164 & 0.8836\\ 0 & 0.1359 & 0.8641\end{bmatrix}$$

$$R_{m\times n\,2017}=[r_{ij}]=\begin{bmatrix}0.6212 & 0.3788 & 0\\ 0 & 0.51 & 0.49\\ 0 & 0.2879 & 0.7121\\ 0.75 & 0.25 & 0\\ 0.7444 & 0.2556 & 0\\ 0 & 0.1719 & 0.8281\\ 0 & 0.1837 & 0.8163\end{bmatrix}$$

$$R_{m\times n\,2018}=[r_{ij}]=\begin{bmatrix}0.8391 & 0.1609 & 0\\ 0 & 0.8 & 0.2\\ 0.0790 & 0.9210 & 0\\ 0.75 & 0.25 & 0\\ 0.8387 & 0.1613 & 0\\ 0 & 0.1543 & 0.8457\\ 0 & 0.7288 & 0.2712\end{bmatrix}$$

其次，计算综合评判矩阵。通过模糊变换，以 2014 年为例，得到雄安新区绿色生态（绿色治理）的综合评价矩阵 $\boldsymbol{B}$。

$\boldsymbol{B}_{2014}=\boldsymbol{WR}$

$$=[0.139,0.151,0.140,0.136,0.190,0.128,0.116]\begin{bmatrix} 0 & 0.2016 & 0.7984 \\ 0 & 0.15 & 0.85 \\ 0 & 0.1234 & 0.8766 \\ 0.6875 & 0.3125 & 0 \\ 0 & 0.794 & 0.206 \\ 0 & 0.1221 & 0.8779 \\ 0 & 0.1126 & 0.8874 \end{bmatrix}$$

$$=[0.0935,0.29,0.6165]$$

以此类推，依次计算出2015—2018年雄安新区绿色生态（绿色治理）的综合评价矩阵 $\boldsymbol{B}$。

$\boldsymbol{B}_{2015}=[0.1301,\ 0.3226,\ 0.5473]$； $\boldsymbol{B}_{2016}=[0.1976,\ 0.2613,\ 0.5411]$

$\boldsymbol{B}_{2017}=[0.3298,\ 0.2958,\ 0.3744]$； $\boldsymbol{B}_{2018}=[0.3890,\ 0.4411,\ 0.1699]$

综上，基于式（6-3），得出2014—2018年雄安新区绿色生态（绿色治理）承载力评价结果，见表6-25及图6-18。

表6-25 2014—2018年雄安新区绿色生态（绿色治理）承载力评价结果

区域名称	年份	评价结果 V_1	评价结果 V_2	评价结果 V_3	综合评价结果
雄安新区	2014	0.093 5	0.29	0.616 5	0.264 7
	2015	0.130 1	0.322 6	0.547 3	0.312 3
	2016	0.197 6	0.261 3	0.541 1	0.345 4
	2017	0.329 8	0.295 8	0.374 4	0.479 9
	2018	0.389 0	0.441 1	0.169 9	0.598 6

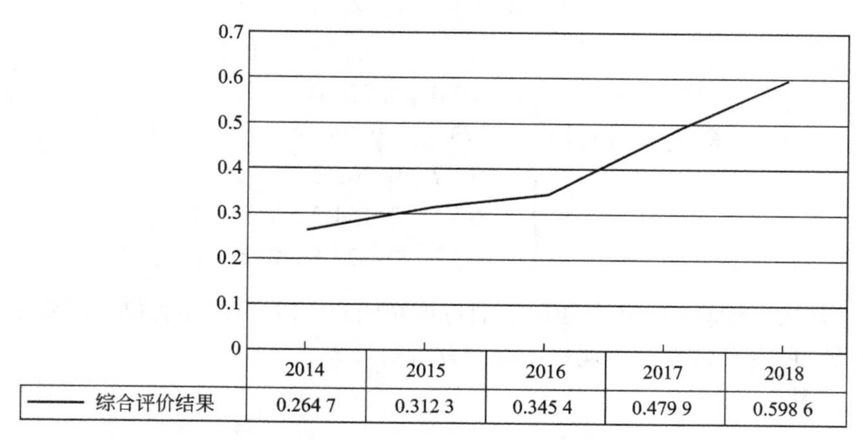

图6-18 2014—2018年雄安新区绿色生态（绿色治理）承载力

2014—2016 年新区绿色治理系统承载力评价结果对 V_3级别的隶属度较大，2017—2018 年新区绿色治理系统承载力评价结果对 V_1、V_2级别的隶属度较大，表明有较大的开发潜力。从综合评价结果分析上看，2014—2018 年新区绿色生态（绿色治理）承载力呈现上升的趋势，尤其是自 2017 年新区加大区域生态绿色治理力度后，绿色生态（绿色治理）承载力水平明显提升。

2）雄安新区绿色生态（绿色生产）承载力评价

第一步：评价指标分级标准。

根据《河北省节能“十三五”规划》、《“十三五”水资源消耗总量和强度双控行动方案》（水资源〔2016〕379 号）、《关于加快推进天然气利用的意见》等，结合《河北省区域能评改革实施方案》《保定市生态环境保护“十三五”规划》以及雄安新区的绿色生产状况和发展规划等，参考相关文献，制定雄安新区绿色生态（绿色生产）承载力各评价指标的分级标准，见表 6-26。

表 6-26　雄安新区绿色生态（绿色生产）承载力评价指标分级标准

评价内容	评价指标	评价分级 V		
		V_1	V_2	V_3
绿色治理	万元 GDP 能耗/（t 标准煤/万元）	<0.3	0.3~0.5	>0.5
	万元 GDP 水耗/（m^3/万元）	<40	40~70	>70
	单位工业 GDP 天然气使用率/%	>15	15~10	<10
	工业污水集中处理率/%	>95	95~85	<85

第二步：确定各指标权重，见表 6-27。

表 6-27　雄安新区绿色生态（绿色生产）各评价指标权重

计算过程	评价指标	第一主成分 F_1	第二主成分 F_2	第三主成分 F_3
因子载荷数	万元 GDP 能耗	0.388	0.802	0.007
	万元 GDP 水耗	0.369	0.734	-0.137
	单位工业 GDP 天然气使用率	0.796	-0.095	0.574
	工业污水集中处理率	0.725	-0.025	0.669
主成分特征根		10.535	3.807	2.074

续表

计算过程	评价指标	第一主成分 F_1	第二主成分 F_2	第三主成分 F_3
线性组合中的系数	万元 GDP 能耗	0.120	0.411	0.005
	万元 GDP 水耗	0.114	0.376	-0.095
	单位工业 GDP 天然气使用率	0.245	-0.049	0.399
	工业污水集中处理率	0.223	-0.013	0.465
综合得分模型中的系数	万元 GDP 能耗	0.161		
	万元 GDP 水耗	0.142		
	单位工业 GDP 天然气使用率	0.207		
	工业污水集中处理率	0.203		
指标权重	万元 GDP 能耗	0.226		
	万元 GDP 水耗	0.199		
	单位工业 GDP 天然气使用率	0.290		
	工业污水集中处理率	0.285		

雄安新区绿色生态（绿色生产）承载力评价指标的权重矩阵 $\boldsymbol{W}=[0.226, 0.199, 0.290, 0.285]$。

第三步：绿色生态（绿色生产）承载力评价。

首先，计算隶属函数评判矩阵 $\boldsymbol{R}$。根据表 6-26 的雄安新区绿色生态（绿色生产）承载力评价指标分级标准，将新区 2014—2018 年万元 GDP 能耗、万元 GDP 水耗、单位工业 GDP 天然气使用率及工业污水集中处理率 4 个指标的基础数据代入式（6-1）与式（6-2），求得 2014—2018 年雄安新区绿色生态（绿色生产）的模糊矩阵 $\boldsymbol{R}$。

$$\boldsymbol{R}_{m\times n\,2014}=[r_{ij}]=\begin{bmatrix}0 & 0.1852 & 0.8148\\0 & 0.1336 & 0.8664\\0 & 0.1131 & 0.8869\\0 & 0.2860 & 0.7140\end{bmatrix}$$

$$\boldsymbol{R}_{m\times n\,2015}=[r_{ij}]=\begin{bmatrix}0 & 0.2242 & 0.7758\\0 & 0.1168 & 0.8832\\0 & 0.1326 & 0.8674\\0 & 0.3106 & 0.6894\end{bmatrix}$$

$$R_{m\times n\,2016}=[r_{ij}]=\begin{bmatrix}0 & 0.225\,1 & 0.774\,9\\0 & 0.090\,8 & 0.909\,2\\0 & 0.154\,5 & 0.845\,5\\0 & 0.327\,7 & 0.672\,3\end{bmatrix}$$

$$R_{m\times n\,2017}=[r_{ij}]=\begin{bmatrix}0 & 0.312\,5 & 0.687\,5\\0 & 0.113\,8 & 0.886\,2\\0 & 0.168\,9 & 0.831\,1\\0 & 0.416\,7 & 0.583\,3\end{bmatrix}$$

$$R_{m\times n\,2018}=[r_{ij}]=\begin{bmatrix}0 & 0.387\,6 & 0.612\,4\\0 & 0.298\,8 & 0.701\,2\\0 & 0.178\,6 & 0.821\,4\\0 & 0.653 & 0.347\end{bmatrix}$$

其次，计算综合评判矩阵。通过模糊变换，以 2014 年为例，得到雄安新区绿色生态（绿色生产）的综合评价矩阵 **B**。

$$B_{2014}=WR$$

$$=[0.226,0.199,0.290,0.285]\begin{bmatrix}0 & 0.185\,2 & 0.814\,8\\0 & 0.133\,6 & 0.866\,4\\0 & 0.113\,1 & 0.886\,9\\0 & 0.286\,0 & 0.714\,0\end{bmatrix}$$

$$=[0,0.182\,8,0.817\,2]$$

以此类推，依次计算出 2015—2018 年雄安新区绿色生态（绿色生产）的综合评价矩阵 B。

$B_{2015}=[0,\ 0.200\,9,\ 0.799\,1]$；　$B_{2016}=[0,\ 0.207\,2,\ 0.792\,8]$

$B_{2017}=[0,\ 0.261\,0,\ 0.739\,0]$；　$B_{2018}=[0,\ 0.385\,0,\ 0.615\,0]$

综上，基于式（6-3），得出 2014—2018 年雄安新区绿色生态（绿色生产）承载力评价结果，见表 6-28 及图 6-19。

表 6-28　2014—2018 年雄安新区绿色生态（绿色生产）承载力评价结果

区域名称	年份	评价结果 V_1	评价结果 V_2	评价结果 V_3	综合评价结果
雄安新区	2014	0	0.182 8	0.817 2	0.132 3
	2015	0	0.200 9	0.799 1	0.140 4
	2016	0	0.207 2	0.792 8	0.143 2
	2017	0	0.261 0	0.739 0	0.167 5
	2018	0	0.385 0	0.615 0	0.223 3

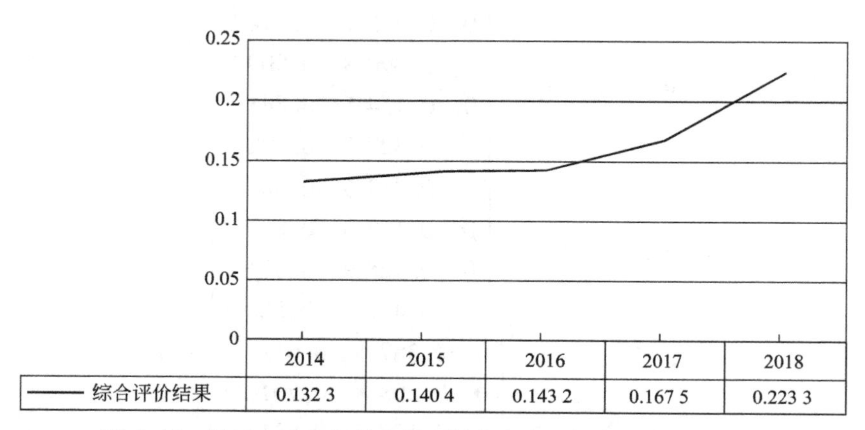

图 6-19　2014—2018 年雄安新区绿色生态（绿色生产）承载力

2014—2018 年雄安新区绿色生态（绿色生产）承载力评价结果对 V_2、V_3级别的隶属度较大，表明有一定开发潜力。后期随着雄安新区加大了绿色生产的治理力度，2016—2018 年新区绿色生态（绿色生产）承载力呈现出上升的趋势。

3）雄安新区绿色生态（绿色生活）承载力评价

第一步：评价指标分级标准。

根据《城市绿地设计规范》（GB 50420—2007）、《国务院关于城市优先发展公共交通的指导意见》（国发〔2012〕64 号）、《城市公共汽电车客运服务规范》（GB/T 22484—2016）、《地热能开发利用“十三五”规划》等，结合《保定市生态环境保护“十三五”规划》、雄安新区绿色生活状况以及新区发展规划等，参考相关文献，制定雄安新区绿色生态（绿色生活）承载力各评价指标的分级标准，见表 6-29。

表 6-29　雄安新区绿色生态（绿色生活）承载力评价指标分级标准

评价内容	评价指标	评价分级 V		
		V_1	V_2	V_3
绿色生活	地热资源取暖覆盖率/%	>80	80~50	<50
	每万人拥有公共汽电车/辆	>15	15~8	<8
	蓝绿空间占比/%	>70	70~50	<50

第二步：确定各指标权重，见表 6-30。

表 6-30　雄安新区绿色生态（绿色生活）各评价指标权重

计算过程	评价指标	第一主成分 F_1	第二主成分 F_2	第三主成分 F_3
因子载荷数	地热资源取暖覆盖率	0.139	0.410	0.981
	每万人拥有公共汽电车	0.131	0.832	0.518
	蓝绿空间占比	0.180	0.898	0.707
主成分特征根		10.535	3.807	2.074
线性组合中的系数	地热资源取暖覆盖率	0.043	0.210	0.681
	每万人拥有公共汽电车	0.040	0.426	0.360
	蓝绿空间占比	0.055	0.460	0.491
综合得分模型中的系数	地热资源取暖覆盖率	0.132		
	每万人拥有公共汽电车	0.139		
	蓝绿空间占比	0.168		
指标权重	地热资源取暖覆盖率	0.301		
	每万人拥有公共汽电车	0.317		
	蓝绿空间占比	0.382		

雄安新区生态（绿色生活）承载力评价指标的权重矩阵 **W**=［0.301，0.317，0.382］。

第三步：绿色生态（绿色生活）承载力评价。

首先，计算隶属函数评判矩阵 **R**。根据表 6-29 的雄安新区绿色生态（绿色生活）承载力评价指标分级标准，将新区 2014—2018 年地热资源取暖覆盖率、每万人拥有公共汽电车及蓝绿空间占比 3 个指标的基础数据代入式（6-1），求得 2014—2018 年雄安新区绿色生态（绿色生活）的模糊矩阵 **R**。

$$\boldsymbol{R}_{m\times n\,2014}=[r_{ij}]=\begin{bmatrix}0 & 0.9333 & 0.0667\\0 & 0.3333 & 0.6667\\0 & 0.1321 & 0.8679\end{bmatrix}$$

$$\boldsymbol{R}_{m\times n\,2015}=[r_{ij}]=\begin{bmatrix}0 & 1 & 0\\0 & 0.3333 & 0.6667\\0 & 0.2014 & 0.7986\end{bmatrix}$$

$$\boldsymbol{R}_{m\times n\,2016}=[r_{ij}]=\begin{bmatrix}0.0333 & 0.9667 & 0\\0 & 0.5 & 0.5\\0 & 0.1830 & 0.8170\end{bmatrix}$$

$$\boldsymbol{R}_{m\times n\,2017}=[r_{ij}]=\begin{bmatrix}0.233\,3 & 0.766\,7 & 0\\ 0 & 0.625 & 0.375\\ 0 & 0.261\,3 & 0.738\,7\end{bmatrix}$$

$$\boldsymbol{R}_{m\times n\,2018}=[r_{ij}]=\begin{bmatrix}0.513\,3 & 0.486\,7 & 0\\ 0 & 0.75 & 0.25\\ 0 & 0.371\,9 & 0.628\,1\end{bmatrix}$$

其次，计算综合评判矩阵。通过模糊变换，以 2014 年为例，得到雄安新区绿色生态（绿色生活）的综合评价矩阵 $\boldsymbol{B}$。

$$\boldsymbol{B}_{2014}=\boldsymbol{WR}$$

$$=[0.301,0.317,0.382]\begin{bmatrix}0 & 0.933\,3 & 0.066\,7\\ 0 & 0.333\,3 & 0.666\,7\\ 0 & 0.132\,1 & 0.867\,9\end{bmatrix}$$

$$=[0,0.437\,0,0.563\,0]$$

以此类推，依次计算出 2015—2018 年雄安新区绿色生态（绿色生活）的综合评价矩阵 $\boldsymbol{B}$。

$\boldsymbol{B}_{2015}=[0,\ 0.483\,6,\ 0.516\,4]$；　　$\boldsymbol{B}_{2016}=[0.010\,0,\ 0.519\,4,\ 0.470\,6]$

$\boldsymbol{B}_{2017}=[0.070\,2,\ 0.528\,7,\ 0.401\,1]$；　$\boldsymbol{B}_{2018}=[0.154\,5,\ 0.526\,3,\ 0.319\,2]$

综上，基于式（6-3），得出 2014—2018 年雄安新区绿色生态（绿色生活）承载力评价结果，见表 6-31 及图 6-20。

表 6-31　2014—2018 年雄安新区绿色生态（绿色生活）承载力评价结果

区域名称	年份	评价结果 V_1	评价结果 V_2	评价结果 V_3	综合评价结果
雄安新区	2014	0	0.437 0	0.563 0	0.246 7
	2015	0	0.483 6	0.516 4	0.267 6
	2016	0.010 0	0.519 4	0.470 6	0.292 7
	2017	0.072 2	0.528 7	0.401 1	0.353 0
	2018	0.154 5	0.526 3	0.319 2	0.425 9

2014—2018 年雄安新区生态（绿色生活）承载力评价结果对 V_2 级别的隶属度较大，表明有一定开发潜力。但从综合评价结果分析上看，2016—2018 年新区绿色生态（绿色生活）承载力呈现明显上升的趋势。

4）雄安新区生态承载力评价

运用专家打分法，求得雄安新区绿色治理、绿色生产与绿色生活对应的权重分别为 0.4、0.3 和 0.3，运用式（6-11）可求得 2014—2018 年雄安新区生态承载力评价结果，见表 6-32 及图 6-21。

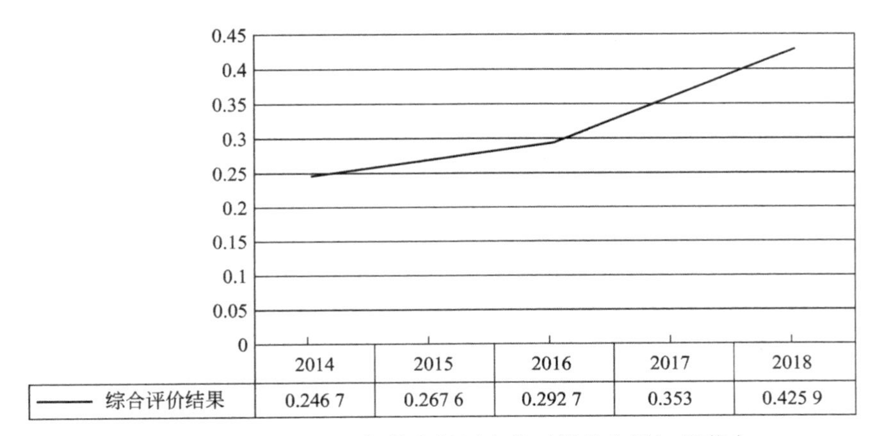

图 6-20　2014—2018 年雄安新区生态（绿色生活）承载力

$$Z = \sum w_i B_i \tag{6-11}$$

式中，w_i为绿色治理、绿色生产与绿色生活评价值在综合评价中被赋予的权重，B_i代表绿色治理、绿色生产与绿色生活承载力评价值。

表 6-32　2014—2018 年雄安新区生态承载力评价结果

区域名称	年份	评价结果
雄安新区	2014	0. 219 6
	2015	0. 247 3
	2016	0. 268 9
	2017	0. 348 1
	2018	0. 434 2

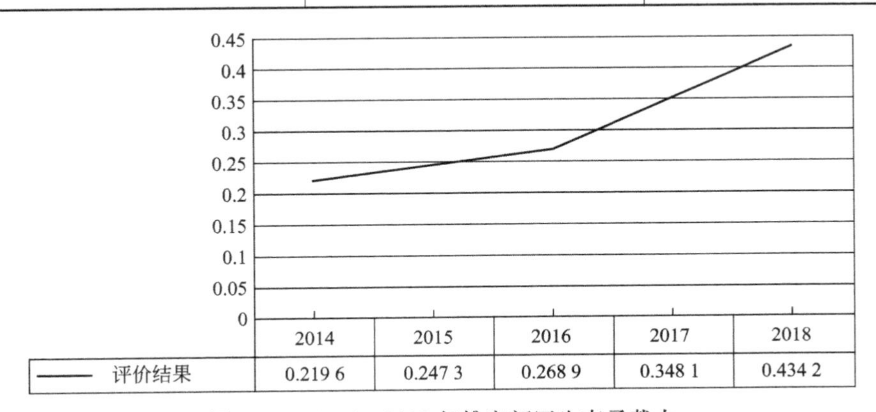

图 6-21　2014—2018 年雄安新区生态承载力

2014—2018 年雄安新区生态承载力呈现上升的趋势，数值在 0.21～0.44 波动，生态承载力不高。但从 2016 年后，新区开始加强生态（绿色生态）治理，生态承载力呈现出明显上升的趋势。

4. 雄安新区社会经济系统承载力评价

1）*雄安新区经济承载力评价*

第一步：评价指标分级标准。

根据 2014—2018 年国内人均 GDP、规模以上工业总产值、第二产业占 GDP 比重、农村居民人均可支配收入、人均固定资产投资额 5 个指标，结合《关于国家级新区发展调研报告（国家发改委）》、新区规划纲要等文件，参考相关文献，制定雄安新区经济承载力各评价指标的分级标准，见表 6-33。

表 6-33　雄安新区经济承载力评价指标分级标准

评价内容	评价指标	评价分级 V		
		V_1	V_2	V_3
经济系统	人均 GDP/(元/人)	>65 000	65 000～45 000	<45 000
	规模以上工业总产值/亿元	>1 000	1 000～500	<500
	第二产业占 GDP 比重/%	>45	45～40	<40
	农村居民人均可支配收入/元	>16 000	16 000～12 000	<12 000
	人均固定资产投资额/(元/人)	>47 000	47 000～38 000	<38 000

第二步：确定各指标权重，见表 6-34。

雄安新区经济承载力评价指标的权重矩阵 $\boldsymbol{W}=[0.159, 0.203, 0.193, 0.238, 0.207]$。

表 6-34　雄安新区经济系统各评价指标权重

计算过程	评价指标	第一主成分 F_1	第二主成分 F_2	第三主成分 F_3
因子载荷数	人均 GDP	0.038	0.923	0.374
	规模以上工业总产值	0.915	0.055	−0.127
	第二产业占 GDP 比重	0.979	−0.108	−0.167
	农村居民人均可支配收入	0.528	0.839	0.133
	人均固定资产投资额	0.318	0.901	0.236
主成分特征根		11.008	3.464	1.173

续表

计算过程	评价指标	第一主成分 F_1	第二主成分 F_2	第三主成分 F_3
线性组合中的系数	人均 GDP	0.012	0.496	0.345
	规模以上工业总产值	0.276	0.030	-0.117
	第二产业占 GDP 比重	0.295	-0.058	-0.154
	农村居民人均可支配收入	0.159	0.451	0.123
	人均固定资产投资额	0.096	0.484	0.218
综合得分模型中的系数	人均 GDP	0.147		
	规模以上工业总产值	0.188		
	第二产业占 GDP 比重	0.179		
	农村居民人均可支配收入	0.220		
	人均固定资产投资额	0.192		
指标权重	人均 GDP	0.159		
	规模以上工业总产值	0.203		
	第二产业占 GDP 比重	0.193		
	农村居民人均可支配收入	0.238		
	人均固定资产投资额	0.207		

第三步：经济承载力评价。

首先，计算隶属函数评判矩阵 $\boldsymbol{R}$。根据表 6-33 的雄安新区经济承载力评价指标分级标准，将 2014—2018 年雄安新区人均 GDP、规模以上工业总产值、第二产业占 GDP 比重、农村居民人均可支配收入、人均固定资产投资额 5 个指标的基础数据代入式（6-1），求得 2014—2018 年雄安新区经济系统的模糊矩阵 $\boldsymbol{R}$。

$$\boldsymbol{R}_{m\times n2014}=\left[r_{ij}\right]=\begin{bmatrix} 0 & 0.1377 & 0.8623 \\ 0 & 0.4024 & 0.5976 \\ 0.9401 & 0.0599 & 0 \\ 0 & 0.4010 & 0.5990 \\ 0 & 0.0915 & 0.9085 \end{bmatrix}$$

$$R_{m\times n2015}=[r_{ij}]=\begin{bmatrix}0 & 0.138\,0 & 0.862\,0\\ 0 & 0.358\,0 & 0.642\,0\\ 0.932\,5 & 0.067\,5 & 0\\ 0 & 0.649\,0 & 0.351\,0\\ 0 & 0.101\,0 & 0.899\,0\end{bmatrix}$$

$$R_{m\times n2016}=[r_{ij}]=\begin{bmatrix}0 & 0.139\,8 & 0.860\,2\\ 0 & 0.325\,1 & 0.674\,9\\ 0.928\,8 & 0.071\,2 & 0\\ 0 & 0.973\,3 & 0.022\,7\\ 0 & 0.093\,6 & 0.906\,4\end{bmatrix}$$

$$R_{m\times n2017}=[r_{ij}]=\begin{bmatrix}0 & 0.131\,8 & 0.868\,2\\ 0 & 0.249\,3 & 0.750\,7\\ 0.902\,1 & 0.097\,9 & 0\\ 0.281\,3 & 0.718\,7 & 0\\ 0 & 0.100\,7 & 0.899\,3\end{bmatrix}$$

$$R_{m\times n2018}=[r_{ij}]=\begin{bmatrix}0 & 0.124\,4 & 0.875\,6\\ 0 & 0.228\,1 & 0.771\,9\\ 0.885\,6 & 0.114\,4 & 0\\ 0.515\,5 & 0.484\,5 & 0\\ 0 & 0.120\,9 & 0.879\,1\end{bmatrix}$$

其次，计算综合评判矩阵。通过模糊变换，以 2014 年为例，得到雄安新区经济系统的综合评价矩阵 $\boldsymbol{B}$。

$$\boldsymbol{B}_{2014}=\boldsymbol{WR}$$

$$=[0.159,0.203,0.193,0.238,0.207]\begin{bmatrix}0 & 0.137\,7 & 0.862\,3\\ 0 & 0.402\,4 & 0.597\,6\\ 0.940\,1 & 0.059\,9 & 0\\ 0 & 0.401\,0 & 0.599\,0\\ 0 & 0.091\,5 & 0.908\,5\end{bmatrix}$$

$$=[0.181\,4,0.229\,6,0.589\,0]$$

以此类推，依次计算出 2015—2018 年雄安新区经济系统的综合评价矩阵 $\boldsymbol{B}$。

$\boldsymbol{B}_{2015}=[0.180\,0,0.283\,0,0.537\,0]$； $\boldsymbol{B}_{2016}=[0.179\,3,0.353\,9,0.466\,8]$

$\boldsymbol{B}_{2017}=[0.241\ 1,0.282\ 3,0.476\ 6]$；　$\boldsymbol{B}_{2018}=[0.293\ 6,0.228\ 5,0.477\ 9]$

基于式（6-3），得出 2014—2018 年雄安新区经济承载力评价结果，见表 6-35 及图 6-22。

表 6-35　2014—2018 年雄安新区经济承载力评价结果

区域名称	年份	评价结果 V_1	评价结果 V_2	评价结果 V_3	综合评价结果
雄安新区	2014	0. 181 4	0. 229 6	0. 589 0	0. 316 6
	2015	0. 180 0	0. 283 0	0. 537 0	0. 339 4
	2016	0. 179 3	0. 353 9	0. 466 8	0. 370 6
	2017	0. 241 1	0. 282 3	0. 476 6	0. 394 0
	2018	0. 293 6	0. 228 5	0. 477 9	0. 417 1

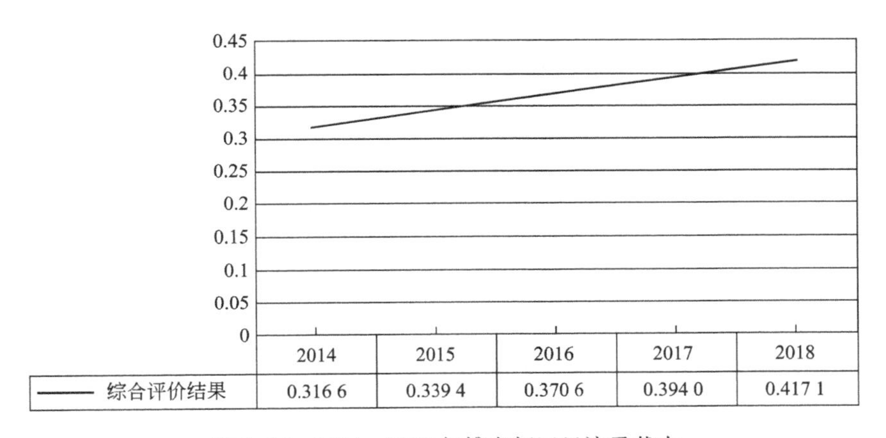

图 6-22　2014—2018 年雄安新区经济承载力

2014—2018 年雄安新区经济承载力评价结果对 V_3 级别的隶属度较大。从 2016 年起新区经济承载力增长较快，呈现明显上升的趋势。

2）雄安新区社会系统承载力评价

第一步：评价指标分级标准。

根据 2014—2018 年国内城镇化率、人口密度、恩格尔系数、路网密度与千人医疗机构床位数 5 个指标，结合《关于国家级新区发展调研报告（国家发改委）》、新区规划纲要等文件，参考相关文献，制定雄安新区社会承载力各评价指标的分级标准，见表 6-36。

表 6-36　雄安新区社会承载力评价指标分级标准

评价内容	评价指标	评价分级 V		
		V_1	V_2	V_3
社会系统	城镇化率/%	>60	60~55	<55
	人口密度/(人/km^2)	<1 000	1 000~1 250	>1 250
	恩格尔系数/%	<28.4	28.4~37.7	>37.7
	路网密度/(km/km^2)	>6	6~3	<3
	千人医疗机构床位数/个	>7	7~5	<5

第二步：确定各指标权重，见表 6-37。

表 6-37　雄安新区社会系统各评价指标权重

计算过程	评价指标	第一主成分 F_1	第二主成分 F_2	第三主成分 F_3
因子载荷数	城镇化率	0.820	0.561	-0.111
	人口密度	0.055	0.266	0.958
	恩格尔系数	0.854	0.654	0.008
	路网密度	0.835	0.671	-0.083
	千人医疗机构床位数	0.613	0.895	-0.078
主成分特征根		11.008	3.464	1.173
线性组合中的系数	城镇化率	0.247	0.301	-0.102
	人口密度	0.017	0.143	0.885
	恩格尔系数	0.257	0.351	0.007
	路网密度	0.252	0.361	-0.077
	千人医疗机构床位数	0.185	0.481	-0.072
综合得分模型中的系数	城镇化率	0.229		
	人口密度	0.120		
	恩格尔系数	0.256		
	路网密度	0.248		
	千人医疗机构床位数	0.228		
指标权重	城镇化率	0.212		
	人口密度	0.111		
	恩格尔系数	0.237		
	路网密度	0.229		
	千人医疗机构床位数	0.211		

雄安新区社会承载力评价指标的权重矩阵 $\boldsymbol{W}=[0.212, 0.111, 0.237, 0.229, 0.211]$。

第三步：社会承载力评价。

首先，计算隶属函数评判矩阵 $\boldsymbol{R}$。根据表 6-36 的雄安新区社会承载力评价指标分级标准，将 2014—2018 年雄安新区城镇化率、人口密度、恩格尔系数、路网密度、千人医疗机构床位数 5 个指标的基础数据代入式（6-1）与式（6-2），求得 2014—2018 年雄安新区社会系统的模糊矩阵 $\boldsymbol{R}$。

$$\boldsymbol{R}_{m\times n2014}=[r_{ij}]=\begin{bmatrix} 0 & 0.0751 & 0.9249 \\ 0.8434 & 0.1566 & 0 \\ 0.0914 & 0.9086 & 0 \\ 0 & 0.2131 & 0.7869 \\ 0 & 0.1374 & 0.8626 \end{bmatrix}$$

$$\boldsymbol{R}_{m\times n2015}=[r_{ij}]=\begin{bmatrix} 0 & 0.0849 & 0.9151 \\ 0.8430 & 0.1570 & 0 \\ 0.2634 & 0.7366 & 0 \\ 0 & 0.2131 & 0.7869 \\ 0 & 0.1577 & 0.8423 \end{bmatrix}$$

$$\boldsymbol{R}_{m\times n2016}=[r_{ij}]=\begin{bmatrix} 0 & 0.0992 & 0.9008 \\ 0.8418 & 0.1582 & 0 \\ 0.4892 & 0.5108 & 0 \\ 0 & 0.2143 & 0.7857 \\ 0 & 0.1706 & 0.8294 \end{bmatrix}$$

$$\boldsymbol{R}_{m\times n2017}=[r_{ij}]=\begin{bmatrix} 0 & 0.1057 & 0.8943 \\ 0.8483 & 0.1517 & 0 \\ 0.6961 & 0.3039 & 0 \\ 0 & 0.2219 & 0.7781 \\ 0 & 0.1992 & 0.8008 \end{bmatrix}$$

$$\boldsymbol{R}_{m\times n2018}=[r_{ij}]=\begin{bmatrix} 0 & 0.0994 & 0.9006 \\ 0.8490 & 0.1510 & 0 \\ 0.7182 & 0.2818 & 0 \\ 0.9661 & 0.0339 & 0 \\ 0 & 0.2525 & 0.7475 \end{bmatrix}$$

其次，计算综合评判矩阵。通过模糊变换，以 2014 年为例，得到雄安新区社会系统的综合评价矩阵 $\boldsymbol{B}$。

$$\boldsymbol{B}_{2014} = \boldsymbol{WR}$$

$$= [0.212, 0.111, 0.237, 0.229, 0.211] \begin{bmatrix} 0 & 0.0751 & 0.9249 \\ 0.8434 & 0.1566 & 0 \\ 0.0914 & 0.9086 & 0 \\ 0 & 0.2131 & 0.7869 \\ 0 & 0.1374 & 0.8626 \end{bmatrix}$$

$$= [0.1153, 0.3263, 0.5584]$$

以此类推，依次计算 2015—2018 年雄安新区社会系统的综合评价矩阵 $\boldsymbol{B}$。

$\boldsymbol{B}_{2015}$ = [0.156 0, 0.292 1, 0.551 9]；　$\boldsymbol{B}_{2016}$ = [0.209 4, 0.244 7, 0.545 9]

$\boldsymbol{B}_{2017}$ = [0.259 1, 0.204 2, 0.536 7]；　$\boldsymbol{B}_{2018}$ = [0.485 7, 0.165 6, 0.348 7]

基于式（6-3），得出 2014—2018 年雄安新区社会承载力评价结果，见表 6-38 及图 6-23。

表 6-38　2014—2018 年雄安新区社会承载力评价结果

区域名称	年份	评价结果 V_1	评价结果 V_2	评价结果 V_3	综合评价结果
雄安新区	2014	0.115 3	0.326 3	0.558 4	0.300 6
	2015	0.156 0	0.292 1	0.551 9	0.321 9
	2016	0.209 4	0.244 7	0.545 9	0.348 6
	2017	0.259 1	0.204 2	0.536 7	0.375 1
	2018	0.485 7	0.165 6	0.348 7	0.561 7

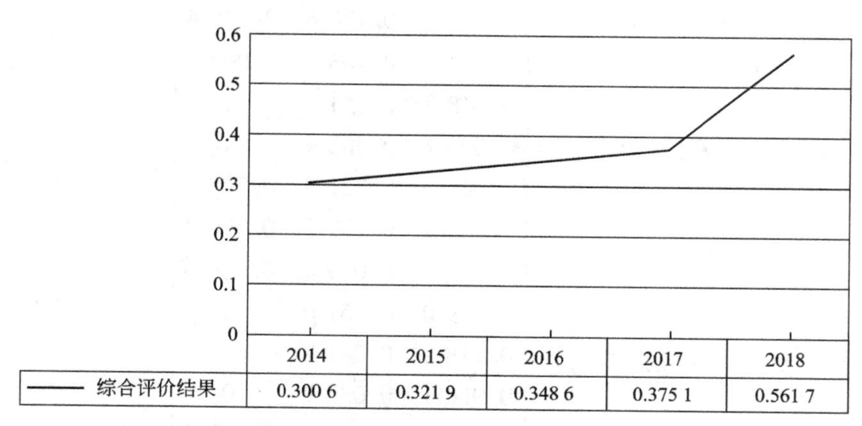

图 6-23　2014—2018 年雄安新区社会承载力

2014—2017 年雄安新区社会承载力评价结果对 V_2、V_3 级别的隶属度较大，表明有一定开发潜力，2018 年雄安新区社会承载力评价结果对 V_1级别的隶属度较大，表明潜力较大。这主要是因为 2018 年雄安新区全面加强了社会系统建设，新区社会承载力呈现出加速上升的趋势。

3）雄安新区社会经济承载力评价

运用专家打分法，求得雄安新区经济与社会系统对应的权重分别为 0.5 和 0.5，运用式（6-12）求得 2014—2018 年雄安新区社会经济承载力评价结果，见表 6-39 及图 6-24。

$$Z = \sum w_i B_i \tag{6-12}$$

式中，w_i为经济、社会评价值在综合评价中被赋予的权重，B_i代表经济与社会承载力评价值。

表 6-39　2014—2018 年雄安新区社会经济承载力评价结果

区域名称	年份	评价结果
雄安新区	2014	0.308 6
	2015	0.330 7
	2016	0.359 6
	2017	0.384 6
	2018	0.489 4

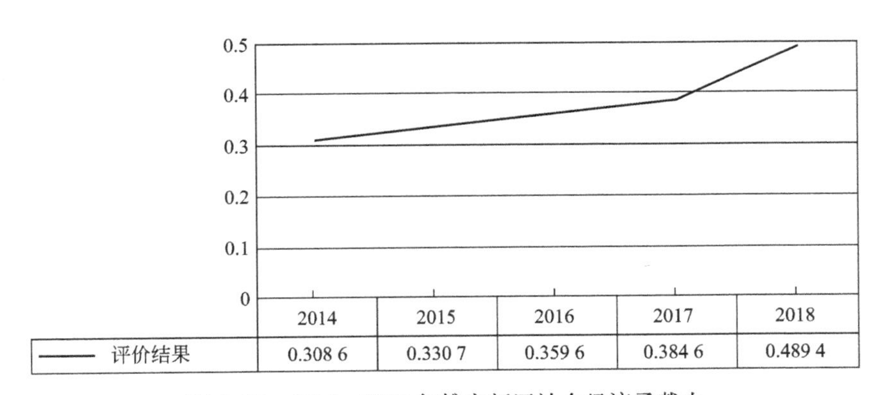

图 6-24　2014—2018 年雄安新区社会经济承载力

2014—2018 年雄安新区社会经济承载力呈现上升的趋势，数值在0.3~0.49 波动，社会经济承载力居于中等水平。但从 2017 年后，新区加强了社会经济发展，承载力呈现出明显上升的趋势。

5. 雄安新区资源环境承载力评价

运用专家打分法，求得雄安新区资源、环境、生态（绿色生态）与社会经济系统对应的权重分别为 0. 25、0. 25、0. 3 和 0. 2，运用式（6-13）可求得 2014—2018 年雄安新区资源环境承载力评价结果，见表 6-40 及图 6-25 。

$$Z = \sum w_i B_i \tag{6-13}$$

式中，w_i为资源、环境、生态与社会经济承载力评价值在综合评价中被赋予的权重，B_i代表资源、环境、生态与社会经济承载力评价值。

表 6-40　2014—2018 年雄安新区资源环境承载力评价结果

区域名称	年份	资源系统	环境系统	生态系统（绿色生态）	社会经济系统	综合评价结果
雄安新区	2014	0. 537 1	0. 218 6	0. 219 6	0. 308 6	0. 316 5
	2015	0. 544 2	0. 210 9	0. 247 3	0. 330 7	0. 329 1
	2016	0. 554 7	0. 215 3	0. 268 9	0. 359 6	0. 345 1
	2017	0. 553 3	0. 241 5	0. 348 1	0. 384 6	0. 380 1
	2018	0. 571 3	0. 269 0	0. 434 2	0. 489 4	0. 438 2

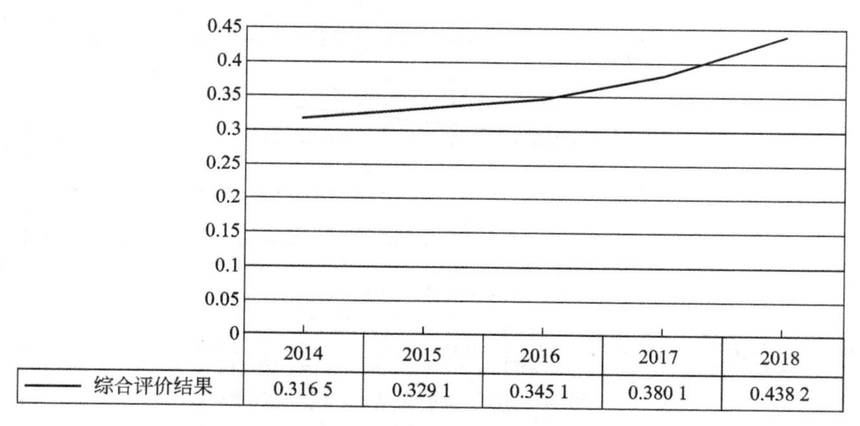

图 6-25　2014—2018 年雄安新区资源环境承载力

2014—2018 年雄安新区资源环境承载力呈现上升的趋势，数值在 0. 31～0. 44 波动，资源环境承载力居于中等水平。从各项数据来看，雄安新区资源承载力较强（为 0. 53～0. 58）、环境承载力较弱（为 0. 21～0. 27，主要是新区水环境承载力较弱）、生态（绿色生态）承载力偏低（为 0. 21～

0.44）、社会经济承载力居中（为 0.3~0.5）。2014—2016 年新区资源环境承载力增长平缓，从 2017 年后，新区加强了资源环境管理、绿色生态发展与社会经济发展，资源环境承载力呈现出明显上升的趋势。

6.3 小　　结

本章基于雄安新区资源环境承载力评价指标体系，运用模糊综合评价法和 GIS 空间分析方法，从资源、环境、生态（绿色生态）与社会经济四个维度分别对雄安新区资源系统、环境系统、生态（绿色生态）系统与社会经济系统的承载力进行了评价，进而得出了 2014—2018 年雄安新区资源环境承载力的总体情况，研究结论如下。

1. 雄安新区资源承载力评价

本书从土地资源、水资源与矿产资源三个方面展开雄安新区资源承载力评价，选择人均耕地面积、人均建设用地面积、单位耕地生产力、土地利用率、单位土地产出、人均水资源量、单位有效灌溉面积、水资源利用率、用水效益、单位用地产矿量、年产原油数量、天然气产量、地热田面积 13 个二级指标，运用主成分分析法确定二级指标权重，运用模糊综合评价法对 2014—2018 年雄安新区的土地资源承载力（分别为 0.522 0、0.529 5、0.551 1、0.516 2、0.555 4）、水资源承载力（分别为 0.433 7、0.447 4、0.436 7、0.475 8、0.475 6）与矿产资源承载力（分别为 0.774 1、0.767 1、0.798 1、0.782 6、0.794 3）进行了分析，最终结合专家打分法确定一级指标权重，求得 2014—2018 年雄安新区资源承载力的评价结果分别为 0.537 1、0.544 2、0.554 7、0.553 3、0.571 3，数值在 0.53~0.58 波动，资源承载状况良好。

2. 雄安新区环境承载力评价

本书从水环境、大气环境与地质环境三个方面展开雄安新区环境承载力评价，选择工业万元 GDP 废水排放量、城市污水日处理能力、化学需氧量 COD 排放强度、生态用水率、空气质量综合指数、$PM_{2.5}$浓度、PM_{10}浓度、平均地下水埋深度、地下水超采量、地面沉降速率、建筑地基承载力 11 个二级指标，运用主成分分析法确定二级指标权重，运用模糊综合评价法对 2014—2018 年雄安新区的水环境承载力（分别为 0.216 1、0.213 0、

0.220 0、0.267 9、0.318 2)、大气环境承载力（分别为 0.129 6、0.121 4、0.119 0、0.158 9、0.183 2）与地质环境承载力（分别为 0.312 3、0.296 2、0.302 1、0.271 3、0.256 3）进行了分析，最终结合专家打分法确定一级指标权重，求得 2014—2018 年新区环境承载力的评价结果分别为 0.218 6、0.210 9、0.215 3、0.241 5、0.269 0，数值在 0.21～0.27 波动，主要是由于水环境情况较差，导致新区环境承载力较弱。

3. 雄安新区生态（绿色生态）承载力评价

本书从绿色治理、绿色生产与绿色生活三个方面展开雄安新区生态（绿色生态）承载力评价，选择环保投入占财政支出的比重、人均造林面积、白洋淀水质达标率、生活垃圾无害化处理率、建成区绿化覆盖率、工业 SO_2 去除率、工业固废综合利用率、万元 GDP 能耗、万元 GDP 水耗、单位工业 GDP 天然气使用率、工业污水集中处理率、地热资源取暖覆盖率、每万人拥有公共汽电车、蓝绿空间占比 14 个二级指标，运用主成分分析法确定二级指标权重，运用模糊综合评价法对 2014—2018 年雄安新区的绿色治理承载力（分别为 0.264 7、0.312 3、0.345 4、0.479 9、0.598 6)、绿色生产承载力（分别为 0.132 3、0.140 4、0.143 2、0.167 5、0.223 3）与绿色生活承载力（分别为 0.246 7、0.267 6、0.292 7、0.353 0、0.425 9）进行了分析，最终结合专家打分法确定一级指标权重，求得 2014—2018 年新区生态（绿色生态）承载力的评价结果分别为 0.219 6、0.247 3、0.268 9、0.348 1、0.434 2，数值在 0.21～0.44 波动，新区生态承载力提升水平较快、潜力较大。

4. 雄安新区社会经济承载力评价

本书从经济与社会两个方面展开雄安新区社会经济承载力评价，选择人均 GDP、规模以上工业总产值、第二产业占 GDP 比重、农村居民人均可支配收入、人均固定资产投资额、城镇化率、人口密度、恩格尔系数、路网密度、千人医疗机构床位数 10 个二级指标，运用主成分分析法确定二级指标权重，运用模糊综合评价法对 2014—2018 年雄安新区的经济承载力（分别为 0.316 6、0.339 4、0.370 6、0.394 0、0.417 1）与社会承载力（分别为 0.300 6、0.321 9、0.348 6、0.375 1、0.561 7）进行了分析，最终结合专家打分法确定一级指标权重，求得 2014—2018 年新区社会经济承载力的评价结果分别为 0.308 6、0.330 7、0.359 6、0.384 6、0.489 4，数值在 0.30～0.49 波动，社会经济承载力居于中等水平，具备较强的发展潜力。

5. 雄安新区资源环境承载力评价

结合雄安新区资源、环境、生态（绿色生态）与社会经济承载力的评价结果，运用专家打分法确定一级指标权重，计算求得 2014—2018 年新区资源环境承载力的评价结果分别为 0. 316 5、0. 329 1、0. 345 1、0. 380 1、0. 438 2。从评价结果的数据来看，2014—2018 年新区资源环境承载力在 0. 31～0. 44 波动，资源环境承载力处于上升趋势。

第 7 章
雄安新区资源环境承载力提升的对策研究

本章基于雄安新区资源环境承载力的评价结果，结合区域发展现状和功能定位，从区域资源环境开发利用（聚焦土地资源、水资源与水环境）、规划建设与可持续发展三个层面提出具有可操作性的雄安新区资源环境承载力提升的对策与建议，为雄安新区资源环境承载力评价的长效机制构建与监测预警工作提供一定的参考。

7.1 雄安新区资源环境开发利用的对策研究

7.1.1 新区土地资源开发利用的对策

雄安新区的土地类型主要分为耕地、建设用地、水域（湿地）、林地、草地及裸地 6 种。随着近年来新区建设力度的加大与植树造林等绿化活动的加强，新区的建设用地面积与林地面积有一定程度的增长，耕地面积有所减少，水域（湿地）面积呈现先减少后增加的情况。2014—2018 年，新区单位耕地生产力分别为 614.19 t/km^2、609.72 t/km^2、619.37 t/km^2、592.20 t/km^2 和 590.83 t/km^2，单位土地产出分别为 1 356.43 万元/km^2、1 363.75 万元/km^2、1 403.79 万元/km^2、1 215.94 万元/km^2 和 1 051.88 万元/km^2，如图 7-1 所示。

根据第 6 章的分析结果，2014—2018 年新区土地资源承载力的评价结果为 0.51 ~ 0.56（2014 年为 0.522 0，2015 年为 0.529 5，2016 年为 0.551 1，2017 年为 0.516 2，2018 年为 0.555 4），土地资源承载能力较强。

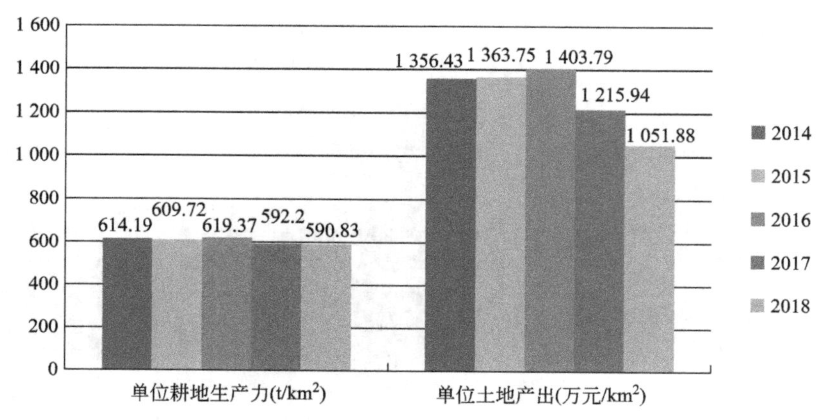

图 7-1　2014—2018 年雄安新区单位耕地生产力、单位土地产出的变化情况

针对新区土地资源的利用现状，以及考虑未来新区土地的规划政策，新区土地资源开发利用的主要举措可以包括三个方面。

1. 严格保护耕地资源

雄安新区，尤其是雄县，具有典型的农业县特征。近年来随着区域经济的快速发展，新区的耕地数量有一定程度的降低，2000—2018 年耕地面积减少 36.45 km^2，直接影响了区域粮食生产及人均粮食占有量。因此，加强耕地资源保护不容置疑。确保新区耕地和基本农田的数量与质量，是实现新区农产品有效供给、农民收入稳定增长的关键所在。

目前，新区的耕地面积占比约为60%，为人地关系的调整提供了足够空间。容城、安新两县的耕地质量较好，复种指数较高（容城县为 1.92、安新县为 1.87），主要种植冬小麦与夏玉米，土地利用强度较大；雄县的耕地质量相对较差，复种指数较低（1.32），主要种植玉米与薯类夏季作物。上述情况使得新区耕地质量的空间差异十分明显。因此，在新区土地资源的开发利用上，应尽可能开发占用等级较低的耕地，保护优质的高产耕地。

2. 提高土地集约利用程度

2018 年，新区的城乡建设用地面积为 425 km^2，占比接近 25%，其中，雄县、容城县、安新县三县农村（含乡镇）集体建设用地面积近 205 km^2，人口 117.1 万人，人均建设用地面积达 260 m^2，农村建设用地的集约利用潜力较大。

通过实地调研发现：目前，新区存在一定量的空闲地与存量建设用地，因此可以考虑适时盘活存量建设用地。对于部分土地利用效率不高的地域，可以对建设用地的新增规模进行限制。另外，规划新区的产业用地，应保障土地集约利用率高、效益高、污染小的产业优先用地，同时提高新区的土地使用标准，实现土地的集约高效利用。

3. 合理确定土地的征收时序、分类施策

雄安新区起步区与中长期的开发建设是以土地资源的合理管控为前提的。随着新区经济发展进程的加速，建设用地的规模与数量将呈现明显的增长，因此，需要根据新区的发展要求统筹规划，灵活确定建设用地规模，对于优先发展的产业给予更加充分的建设用地支持，而对于落后产能、高污染高排放的产业要紧缩建设用地规模，直至逐步淘汰。对于新区的耕地保护，优先保障高质量、高产出的耕地面积，而对于耕地的征收与征用需要提前进行规划与布局，既要为新区的建设用地提供充足的土地保障，又要避免大规模征用导致的土地荒废问题。

目前，新区的土地资源承载状况较好，人地关系协调，具备一定的人口集聚空间。但是由于新区土地资源的绝对数量有限，一是耕地面积占比较大（60%左右）；二是地势低洼、海拔 10 m 以下的土地面积占比较多（3/4 左右），因此，在切实保护好规划区耕地面积、加强土地集约利用程度、提高土地资源综合生产能力的基础上，要与周边县市建立统一的土地利用管理体系，统筹区域土地用途管制，通过耕地跨区占用与粮食跨区调配，满足新区未来人口发展的需求。

7.1.2 新区水资源开发利用的对策

水资源是雄安新区建设与发展的基础。新区平均水资源量为 1.73 亿 m^3，人均水资源量仅有 144 m^3（低于保定市的 282 m^3与京津冀的平均水平 248 m^3），水资源承载能力相对较低（2014—2018 年新区水资源承载力分别为 0.433 7、0.447 4、0.436 7、0.475 8、0.475 6），水资源赤字较大（0.85 亿 m^3）、可持续度较差（0.623，低于河北的 0.685 与北京的 0.706），同时存在地下水超采、白洋淀生态用水不足等主要问题。《河北雄安新区规划纲要》明确提出了“以水定城、以水定人”的发展要求，计划实行最严格的水资源管理制度。基于新区水资源管理的利用现状与发展规划，本书主要从水资源的需求端与供给端两个层面提出新区水资源开发利用的对策。

1. 在水资源的需求端，以提高新区水资源利用效率与效益为核心，建立节水经济发展模式

1）设置用水效率的准入门槛，控制新区水资源需求增量

首先，合理安排产业结构与规模。从产业结构上看，雄安新区三县经济发展对第二产业的依赖性较强，尤其是工业在推动区域经济运转中发挥了重要作用。但近年来，尤其是2013年之后新区制造业增速大幅下滑，产业结构刚性问题尤为突出。目前，新区三县的制造业主要集中在塑料与橡胶（雄县）、服装（容城县）、有色金属加工行业（安新县），这些高耗水、高耗能的行业产品附加值低、生产技术相对落后，因此，未来随着新区的规划建设，需要合理安排产业结构与规模，控制水资源的需求量。其次，设立用水效率的准入门槛。一方面，以产业政策源头管控、取水许可审批倒逼淘汰落后产能，控制新区水资源需求的增量；另一方面，对标国际、国内先进水平，制定新区工农业及其主要产品的水耗指导指标，提高用水效率的准入标准。再次，推广绿色建筑。第一，坚决贯彻“绿色发展”的理念，实现建筑节地、节能、节水、节材与环境保护；第二，健全“绿色发展”的工作机制，完善与实施绿色建筑的监管体系；第三，落实激励政策，力促企业实施绿色建筑；第四，抓好宣传培训，营造推广绿色建筑的良好氛围。最后，全面普及节水器具。以新区所在的保定市区为例，2016年市区生活用水量占用水总量的10%，而北京市生活用水占比为46%。随着新区社会生活水平的提高，势必带来居民生活用水量的快速增加，因此，在提高新区居民节水意识的前提下，应尽快普及生活节水器具，降低生活用水总量。

2）重点加强农业、工业节水，压缩水资源需求存量

在农业节水方面，首先，减少农业种植面积。根据雄安新区的规划纲要：未来新区的耕地面积占土地总面积的18%左右。目前，新区的耕地面积占比60%左右，农业用水量占总用水量近80%。如果未来耕地面积减少到18%，降幅超过2/3，农业总用水量会大幅度减少（估计每年可减少农业用水量1亿 m^3）。其次，调整高耗水的种植品种与结构，推行高效节水农业。在减少新区耕地种植面积的前提下，可以考虑调整“冬小麦—夏玉米”复种的高耗水种植结构，同时采用智能节水灌溉系统进行农业用水管理，节约农业用水总量，在一定程度上保证新区未来水资源的供给。

在工业节水方面，首先，逐步淘汰高耗水企业。据统计：新区2014—2018年万元GDP水耗分别为111.15 m^3/万元、119.2 m^3/万元、137.6 m^3/万元、120.9 m^3/万元和80.1 m^3/万元。2016年全国万元GDP水耗的平均水平为

66. 8 m³/万元，河北省为 53. 0 m³/万元，北京为 12. 9 m³/万元。上述数据表明新区水资源产出效率较低，水资源的产出效益水平需要极大提升。新区应逐步淘汰与定位不符的高耗水、高污染行业，如雄县传统的四大支柱产业——塑料、压制延革、乳胶与电器电缆产业，这些产业科技含量低、耗水耗能及污染严重。其次，发展技术含量高、产品附加值高、低耗与环保的产业。根据新区的规划纲要，未来重点要发展人工智能、信息安全等高新技术产业，这些产业的万元 GDP 水耗较低，可以有效促进新区水资源的可持续利用。最后，加快工业节水技术的推广。充分利用最新的环保技术，提升与改造新区留存产业的节水工艺，设置严格的用水效率准入门槛，控制新区工业用水的需求增量。

2. 在水资源的供给端，坚持“空间均衡、全域配置”的基本原则，用好外调水、用足再生水、用活地下水

1）用好外调水

单纯依靠新区内部的水资源进行开发建设的难度较大，因此，需要科学合理地利用外部水资源。首先，利用“南水北调”工程调水。目前，通过“南水北调”工程，新区可以获得 4 亿 m³/年的水量，后期如果实施“人口疏解+调水指标”，每年可增加水量 1. 5 亿~2. 3 亿 m³。其次，通过“引黄入冀补淀”工程调水。2017 年 10 月，“引黄入冀补淀”的主体工程已经完工。目前，该工程可以为白洋淀提供生态补水量 2. 55 亿 m³/年。再次，利用王快水库与西大洋水库进行调水。作为保定市的主要水源地，王快水库与西大洋水库在解决市区用水的同时，可以提供约 2 亿 m³/年的水量弥补新区的水资源赤字。最后，进行海水的淡化处理。通过在天津滨海新区淡化处理海水，可以补给新区一定量的水资源。

2）用足再生水

再生水是指通过对废水或雨水进行处理后达到一定的水质指标、满足某种使用要求的水。无论是从经济的角度，还是从环保的角度，再生水比海水淡化、跨流域调水具有明显的优势，主要表现在：再生水的成本最低；污水的再生利用有助于水生态的良性循环。2017 年，河北省再生水利用率不到 10%，远低于北京 25%的水平。根据雄安新区的发展规划，新区污水资源化再生利用率要达到 99%以上。因此，加大新区再生水处理基础设备与技术的投入，提高新区再生水的利用率，有利于缓解新区的供水压力。

3）用活地下水

作为主要的供水水源，地下水是维持新区湿地生态系统、实现可持续发展的重要保障。受地理位置与当地经济结构的影响，新区三县的地下水已呈现不同程度的超采现象，濒临严重超采区。2018 年，新区利用引江水压缩地下水超采量 0.15 亿 m^3，计划到 2022 年，新区的有效灌溉面积将减少到 60 万亩，可缩减地下采水量 0.4 亿 m^3，基本实现地下水的采补平衡。

同时，新区水资源的开发利用需要改革创新水资源管理模式与建立健全水利投入增长机制。在水资源管理模式的改革创新方面，首先，基于全流域的视角，重点聚焦新区水资源的上下游区域，实施全天候、全过程、全员参与的水资源综合治理保护模式；其次，建立健全新区水资源的监管联动机制，实行水资源的统一规划、调配与管理，最大化发挥水资源的综合效益；最后，完善新区的生态补偿机制，通过利益补偿平衡水资源上下游的冲突问题，实现流域水资源的和谐治理。在建立健全新区水利投入的增长机制方面，首先，发挥财政的主渠道作用，加大新区水利建设投入；其次，运用多渠道的资金筹集机制，基于“谁投资、谁开发、谁受益”的原则，引导与鼓励社会资本参与新区的水利工程建设，切实保护与有效利用新区的水资源。

总之，在新区水资源的合理利用上，农业用水基于地下水源，工业用水与居民生活用水基于南水北调的优质水源，生态环境用水基于再生水、当地地表水和雨水，白洋淀生态用水则主要依靠“引黄入冀补淀”水和上游水库水的保障。考虑到雄安新区发展的战略定位，未来可将新区纳入南水北调东线工程的供水区域，保障新区水资源长远、安全地发展。

7.1.3 新区水环境保护利用的对策

雄安新区所在地理区域的水环境问题复杂，水质问题突出、治理难度较大。结合本书新区水环境承载状况的分析，2014—2018 年新区水环境承载力的评价结果为 0.22～0.32（0.216 1、0.213 0、0.220 0、0.267 9 和 0.318 2），水环境承载状况较弱，主要原因是以白洋淀为核心的新区水环境污染情况严重。2017 年，白洋淀总体水质情况为Ⅴ类中度污染，新区所处的大清河流域化学需氧量浓度年均值为Ⅲ类水质标准、氨氮浓度年均值为Ⅳ类水质标准。本书从水环境的保护与水环境的治理两个层面分析新区水环境保护利用的对策。

1. 新区水环境的保护

1）立法保护，严格监管

在严格实施《中华人民共和国环境保护法》《中华人民共和国水污染

防治法》等的前提下，制定新区的水环境，尤其是白洋淀保护的法律法规，对于新区的水环境保护意义重大。

《雄安新区及白洋淀流域水环境集中整治攻坚行动方案》（2017 年 9 月印发）、《河北省碧水保卫战三年行动计划（2018—2020 年）》（2018 年 12 月制订）、《白洋淀生态环境治理和保护规划（2018—2035 年）》（2019 年 1 月印发）等相继出台，为新区水环境的保护立法提供了坚实基础。《保定市白洋淀上游生态环境保护条例》（2019 年 7 月实施）以白洋淀水环境的质量改善为目标，制定了饮用水水源地保护、农村污水治理等规章制度，为白洋淀的水环境保护提供了法律支撑。围绕白洋淀水环境的保护立法，可以重点从四个方面进行考虑：一是在白洋淀水污染治理方面建立污染源治理制度与入淀河流整治制度；二是在白洋淀水生态修复方面完善引水、补水、调水与排污监管机制；三是在白洋淀水生态保护方面建立水污染预警系统；四是从组织领导、统筹资金、市场化运作、科技创新体制等方面加强水环境保护的配套制度建设。

另外，在新区水环境保护立法的基础上，需要实施更加严厉的水环境监察执法。第一，全面逐一排查各企事业单位与城镇污水处理厂的排污情况；第二，重点打击私设暗管或利用渗井等违规操作；第三，严惩企业监测数据作假、不正常使用水污染物处理设施等违法行为；第四，对于构成犯罪的，依法追究刑事责任。

2）*充分发挥白洋淀的生态功能*

白洋淀对于维持雄安新区的生态平衡、补充地下水、保护生物多样性等方面具有重要的作用，其生态功能区域定位见表 7-1。2000—2016 年，河北省各地的平均气温上升 1 ℃左右，对白洋淀流域径流量产生了较大影响，增加了白洋淀生态功能修复的用水量。同时，白洋淀总体水质偏差，淀区自身的修复功能较弱。因此，要发挥白洋淀的生态功能，必须加大生态用水来改善白洋淀水质。

表 7-1　白洋淀生态功能区域定位

名称	区域范围	保护重点	主要举措
中心区	东至千里堤、西至四门堤、南至淀南新堤、北至新安北堤，总面积为366 km^2	根据淀区的资源环境承载能力，核定人口载荷，确定建设开发红线边界，提高水体自净能力，还原水体与湿地功能	实施淀区村庄环境治理、生态搬迁、淀底清淤、工业退出、养殖退出、旅游燃油船只改造、清洁能源替代、生态修复等

续表

名称	区域范围	保护重点	主要举措
重点区	环淀区的安新、容城、雄县、高阳、白沟新城和任丘6县（市），总面积为3 133 km^2	遏制淀区周边污染源，减少污染物入淀量，杜绝城乡污水垃圾直接入淀，改善周边生态环境	实施环淀区域城镇乡村污水垃圾处理设施建设、河道综合整治、防护林带建设等
关联区	保定市区及上游流域徐水、曲阳、易县、唐县、安国等12（市、区）县	上游流域污染源综合治理，强化工业点源和农业面源的污染治理，严禁污染物直排入河进淀	提高城镇污水处理标准与垃圾无害化处理水平，加强上游河道及周边乡村的环境整治和生态林建设等

2018年3—6月，南水北调中线工程为白洋淀生态补水量为1亿 m^3，水质为Ⅰ类水。同时，王快、西大洋两大水库也对白洋淀进行了生态补水。通过南水北调工程和保定市水库补水，白洋淀可以在枯水期保持较高的水位和较大的水域面积（新区规划纲要要求白洋淀水位保持在6.5~7 m），有效地改善了白洋淀的水生态环境。

3）严控地下水超采

尽管通过南水北调等工程可以给予新区一定的水量补给，但新区用水缺口依然较大（0.6亿 m^3/年），持续缺水直接导致了新区的地下水超采现象。自20世纪80年代以来，雄安新区的地下水水位平均下降速率高达0.55 m/年，要从“开源”与“节流”两个方面严控新区的地下水超采。在开源方面，可以借鉴北京市的成功经验，通过建设科学、全面的调水系统，建成地表水、地下水、再生水、雨洪水、外调水“五水联调”的供水格局。在节流方面，进一步优化城镇居民用水阶梯水价，对高耗水行业的节水要求达到先进定额标准，实施计划用水与超计划用水的累进加价管理。另外，充分利用再生水，将再生水利用率提高到30%以上。

据2017年新区地下水的水质监测资料显示：雄县、容城县与安新县的地下水井仅41%的水质符合Ⅰ~Ⅲ类，59%的水质为Ⅳ类和Ⅴ类，地下水污染情况比较严重。新区已经采取了一些地下水超采的治理措施，如加快南水北调配套工程建设，替代地下水超采量；通过调整种植结构、运用高效节水灌溉技术等解决农村的地下水超采问题。从中长期来讲，用活新区地下水的主要举措可以包括：一是开展基于河长制框架下的全流域水文地质与环境地质调查、水土污染监测防控，明晰新区地下水系统特征、地下水开发利用状况等；二是建立覆盖全流域的地下水监测网络，实现新区地下水水位、水质的预测预警。新区布设了29个地下水监测站点。翔实的地下水基础数据、先进的地下水水位水质预警及地下水数值模拟等信息系统，为新区水环境的保护利用提供了技术支撑。

4）立足群众需求，扩大公众参与

“水城共融的生态城市”是雄安新区发展的规划定位。解决新区的水环境保护问题，除了调整产业发展方向、规模与数量，更要建立与完善新区水环境保护的全民行动体系。近年来，《关于推进环境保护公众参与的指导意见》（2014 年 5 月）和《环境保护公众参与办法》（2015 年 7 月）等政策文件相继出台，2018 年重新修订发布了《环境影响评价公众参与办法》明确指出了环境影响评价公众参与的内容、程序、方式方法和渠道等。在新区的水环境保护上，应立足群众的需求，在各级政府部门、农村、企业等多个层面上广为宣传，充分利用标语、口号、公益广告等的宣传教育功能，激发社会各界节水、治污等行动的自觉性，推动新区水环境保护工作的全面实施。

2. 新区水环境的治理

1）排污治污，保障水环境

水环境的污染问题是雄安新区面临的主要问题。以白洋淀为例，2000 年以后淀区流域长期处于重度污染状态。2017 年 2 月河北省水质月报显示：白洋淀 4 个断面总体水质为Ⅳ类。为切实改善白洋淀的水环境，《雄安新区及白洋淀流域水环境集中整治攻坚行动方案》明确指出：以实施工业生产、农业生产、社会生活等污染源整治为重点，加大对入淀河流、黑臭水体、纳污坑塘等的治理力度，大力削减入河入淀污染负荷，改善白洋淀的水环境质量。

第一，统筹开展新区的城水林田淀系统治理，实施水资源、水环境及水生态的系统保护。未来，雄安新区要打造优美生态环境，计划到 2022 年，入淀河流府河安州断面达到地表水Ⅴ类标准，孝义河蒲口断面达到地表水Ⅴ类标准；白洋淀湖心区水质达到地表水Ⅴ类标准，南刘庄断面稳定达到或优于地表水Ⅲ~Ⅳ类标准。

第二，开展大规模植树造林，塑造高品质的区域生态环境，对具有自然属性、以提供生态服务或生态产品为主体功能的国土空间，包括白洋淀湿地保护区、环新区、环新城、环白洋淀林带和沿河生态廊道区等进行分区分类保护。

第三，开展区域环境的协同治理，这是基于雄安新区的特殊区位及水系特征开出的“药方”。新区及周边城市要协同制定产业政策，统筹开展生态保护与环境整治，以白洋淀生态环境质量统筹带动大清河流域的生态环境质量改善，实现新区周边 11 县区的产业准入、工业污染等和保定、石家庄、衡水、沧州、廊坊5市大气环境的协同治理。

2）深化白洋淀流域综合整治与生态修复

对于新区水环境的开发利用，一是充分发挥白洋淀及上游流域生态环境对新区建设的强力支撑作用；二是积极开展白洋淀上游流域山水林田湖的综合整治修复工作。

第一，树立淀内“减法”与淀外“加法”的治理理念，统筹淀区内外“进与出”“疏与堵”“治与修”。在“进与出”上，推进从临时应急性补水到常态持续性生态补水的转型，并有序开展超载、高污染产业等的梯次外迁；在“疏与堵”上，实施疏浚拆围堰、扩展水道湖面、恢复蓄洪排涝的功能，同时坚决取缔私挖乱建、乱垦乱排等现象；在“治与修”上，实施淀内外源治理、淀区治理与流域污染治理，并统筹退耕退塘、还湿增绿等生态修复工程。

第二，全面消除白洋淀上游沿河污染隐患，保证入淀河流水质稳定达标。主要举措包括：开展白洋淀上游入淀河流河道整治，围绕白洋淀上游孝义河、府河、漕河等8条入淀河流及其支流区域，以流域工业生产、城镇生活等污染源整治为重点，狠抓上游河道非法入河排污口截污整治。同时，集中整治上游河道及两侧纳污坑塘及黑臭水体，建立黑臭水体监管养护的长效机制，实现管控及时、修复到位。

第三，严守生态红线，确保中心区的绝对安全。科学划定白洋淀流域的生态红线，严格落实红线保护制度。禁止侵占中心区的生态空间，坚决拆除清理核心区的非法建设项目和“五乱”现象，严格控制在红线内新增建设用地，现有污染企业全部退出，常住人口逐步外迁。

第四，实施湿地分级保护，强化生态补偿制度。借新区的建设良机，加快白洋淀省级湿地自然保护区升级创建为白洋淀国家级公园的步伐。强化实施湿地生态效益补偿制度。科学评估补偿标准，因地制宜选择补偿方式，探索实施差异化的以政府型或市场型为主的生态补偿模式。积极申请各级财政来源的纵向补偿，鼓励通过资金补偿、人才培训等方式形成对湿地保护区的横向补偿。

第五，持续实施“清养”行动和淀底清淤整治。全面禁止淀区从事各类规模化养殖活动，严禁污染物随意倾倒排放。2017年底，新区已经清除完成中心区主航道两侧的围栏、围网养鱼和养鸭场养殖，重点区与关联区的畜禽粪便综合利用率分别达到90%和60%以上。对主要河流入淀口、主航道和底泥污染严重的区域实施清淤疏浚，提升淀区水体的自净能力，2017年完成清淤面积50 km^2以上。

第六，统筹淀区内外城镇（乡）村生活污水与垃圾处理系统建设。一方面，在中心区所有村庄建设小型污水处理设施，严格杜绝污水直排入淀。加快新区重点区与关联区城镇污水处理设备的升级改造，推进城镇雨污分流管网建设。另一方面，在中心区所有村庄建设垃圾收集设施，逐步建立起“村收集、乡转运、县处理”的城乡一体化生活垃圾集中处理体系，实现垃圾的日产日清。2020年年底，新区中心区乡镇及村庄生活垃圾无害化处理率达到100%、重点区城镇乡村生活垃圾无害化处理率达到75%以上。

第七，加强违规旅游景点及船舶污染的综合治理。关停、拆除白洋淀景区内违法旅游项目，合理控制旅游开发强度，控制淀区景区容量，减少旅游景区污染。逐步加强对景区周边乡村旅游无序开发、私排乱放的污染治理。实施船舶油改气、油改电工程，逐步将经营性汽油船、柴油船技术改造为燃气、电动或其他清洁能源。

第八，加强白洋淀环淀大堤和淀区植被带建设。实施白洋淀环淀大堤堤岸护砌修缮绿化工程，围绕淀周建设1~2 km的森林带，维持湿地面积350 km^2左右。扩容提标上游流域污水处理设施，绿化美化上游生态涵养区及河道两侧，在白洋淀周边和河流两岸规划建设绿色生态廊道。2020年年底，淀区周边6县森林覆盖率已经达到21%左右。

第九，清除围堤围捻、退田还淀、拓展湿地空间。依法清除淀区内现有种植和经营的围堤围捻，恢复湿地水体自然流动。严禁进行开垦、填埋、取土等破坏湿地的行为，将被圈占的原有湿地洼地退耕还湿、退田还淀。2017年，新区完成了大田庄、东田庄、采蒲台、圈头等9个行政村的围堤和围捻清理任务，退耕还湿面积16 km^2以上。

第十，创新污染治理与生态修复管理模式。鼓励采用招标、委托、承包政府与社会资本合作（PPP）模式、“征补共治”、第三方治理等模式，参与白洋淀淀区污染治理与生态修复以及上游流域山水林田湖综合整治修复。深入实施“淀长制”常态化管理，全面加强村庄景观、水面航道、堤防林带等管理，形成生态修复的良好运行格局。

2020年年底，白洋淀大部分水质已经稳定达到或好于Ⅲ类标准，重现淀内“天蓝水净、苇绿荷红、百鸟竞翔、鱼跃粼波”的美丽景象。

7.2　雄安新区规划建设的对策研究

雄安新区要坚持“世界眼光、国际标准、中国特色、高点定位”的设计原则，体现“绿色生态宜居新城区、创新驱动发展引领区、协调发展示范区、开放发展先行区”的功能定位，高标准、高质量地规划与建设雄安新区。

7.2.1 体现“科学规划、合理布局”的建设思路

1. 科学构建城市规划布局

目前，雄安新区正在进行地质环境调查、土地质量状况调查、地热储备情况调查等工程项目，编制新区地热资源开发利用与保护规划、起步区生态水文地质调查报告等。通过坚持“蓝绿交织、和谐自然”的规划设计原则，构建新区“城乡统筹、疏密有度、水城共荣、功能完善”的组团式空间格局。

基于“先基础后功能、先地下后地上、先生态后生产”的科学规划思路，新区应坚持地上、地下的统筹规划，建设涵盖交通、水、电、煤气供应、灾害防护等功能的地下管廊式系统，地上则优先基础设施与生态环境的建设。未来，新区将形成“一主（一个起步区）、五辅（雄县、容城县、安新县城及寨里、昝岗五个外围组团）、多节点（若干特色小城镇与美丽乡村）”的城乡空间布局。新区选择容城县、安新县交界区域作为起步区先行开发，形成“北城、中苑、南淀”的总体空间格局：“北城”指在地势较高的北部区域布局五个城市组团，各个组团功能相对完整、空间疏密有度，组团之间由绿廊、水系与湿地隔离；“中苑”指在地势低洼的中部区域，结合海绵城市的建设，营造新区城市与湿地交融的景观；“南淀”指在南部临淀区域，充分利用白洋淀生态资源与燕南长城遗址等文化资源，塑造白洋淀的滨水岸线。

2. 合理确定城市发展规模

以资源环境承载力为刚性约束，科学确定雄安新区的开发边界与强度，雄安新区的启动区面积为20~30 km^2、起步区面积约为100 km^2、中期发展区面积约为200 km^2、远期控制区面积约为2 000 km^2。从起步区划出启动区进行规划建设，之后进行起步区建设，条件成熟后推进中期发展区，划定远期控制区为新区未来发展预留空间。

雄安新区的发展不能再走“先城市开发，后生态建设”或“城市开发与生态建设并行”的老路，要将生态建设放在首位，划定生态保护红线（先期

划定以白洋淀为核心的生态保护红线，总体要求蓝绿空间占比 70%以上），控制城镇开发边界与用地规模（生产生活用地占比≤30%、建设用地总规模控制在 530 km^2左右），严格保护永久基本农田（永久基本农田面积占比 10%），加强各类规划空间控制线的充分衔接，形成规模适度、空间有序、用地节约集约的城乡发展新格局。同时，坚持“以水定城、以水定人”的思路，明晰新区资源环境的承载情况，确定新区合理的人口规模（初始人口规模 100 万人，远期控制在 500 万人）与人口密度（1 万人/km^2）。

3. 大力实施乡村振兴战略

美丽乡村是雄安新区发展的重要组成部分，规划建设用地规模约为 50 km^2。实施乡村振兴战略，以“产业兴旺、生态宜居、乡风文明、生活富裕”为目标，建设基础设施完善、服务体系健全、基层治理有效、公共服务水平较高的宜居宜业宜游的美丽乡村。

首先，基于乡村的空间规划，推进农村土地的综合整治工作，改善农村的生产、生活与生态环境。其次，培育新型农业经营主体，创新农业绿色发展机制，发展现代高效农业。再次，深化农村土地与集体产权制度改革，建立农民持续稳定的收入增长机制。最后，严格保护农民的合法利益，完善农民就业、养老保险等社会保障制度。

7.2.2 服务“北京非首都功能疏解集中承载地”的首要宗旨

雄安新区的规划建设要紧抓“北京非首都功能疏解集中承载地”这个牛鼻子，服从京津冀协同发展的重大国家战略。

非首都功能主要包括一般性制造业、区域性物流基地、区域性批发市场、部分教育医疗等公共服务、部分行政性与事业性服务机构。雄安新区要积极、稳妥、有序承接符合新区定位与发展的高校、医疗机构、企业总部、金融机构、事业单位等，严格产业准入标准，限制承接和布局一般性制造业、中低端第三产业。

为了服务“非首都功能疏解”的宗旨，雄安新区的规划建设可以采取多组团开发、功能分区等方式。在多组团开发上，根据雄安新区的总体规划与布局，采取行政类、产业类、文教类等多种类型组团协同推进的建设思路，形成较强的集聚效应。同时，产业类组团可以划片分区，“成熟一片、开发一片”。在功能分区上，基于雄安新区的地理环境与未来发展规划，划定白洋淀湿地保护区边界红线，预留生态过渡区。雄安新区与北京市副中心形成新的北京两翼，与承办冬奥会的张北地区形成河北两翼，京津冀区域形成“北京—天津—雄安”三足鼎立的空间布局，促进区域之间要素流通与科技成果的转移对接。

7.2.3 遵循“高质量发展”的根本要求

2019 年 1 月，习近平总书记视察雄安新区时提出：高质量高标准推动雄安新区规划建设，努力创造新时代高质量发展的标杆。目前，雄安新区编制完成了规划纲要、总体规划、启动区与起步区控制性规划、白洋淀生态治理与保护规划以及防洪、抗震、能源等专项规划，“1（纲要）+4（规划）+26（专项规划）”的新区高质量规划建设体系基本形成。

1. 坚持将绿色发展作为高质量发展的普遍形态

《雄安新区规划纲要》明确提出，将绿色发展为高质量发展的普遍形态，充分贯彻“绿水青山就是金山银山”的发展理念。通过划定生态保护红线、永久基本农田与城镇开发边界，合理确定建设规模，构建“蓝绿交织、清新明亮、水城共融、多组团集约紧凑发展”的生态布局，实现人与自然的和谐共生。

第一，将生态空间与生态保护红线作为城市建设的基础。基于资源环境承载力的刚性约束条件，对白洋淀湖泊湿地、林地及其他生态空间实施保护，逐步恢复白洋淀“华北之肾”的功能。先期划定以白洋淀核心区为主的生态保护红线，蓝绿空间占比稳定在 70%左右。同时，大规模开展植树造林与国土绿化活动，森林覆盖率达到 40%，起步区绿化覆盖率达到 50%。

第二，遵循“平原建城”的自然规律，严格控制新区的建筑高度，形成独具特色的城市空间形态。起步区营造布局规制对称、街坊尺度宜人的“方城”，新建住宅推广街区制，塑造轮廓舒展、韵律起伏的城市天际线，形成中华风范、淀泊风光、创新风尚的城市风貌。

第三，坚持绿色低碳发展，推进新区的资源节约与循环利用。首先，“以水定城”，实行最严格的新区水资源管理制度。其次，优化新区能源结构，建设绿色电力供应系统与地热供暖系统。再次，提高新区节能节水相关标准，全面推动绿色建筑运行。最后，全面实施垃圾分类，促进雄安新区垃圾的资源化利用。

2. 坚持将创新作为高质量发展的第一动力

雄安新区的规划与建设应体现“新功能”“新属性”“新结构”“新机制”的特点。从新功能上看，雄安新区承担着服务北京非首都功能疏解、河北地区发展与京津冀国际城市群建设的历史使命。从新属性上看，雄安新区要成为一个融合科技、智慧与生态宜居等属性的复合型城市。从新结构上看，雄安新区具有高科技产业为主的产业结构以及交通、居住与生态功能比例较高的用地结构。从新机制上看，新区要在区域协调发展、土地共享开发等方面积极探索机制与模式创新。

基于“创新驱动发展引领区”的目标，雄安新区必须推进以科技创新为核心的全面创新，在产业新动能与新业态上形成优势。首先，实施雄安新区创新链支撑产业链的发展计划，建设集技术研发、成果孵化、产城融合的综合改革试验区。其次，积极吸纳京津及国内外创新要素资源，打造京津冀协同创新平台。再次，加速科技成果转化平台建设，发展新一代信息技术、高端装备制造、新能源等高新技术产业集群。最后，创新科技与人才合作模式，构建国际一流的创新服务体系。

3. 坚持将协调作为高质量发展的内生特点

雄安新区的规划建设要有效推动区域资源环境与社会经济的协调发展，打造“要素有序自由流动、主体功能约束有效、基本公共服务均等、资源环境可承载”的区域协调发展示范区。

多年来，冀中地区各个县域的经济发展处于各自为政的混沌状态，雄安新区的设立可以有效发挥区域性增长极的辐射带动功能。一方面，加强了与北京、天津以及石家庄、保定等城市的融合发展，同时与北京中心城区、北京城市副中心实现错位发展；另一方面，加强了与保定主城区的分工协作，联袂扮演区域性中心城市的角色，以京津保三地的联动带动周边区县的协调发展。

在实现京津冀世界级城市群的目标中，雄安新区要在“技术中心”和“服务中心”上发挥其独特的作用，引领区域协调发展。“中关村”“滨海新区”“雄安新区”是推动京津冀产业转型升级的三驾马车，是优化产业发展和引导分工协作的核心区域。

4. 坚持将开放作为高质量发展的必由之路

首先，打造高质量的市场环境，加速优质资源要素聚集。第一，优化市场准入条件，积极采用国际公认的行业规范与管理标准。第二，基于开放的全球视野，形成创新资源汇聚中心，让技术、人才和资金等核心要素充分流动、聚合、裂变及有效配置。第三，加强战略合作，推进高科技成长企业的金融创新，争取金融开放创新政策先行先试。

其次，推进区域协同，构建开放合作的新平台。第一，建立雄安新区口岸综合服务通道，实现京津冀政务、通关、物流等服务信息的共享。第二，基于雄安新区的发展规划与京津冀城市群的空间布局，构建立体化、网络化的交通网络。第三，利用京津冀三地的对外开放基础及新区地理位置、自然环境等方面的优势，打造对外合作新平台，实现“以开放促改革、以开放促发展”。

最后，促进投资贸易便利化，构建开放型经济的新体制。第一，完善外商投资市场准入制度，创新外商投资管理体制。第二，建立促进“走出去”的新体制，允许本地企业与境外的投资合作，积极寻找利益相关点。第三，实施便捷的人才引进制度，建立一整套的外来人才招聘、薪酬与社会保障体系。第四，推进财税金融体制改革，拓宽融资渠道，充分调动民间资本的广泛参与。

7.2.4 落实“智慧城市”的发展理念

《雄安新区发展规划纲要》指出：新区要实现城市智慧化管理，坚持数字城市与现实城市的同步规划、同步建设。同时，建立城市智能治理体系，完善智能城市运营体制机制，打造全覆盖的数字化标识体系。

不同于深圳特区与浦东新区基于“开放”的发展导向，雄安新区承载着“改革”导向的历史责任，要积极发展新一代信息技术、高端装备制造、新能源等高新技术产业集群，建设集技术研发、成果转化、产城融合的综合改革试验区。同时，构建全球化交流合作平台，建设彰显发展活力、体现引领示范、反映时代趋势的绿色智慧新城。

雄安新区要按照智慧城市的构想进行规划与建设，全面渗透新一代科技革命与产业变革的管理理念与技术，推进智慧交通、智慧医疗、智慧社区等领域的快速发展。首先，适度超前布局智能化基础设施，打造全球领先的数字城市。其次，构建智能城市信息管理中枢，推进城市智能治理体系与公共资源的智能化配置机制。最后，建设多级网络衔接的市政综合管廊系统，推进地下空间管理的信息化建设。2019 年 10 月，《雄安新区智能城市标准指南》正式颁布，标志着雄安新区的智能城市建设提上日程。目前，雄安新区的智能城市操作系统已经落地，开放式智能城市大数据平台正在建设之中，大数据、人工智能、物联网等技术手段为夯实雄安新区的智能城市基底、打造高质量发展的雄安样板保驾护航。

7.3　雄安新区可持续发展的对策研究

要实现雄安新区的可持续发展，必须坚守三条红线。一是城市开发边界红线。雄安新区要实现集约型发展，避免出现“摊大饼”的现象。二是生态资源红线，包括生态红线与永久基本农田保护红线。这是雄安新区可持续发展的基础条件，是实现蓝绿交织的根本保障。三是城市安全红线。雄安新区建设不能以牺牲人民群众的利益为代价，要构建高标准的城市安全体系。因此，新区可持续发展的对策主要包括：第一，落实总体规划的“组团式”城市空间结构，防止“摊大饼式”的城市病隐患；第二，前瞻性布局轨道交通体系，提高城市交通承载力与运行效率；第三，以承接“非首都功能疏解”为切入点，强化新区特色、优势产业培育与公共服务配套；第四，探索体制机制改革与制度创新，破解新区发展的瓶颈约束。

7.3.1　落实总体规划的“组团式”城市空间结构，防止“摊大饼式”的城市病隐患

“组团式”城市空间结构是指在城市市区及近郊范围，由三个或以上具有一定规模、分散且相隔一定距离（便捷交通连接）的集中功能分区团块组成城市功能整体。

为了实现雄安新区的无单一中心、不“摊大饼”，雄安新区要坚持“生态优先、绿色发展”的原则，逐步形成城乡统筹、功能完善的“一主、五辅、多节点”的组团式城乡空间结构。雄安新区的组团式为多功能综合组团，每个组团都具备一整套的公共服务设施，形成完整的功能分区，避免出现大城市病的问题。

“一主”即起步区，按组团式布局，重点承接“非首都功能疏解”，建成智能高效、绿色低碳、公共服务优质的新型城市。“五辅”即雄县、容城、安新县城、寨里与昝岗五个外围城市组团。提质扩容雄县与容城县，调整优化安新县，建设寨里与昝岗两个组团。“多节点”即若干特色小城镇和美丽乡村，是雄安新区实现城乡统筹与乡村振兴的主要载体。雄安新

区内多个节点分散布局，促进城乡均衡、一体化发展。“一主、五辅”是雄安新区中期发展区的主体，基本布局在白洋淀北部，规划在城市之间建设生态隔离带，形成组团式城市空间格局。同时，以现有乡镇为重点，综合区位条件、建设基础与功能定位，培育若干特色小城镇，建设新区定制化特色产业的功能节点。

7.3.2 前瞻性布局轨道交通体系，提高城市交通承载力与运行效率

首先，完善雄安新区与外部的综合交通网络；其次，按照网络化布局、智能化管理、一体化服务的要求，建立连接新区与北京、天津及周边其他城市、北京新机场之间的轨道和公路交通网络，构建快速便捷的交通体系；最后，坚持公交优先，综合布局各类城市交通设施，实现多种交通方式的顺畅换乘与无缝衔接，打造新区便捷、安全、绿色、智能交通体系。

1. 完善综合交通网络

第一，优化高速铁路网。加强新区与北京、天津、石家庄等城市的联系，构建“四纵两横”的高速铁路交通网络：“四纵”为京广高铁、京港台高铁京雄—雄商段、京雄—石雄城际、新区至北京新机场快线，“两横”为津保铁路、津雄城际—京昆高铁忻雄段，实现新区 20 min 到北京新机场，30 min 到北京、天津，60 min 到石家庄。

第二，完善高速公路网。构建“四纵三横”的高速公路网：“四纵”为京港澳高速、大广高速、京雄高速（含新机场北线高速支线）、新机场至德州高速，“三横”为荣乌高速新线、津雄高速与津石高速，实现新区 60 min 到北京、天津，90 min 到石家庄。

第三，规划建设综合交通枢纽。依托高铁、城际站等，强化路网对接与多种交通方式衔接，打造“两主两辅”的新区综合交通枢纽：“两主”为雄安高铁站与城际站，通过在昝岗组团布局高铁站和在启动区布局城际站，实现与京津冀核心城市的直连直通；“两辅”为白洋淀站与白沟站，服务新区北部外围组团，兼顾货运物流。

2. 构建便捷交通体系

第一，建设高效运行的城市交通体系。新区布局“干线+普线”的两级城乡公交网络，干线服务起步区、外围组团与城镇，普线连接外围组团

与村镇的公交系统。起步区布局“快线+干线+支线”的三级城区公交网络，快线服务组团间出行，干线服务组团内出行，支线灵活设置线路、站点深入社区，实现地面、地下各类交通的便捷换乘。

第二，构建功能完备的骨干道路网。外迁荣乌高速新区段，形成起步区与雄县、昝岗组团及保市区之间的快速通道。构建以起步区和雄县、昝岗组团为主体，外围组团与特色小城镇全覆盖、网络化布局的骨干道路网络。

第三，构建快速高效的公交专用通道。因地制宜地建设网络化、全覆盖、快速高效的公共交通专用通道。同时，充分利用智能交通技术，实现高品质与智能化的公共交通服务。

第四，科学规划路网密度。按照城市街道的理念设计起步区内部，外围布局交通性干道，提高路网密度（起步区的路网密度达到 10~15 km/km^2），合理设计道路宽度。

第五，构建内外衔接的绿道网络。布局区域绿道、城市绿道与社区绿道三级网络，由城市绿道串联各个综合公园及社区公园，形成城乡一体、区域联动的城市绿道体系。

3. 打造绿色智能交通系统

第一，提高绿色交通与公共交通的出行比例。积极倡导“公交+自行车+步行”的出行模式，新区起步区绿色交通出行比例达到 90%。加强推广交通枢纽与城市功能的一体化开发模式，在公共交通廊道、轨道站点周边集中布局公共服务设施。提升公共交通系统覆盖的人口数量，起步区公共交通占机动化出行比例达到 80%。

第二，构建智能交通体系。一方面，基于物联网、移动互联、人工智能等相关技术，构建新区实时感知、瞬时响应、智能决策的新型智能交通体系。另一方面，通过交通、信息、能源网“三网合一”提供一体化的智能交通服务。同时，推进智能运载工具的示范应用，发展需求响应型的定制化公共交通系统。

第三，打造全局动态的交通管控系统。探索智能运载工具的联网联控，建立数据驱动的雄安新区智能化协同管控系统。

7.3.3 以承接“非首都功能疏解”为切入点，强化新区特色、优势产业培育与公共服务配套

目前，雄安新区的创新资源极度匮乏，单纯依靠城市自身吸引力不足

以引进高水平的创业团队，要在承接北京非首都功能疏解方面下足功夫。可以围绕信息技术、新材料、生物工程等新区发展的重点产业方向，精准对接在京科研机构与高校，搭建不同类型的创新平台与网络，带动相关产业发展。

第一，明确承接重点。在高等学校与科研机构方面，重点承接知名高校在新区设立分校，承接国家重点实验室等国家级科研院所在雄安新区设立创新中心与平台。在医疗健康机构方面，重点承接高端医疗机构在雄安新区设立分院与研究中心。在金融机构方面，承接银行、保险、证券等金融机构总部及分支机构在雄安新区开展金融创新业务。在高端服务业方面，重点承接软件和信息服务、设计、创意、咨询等领域的优势企业以及现代物流、电子商务等企业总部。在高技术产业方面，重点承接新一代信息技术、生物医药、节能环保等领域的央企，创新型民营企业及高成长性科技企业，支持中关村科技园在新区设立分园区。

第二，营造承接环境。打造一流的硬件设施环境，推进基础设施及配套条件的建设，实现疏解对象的顺利落地；打造优质的公共服务环境，建设高水平的幼儿园、中小学、医院等公共服务设施，同时提供租购并举的多元化住房保障举措，有效地吸引北京人口转移；打造便民高效的政务服务环境，提供一站式的政务服务；打造创新开放的政策环境，在土地、财税、金融、人才、对外开放等方面制定实施一揽子的政策，确保疏解对象“来得了、留得住、发展好”。

7.3.4 探索体制机制改革与制度创新，破解新区发展的瓶颈约束

1. 创新体制机制与政策

围绕雄安新区的发展规划，创新体制机制，全面深化改革与扩大开放，发挥引领示范的作用。

第一，深化行政体制改革。推进新区行政管理体制的改革，实行大部门制与扁平化管理，在聘任制的基础上优化选拔机制；推进新区行政审批制度的改革，全面实行负面清单管理，健全投资项目审批管理制度，简化审批流程、提高服务效率；深化新区的国有企业、事业单位改革，积极探索政事分开、管办分离的有效形式。

第二，深化财税金融体制改革。建立稳定、高效的资金筹措机制，统

筹安排国家财政补贴等各类资金，全面支持新区建设与发展；支持雄安新区优先实施符合新区发展方向的税收政策，依法依规可以优先使用；支持金融业全面对外开放，推动雄安新区的金融创新与金融试验试点工作，国家级交易平台、金融科技产业集聚区等重大金融项目可以先行先试。

第三，推进土地管理制度改革。统筹规划新区的耕地保有量、永久基本农田保护面积、建设用地规模等指标；创新土地供应政策，构建多元化的新区土地转让、租赁等方式；以土地综合整治为平台，统筹推进新区城水林田淀的系统治理。

第四，推进人口管理创新。制定技术移民、高科技人才引进等相关政策，建立便捷、开放的雄安新区人才引进制度；探索实施能够激发创新活力的新区人事、薪酬、住房、养老、保险等相关政策；建立人才特区，实施积分落户与居住证制度。

第五，积极扩大对内对外开放。主动服务北京国际交往中心的功能，充分利用雄安新区的自然地理位置优势，构筑对外合作交流平台；支持以雄安新区为核心设立中国（河北）自由贸易试验区，建立中外政府间合作项目（园区）与综合保税区，以开放促改革、促发展。

2. 强化区域协同发展

第一，加强雄安新区及毗邻地区的管控。设定新区一定范围内作为管控区，实施统一规划与严格管理；划定城乡开发边界，严控建设方向；建设雄安新区周边绿色生态屏障，加强生态修复、植树造林、大气污染等的联防联控与综合治理；加快退还生态用地，防止城乡建设无序发展，抑制人口过度聚集；严格产业准入管制，禁止高耗水耗能与高污染项目进入。

第二，推进雄安新区与周边地区的协调发展。加强与国家、京津两地相关部门的沟通协商，合理规划区域间的协同发展；与北京中心城区、北京城市副中心、天津市实现错位发展、互利共赢；加强雄安新区与保定、廊坊、沧州等周边地区的衔接，统筹承接北京的非首都功能疏解与新型城镇化建设，积极布局教育、医疗卫生、交通等基础设施建设，打造协调发展示范区。

3. 破解生态环境的瓶颈要素

从目前情况来看，雄安新区的可持续发展存在水资源紧缺、环境污染、生态破坏等重大制约因素。因此，必须以改革创新有效破解这些制约因素，才能实现雄安新区可持续发展的美好愿景。

在水资源的短缺问题上，首先，准确把握“以水定城”的雄安新区发展方针；其次，谨防过度依赖远距离送水；再次，大力发展节水科技，建设节水型社会；最后，充分发挥白洋淀的湿地功能，实现“以水养水”。在大气污染的问题上，首先，持续推进有色金属回收冶炼、橡胶塑料制品等本地传统产业的整顿改造，控制雄安新区发展过程中产生的大气污染物种类及数量；其次，采取协同防控的方法根治污染源，杜绝散煤燃烧、关闭小散重污染企业等；最后，大力推广新能源汽车。在水污染的问题上，首先，建立上下游协同治理的新体制，实施全流域水环境管理的执法；其次，严格推行河长制，禁止向白洋淀排污。对于生态破坏的问题，首先，严格水土保持，禁止一切形式的滥采滥挖行为；其次，实施生物科技创新，防治生态破坏；最后，建立水土保持的系统控制机制。

白洋淀生态环境的综合治理是雄安新区可持续发展的关键工程，构建以大水系为核心，立体、网络化的生态环境综合治理体系是新区实现高质量发展的主要任务。白洋淀生态环境的治理要从山水观、系统观、生态观的视角进行顶层设计与统一部署。首先，从太行山生态环境的修复出发，实行养山富民工程，鼓励植树造林与发展生态农业，做好水土流失的防治工作；其次，基于系统治理的思路，对白洋淀水系进行生态修复治理，加大府河等入淀河流两岸村庄的排污治理，确保污水达标入淀；再次，运用集中治理与分散治理相结合的办法进行淀区生态修复与治理。淀中村实施整体搬迁和集中安置，环淀村实行分散治理，实施“退地还淀”工程；最后，在引黄补淀的基础上，深入推进海绵城市建设，将城市蓄积水资源与白洋淀贯通起来，实现净水补淀。

作为拥有 1 770 km^2土地面积的城市，雄安新区的生态环境管理可以考虑采取网格化的维护治理模式。在具体操作上，利用现代信息技术手段，根据人口与产业分布情况将雄安新区划分成为若干个面积大小不等的网格单元，明确奖惩机制，实现全覆盖治理。针对垃圾回收、污水排放、废气排放等领域，在不同类型的网格空间采集信息，配备相应的“三废”处理能力，同时，引导社会公众积极参与环境保护，推广绿色交通、建设低碳城市。

总之，雄安新区要围绕宜居宜业、可持续发展的目标进行规划设计，通过分散组团，打造生产、生活、生态“三生”协调的都市圈格局；通过产业立区，打造全球创新高地与高质量发展的引擎；实施“生态优先”的原则，保持高品质的生态环境；以人为中心，完善城市公共服务体系与住房供应体系；建设数字城市，运用现代信息技术实现智能城市。

7.4 小　　结

本章首先从土地资源、水资源与水环境三个层面提出了雄安新区资源环境开发利用的对策：①在土地资源的开发利用上，严格保护耕地资源，提高土地集约利用程度，合理确定新区土地征收与征用时序、分类施策。②在水资源的开发利用上，一方面，在雄安新区水资源的需求端，设置用水效率准入门槛、控制水资源需求增量，重点加强工业农业节水、压缩水资源需求存量；另一方面，在雄安新区水资源的供给端，坚持“空间均衡、全区域配置”的原则，实现用好外调水、用足再生水、用活地下水。③在水环境的保护利用上，一方面，在新区水环境的保护上，一是进行立法；二是发挥白洋淀的生态功能；三是严控地下水超采；四是积极引导社会各界的广泛参与。另一方面，在雄安新区水环境的治理上，一是排污治污，保障雄安新区的水环境；二是重点进行白洋淀流域综合整治与生态修复工作。

其次，从体现“科学规划，合理布局”的建设思路、服务“北京非首都功能疏解集中承载地”的首要宗旨、遵循“高质量发展”的根本要求、落实“智慧城市”的发展理念四个层面提出了雄安新区规划建设的对策，其中，雄安新区高质量发展的对策包括：坚持将绿色发展作为高质量发展的普遍形态、坚持将创新作为高质量发展的第一动力、坚持将协调作为高质量发展的内生特点、坚持将开放作为高质量发展的必由之路。

最后，提出了雄安新区的可持续发展对策：①严格落实总体规划提出的组团式城市空间结构，防止“摊大饼式”的城市病隐患。②前瞻性布局轨道交通体系，提高城市交通承载力和运行效率，主要包括完善综合交通网络、构建便捷交通体系、打造绿色智能交通系统。③以承接非首都功能为切入，强化特色优势产业培育与公共服务配套。④探索体制机制改革和制度创新，破解新区发展中的瓶颈约束，主要包括创新体制机制与政策、强化区域协同发展、破解生态环境的瓶颈要素。

参考文献

[1] 康震海．河北经济发展报告：2018—2019［M］．北京：社会科学文献出版社，2019.

[2] 范周．雄安新区发展研究报告：第1卷［M］．北京：知识产权出版社，2017.

[3] 范周．雄安新区发展研究报告：第4卷［M］．北京：知识产权出版社，2018.

[4] 王夙理．搞清雄安资源环境承载力有多大［J］．中国生态文明，2017，2：14.

[5] 叶连松．扎实推进雄安新区规划建设［J］．经济与管理，2017，31（5）：6-12.

[6] 王树强，徐娜．雄安新区生态环境承载力综合评价［J］．经济与管理研究，2017，38（11）：31-38.

[7] 雄安新区资源环境承载力评价和调控提升研究课题组．雄安新区资源环境承载力评价和调控提升研究［J］．中国科学院院刊，2017，32（11）：1206-1215.

[8] 孟广文，金凤君，李国平，等．雄安新区：地理学面临的机遇与挑战［J］．地理研究，2017，36（6）：1003-1013.

[9] 张万益，贾德龙，王尧，等．地质调查：雄安新区建设先“摸底”［J］．中国发展观察，2017（8）：22-23.

[10] 陈冠益，毛国柱．建设可持续城市基础设施 保障雄安新区持续发展［J］．中国生态文明，2017（2）：53-54.

[11] 董卫爽，杨明全．浅析雄安新区水资源承载能力［J］．内蒙古水利，2018（2）：57-59.

[12] 翟卫欣，程承旗，陈波．基于Landsat影像的雄安新区2014—2018年土地利用变化检测［J］．地理信息世界，2019，26（4）：38-43.
[13] 徐舜岐，陈礼丹，陈艳春．雄安新区水资源持续利用问题研究［J］．石家庄铁道大学学报（社会科学版），2019，13（3）：26-32.
[14] 赵志博，赵领娣，王亚薇，等．不同情景模式下雄安新区的水资源利用效率和节水潜力分析［J］．自然资源学报，2019，34（12）：2629-2642.
[15] 李凤民．金融支持雄安新区绿色可持续发展的思考［J］．河北金融，2019（8）：13-15，58.
[16] 褚铮．新发展理念下雄安新区土地集约利用评价及潜力分析研究［D］．石家庄：河北地质大学，2019.
[17] 马春梅．雄安建设开放发展先行区的难点与对策［J］．经济论坛，2019（9）：96-100.
[18] 叶振宇．“雄安质量”的时代内涵与实现路径［J］．天津师范大学学报，2019（4）：8-14.
[19] 薛楠，齐严．雄安新区创新生态系统构建［J］．中国流通经济，2019，33（7）：116-126.
[20] 杨婧雯．二十年来雄安新区白洋淀湿地变化遥感信息提取与分析［D］．北京：中国地质大学（北京），2020.
[21] 冯运双，石龙宇．雄安新区生态系统服务需求空间分布格局预测［J］．生态学报，2020，40（20）：1-10.
[22] 马峰，王贵玲，张薇．雄安新区容城地热田热储空间结构及资源潜力［J］．地质学报，2020，94（7）：1981-1990.
[23] 王凯霖．雄安新区地下水资源和湿地的共同可持续研究［D］．北京：中国地质大学（北京），2020.
[24] 但臻，郭爱请，刘航．雄安新区土地集约利用评价［J］．安徽农业科学，2020，48（12）：60-62，66.
[25] 刘蕾．区域资源环境承载力评价与国土规划开发战略选择研究：以皖江城市带为例［M］．北京：人民出版社，2013.
[26] 史宝娟．资源、环境、人口增长与城市综合承载力［M］．北京：冶金工业出版社，2014.
[27] 王红旗．中国重要生态功能区资源环境承载力评价指标研究［M］．北京：科学出版社，2017.
[28] 马海龙．宁夏资源环境承载力研究［M］．北京：科学出版社，2017.

[29] 李丽红．承载力评价及生态环境协同保护研究［M］．石家庄：河北大学出版社，2017.
[30] 马爱锄．西北开发资源环境承载力研究［D］．杨凌：西北农林科技大学，2003.
[31] 齐亚彬．资源环境承载力研究进展及其主要问题剖析［J］．中国国土资源经济，2005（5）：7-11.
[32] 樊杰．现今中国区域发展值得关注的问题及其经济地理阐释［J］．经济地理，2012（1）：1-6.
[33] 高湘昀，安海忠，刘红红．我国资源环境承载力的研究评述［J］．资源与产业，2012，14（6）：116-120.
[34] 李华姣，安海忠．国内外资源环境承载力模型和评价方法综述：基于内容分析法［J］．中国国土资源经济，2013（8）：65-68.
[35] 安海忠，李华姣．资源环境承载力研究框架体系综述［J］．资源与产业，2016，18（6）：21-26.
[36] 封志明，杨艳昭，闫慧敏，等．百年来的资源环境承载力研究：从理论到实践［J］．资源科学，2017，39（3）：379-395.
[37] 吕一河，傅微，李婷，等．区域资源环境综合承载力研究进展与展望［J］．地理科学进展，2018，37（1）：130-138.
[38] 董文，张新，池天河．我国省级主体功能区划的资源环境承载力指标体系与评价方法［J］．地理信息科学学报，2011，13（2）：177-183.
[39] 王奎峰．山东半岛资源环境承载力综合评价与区划［D］．徐州：中国矿业大学，2015.
[40] 付云鹏，马树才．中国区域资源环境承载力的时空特征研究［J］．经济问题探索，2015（9）：96-103.
[41] 刘辉，李波，王传胜．烟台市生态足迹分析［J］．生态经济，2005（10）：214-217.
[42] 蒋辉，罗国云．可持续发展视角下的资源环境承载力：内涵、特点与功能［J］．资源开发与市场，2011，27（3）：253-256.
[43] 张学良．2014中国区域经济发展报告：中国城市群资源环境承载力［M］．北京：人民出版社，2014.
[44] 刘殿生．资源与环境综合承载力分析［J］．环境科学研究，1995，8（5）：7-12.
[45] 陈修谦，夏飞．中部六省资源环境综合承载力动态评价与比较［J］．

湖南社会科学，2011（1）：106-109.
[46] 王奎峰，李娜，于学峰，等．基于 P-S-R 概念模型的生态环境承载力评价指标体系研究：以山东半岛为例［J］．环境科学学报，2014，34（8）：2133-2139.
[47] 谈迎新，於忠祥．基于 DSR 模型的淮河流域生态安全评价研究［J］．安徽农业大学学报（社会科学版），2012，21（5）：35-39.
[48] 杨俊，李雪铭，李永化．基于 DPSIRM 模型的社区人居环境安全空间分异：以大连市为例［J］．地理研究，2012，31（1）：135-142.
[49] 李玉照，刘永，颜小品．基于 DPSIR 模型的流域生态安全评价指标体系研究［J］．北京大学学报（自然科学版），2012，48（6）：971-981.
[50] 王书华，毛汉英．土地综合承载力指标体系设计及评价：中国东部沿海地区案例研究［J］．自然资源学报，2001，16（3）：248-254.
[51] 雷勋平，邱广华．基于熵权 TOPSIS 模型的区域资源环境承载力评价实证研究［J］．环境科学学报，2016，36（1）：314-323.
[52] 黄敬军，姜素，张丽，等．城市规划区资源环境承载力评价指标体系构建：以徐州市为例［J］．中国人口·资源与环境，2015，25（2）：204-208.
[53] 樊杰．中国主体功能区划方案［J］．地理学报，2015，7（2）：186-201.
[54] 陆建芬．资源环境承载力评价研究：以安徽淮河流域为例［D］．合肥：合肥工业大学，2012.
[55] 余茹，成金华．国内外资源环境承载力及区域生态文明评价：研究综述与展望［J］．资源与产业，2018，20（5）：67-76.
[56] 刘晓丽，方创琳．城市群资源环境承载力研究进展及展望［J］．地理科学进展，2008（5）：35-42.
[57] 毕明．京津冀城市群资源环境承载力评价研究［D］．北京：中国地质大学，2011.
[58] 郭轲，王立群．京津冀地区资源环境承载力动态变化及其驱动因子［J］．应用生态学报，2015（12）：3818-3826.
[59] 周侃，樊杰．中国欠发达地区资源环境承载力特征与影响因素：以宁夏西海固地区和云南怒江州为例［J］．地理研究，2015，34（1）：39-52.
[60] 樊杰．国家玉树地震灾后重建规划：资源环境承载能力评价［M］．北京：科学出版社，2010.

[61] 王红旗，田雅楠，孙静雯，等．基于集对分析的内蒙古自治区资源环境承载力评价研究［J］．北京师范大学学报（自然科学版），2013，49（2）：292-296.
[62] 胡晓芬，陈兴鹏，韩杰，等．基于能值分析的汉藏回民族地区环境承载力评价［J］．兰州大学学报（自然科学版），2017，53（2）：206-212.
[63] 刘丽群．山东半岛蓝色经济区资源环境承载力评价研究［D］．北京：中国地质大学，2015.
[64] 唐欣．县域土地资源环境承载力预警研究：以霍山县为例［D］．合肥：安徽农业大学，2016.
[65] 叶京京．中国西部地区资源环境承载力研究［D］．成都：四川大学，2007.
[66] 顾晨洁，李海涛．基于资源环境承载力的区域产业适宜规模初探［J］．国土与自然资源研究，2010（2）：8-10.
[67] 柴国平，徐明德，王帆，等．资源与环境承载力综合评价模型研究［J］．地理信息科学，2014，16（3）：257-263.
[68] 经卓玮．安徽省资源环境承载力评价体系研究：以合肥市为例［D］．合肥：安徽农业大学，2015.
[69] 许铨昂，黄祥燕，韩景超．资源环境承载力评价指标体系浅析［C］．第12届中国标准化论坛论文集，2015（4）：1987-1990.
[70] 茶增芬．基于全局主成分分析的罗平县资源环境承载力动态评价研究［D］．昆明：云南大学，2016.
[71] 李悦，成金华，席晶．基于GRA_ TOPSIS的武汉市资源环境承载力评价分析［J］．统计与决策，2014（17）：102-105.
[72] 毛汉英，余丹林．区域承载力定量研究方法探讨［J］．地球科学进展，2001，16（4）：549-555.
[73] 皮庆，王小林，成金华，等．基于PSR模型的环境承载力评价指标体系与应用研究：以武汉城市圈为例［J］．科技管理研究，2016（6）：238-244.
[74] 张燕，徐建华，曾刚，等．中国区域发展潜力与资源环境承载力的空间关系分析［J］．资源科学，2009（8）：1328-1334.
[75] 邓伟．山区资源环境承载力研究现状与关键问题［J］．地理研究，2012，29（6）：959-969.
[76] 秦成，王红旗，田雅楠，等．资源环境承载力评价指标研究［J］．中国人口·资源与环境，2011，21（12）：335-338.

[77] 邱鹏．西部地区资源环境承载力评价研究［J］．软科学，2009，23（6）：66-69.
[78] 高吉喜．可持续发展理论探索：生态承载力理论、方法与应用［M］．北京：中国环境出版社，2007.
[79] 赵晨艳，张杜鹃．基于生态足迹的长治县资源环境承载力评价研究［J］．山西科技，2017，33（3）：30-32.
[80] 贾立斌．贵州省资源环境承载力评价研究［D］．北京：中国地质大学，2015.
[81] 欧弢，张述清，甘淑，等．基于GIS与均方差决策法的山区县域资源环境承载力评价［J］．湖北农业科学，2017，56（3）：454-458.
[82] 韩鹏，李涛．资源环境承载力综合评价方法研究：以中原经济区为例［J］．应用基础与工程科学学报，2015，23：88-101.
[83] 王雪军，付晓，孙玉军，等．基于GIS赣州市资源环境承载力评价［J］．江西农业大学学报，2013（6）：1325-1332.
[84] 唐凯，唐承丽，赵婷婷．基于集对分析法的长株潭城市群资源环境承载力评价［J］．国土资源科技管理，2012，29（1）：46-53.
[85] 张雪花，李健，张宏伟．基于能值—生态足迹整合模型的城市生态性评价方法研究：以天津市为例［J］．北京大学学报（自然科学版），2011，47（2）：344-352.
[86] 吴书光，张红凤．基于PSR模型的土地可持续利用指标体系构建与实证研究：以山东省为例［J］．经济与管理评论，2013（6）：66-71.
[87] 郑晶，于浩，黄森慰．基于DPSIR-TOPSIS模型的福建省生态环境承载力评价及障碍因素研究［J］．环境科学学报，2017，37（11）：4391-4398.
[88] 陈海波，刘旸旸．江苏省城市资源环境承载力的空间差异［J］．城市问题，2013（3）：33-37.
[89] 方伟．城市经济发展与生态承载力的关系研究：以北京市为例［J］．资源与产业，2016，18（6）：81-86.
[90] 沈威，鲁丰先，秦耀辰，等．长江中游城市群城市生态承载力时空格局及其影响因素［J］．生态学报，2019，39（11）：3937-3951.
[91] 赵东升，郭彩赟，郑度，等．生态承载力研究进展［J］．生态学报，2019，39（2）：399-410.
[92] 刘徐洪．城市土地资源承载力初步研究：以广州市为例［C］．中国

土地资源战略与区域协调发展研究，2006：70-74.
[93] 郭志伟．北京市土地资源承载力综合评价研究［J］．城市发展研究，2008（5）：24-30.
[94] 王殿茹，赵淑芹，李献士．环渤海西岸城市群水资源对经济发展承载力动态评价研究［J］．软科学，2009（6）：86-93.
[95] 郭倩，汪嘉杨，张碧．基于DPSIRM框架的区域水资源承载力综合评价［J］．自然资源学报，2017，32（3）：484-493.
[96] 侯绍洋．基于GIS的区域环境承载力研究［D］．济南：山东农业大学，2011.
[97] 李影．环境承载力视角下的中国区域划分：基于多指标省域面板数据的聚类分析［J］．工业技术经济，2015（12）：62-70.
[98] 岳文泽，王田雨．资源环境承载力评价与国土空间规划的逻辑问题［J］．中国土地科学，2019（3）：1-8.
[99] 韦惠兰，刘晨烨．经济承载力初探［J］．生态经济，2012（2）：31-34.
[100] 肖良武．城市经济承载力评价与政策选择研究：以贵州省为例［J］．贵阳学院学报（社会科学版），2019（2）：53-60.
[101] 邬彬．基于主成分分析法的深圳市资源环境承载力评价［J］．中国人口·资源与环境，2010（20）：133-136.
[102] 程广斌．丝绸之路经济带我国西北段城市群资源环境承载力的实证分析［J］．华东经济管理，2016，30（9）：41-48.
[103] 张翊，李银富，茶增芬．云南山区县域资源环境承载力评价研究：以陇川县为例［J］．云南地理环境研究，2019，28（2）：29-34.
[104] 焦晓东，尹庆民．基于PSO-PP模型的江苏城市资源环境承载力评价［J］．水利经济，2015，33（2）：19-23.
[105] 卢小兰．中国省域资源环境承载力评价及空间统计分析［J］．统计与决策，2014（7）：116-120.
[106] 韩鹏，李涛．资源环境承载力综合评价方法研究：以中原经济区为例［J］．应用基础与工程科学学报，2015（23）：88-101.
[107] 叶文，王会肖，许新宜，等．资源环境承载力定量分析：以秦巴山水源涵养区为例［J］．中国生态农业学报，2015，23（8）：1061-1072.
[108] 张小刚，罗雅．长株潭城市群资源环境承载力评价及改善措施研究［J］．中南林业科技大学学报（社会科学版），2015，9（3）：34-39.
[109] 张天宇．青岛市环境承载力综合评价研究［D］．青岛：中国海洋大

学，2008.
[110] 廖顺宽，杨焰，王静，等．基于GIS的区域资源环境承载力评价：以河口县为例［J］．地矿测绘，2016，32（2）：5-8.
[111] 樊杰，周侃，孙威，等．人文—经济地理学在生态文明建设中的学科价值与学术创新［J］．地理科学进展，2013，32（2）：147-160.
[112] 程雨光．江西省区域资源环境承载力评价及启示［D］．南昌：南昌大学，2007.
[113] 陈先鹏．基于PCA和SD模型的区域国土资源环境承载力评价：以浙江省义乌市为例［D］．杭州：浙江大学，2015.
[114] 周小舟．中国西部地区资源环境承载力研究［D］．西安：西安电子科技大学，2014.
[115] 吕道夫．基于系统动力学的鄂尔多斯市资源环境承载力研究［D］．北京：中国地质大学，2016.
[116] 赵宏波，马延吉，苗长虹．基于熵值—突变级数法的国家战略经济区环境承载力综合评价及障碍因子：以长吉图开发开放先导区为例［J］．地理科学，2015，35（12）：1525-1532.
[117] 焦露，杨睿，郭琳．国家级新区资源环境承载力评估研究：以贵安新区为例［J］．四川理工学院学报（社会科学版），2017，32（5）：87-100.
[118] 贾滨洋，杨钉，张平淡，等．国家级新区的环境挑战与出路：以天府新区为例［J］．环境保护，2016（24）：58-61.
[119] 付云鹏，马树才．城市资源环境承载力及其评价：以中国15个副省级城市为例［J］．城市问题，2016（2）：36-40.
[120] 邵艳坡，刘森，郭志勇．GIS支持下的土地资源环境承载力评价：以荣成市为例［J］．北京测绘，2019，33（1）：35-39.
[121] 吴振良．基于物质流和生态足迹模型的资源环境承载力定量评价研究［D］．北京：中国地质大学，2010.
[122] 王国强，王红旗，等．中国生态功能区资源环境承载力评价研究［M］．北京：中国环境出版社，2018.
[123] 赵晓华．城市综合承载能力的评价研究［D］．哈尔滨：哈尔滨工业大学，2009.
[124] 王丹，陈爽．城市承载力分区方法研究［J］．地理科学进展，2011，30（5）：577-584.
[125] 樊杰．我国主体功能区规划的科学基础［J］．地理学报，2007，62

(4)：339-350.
[126] 杨勋林．基于 GIS 和 SD 模型的桂西北石山区生态承载力研究[D]．长沙：湖南师范大学，2003.
[127] 陶岸君．我国地域功能的空间格局与区划方法 [D]．北京：中国科学院大学，2011.
[128] 段佩利，刘曙光，尹鹏，等．城市群开发强度与资源环境承载力耦合协调的实证 [J]．统计与决策，2019 (8)：49-52.
[129] 丁任重．西部经济发展与资源承载力研究 [M]．北京：人民出版社，2005.
[130] 樊杰．资源环境承载能力评价：国家汶川地震灾后重建规划[M].北京：科学出版社，2009.
[131] 彭立，刘邵权，刘淑珍，等．汶川地震重灾区 10 县资源环境承载力研究 [J]．四川大学学报（工程科学版），2009，41 (3)：294-300.
[132] 钱骏，肖杰，蒋厦，等．阿坝州地震灾区资源环境承载力评估[J]．西华大学学报（自然科学版），2009 (2)：79-82.
[133] 陈万象．后重建时期灾区资源环境承载力评价研究 [D]．成都：成都理工大学，2013.
[134] 王德怀，李旭东．山地流域资源环境承载力与区域协调发展分析：以贵州乌江流域为例 [J]．环境科学与技术，2019，42 (3)：222-228.
[135] 曾浩，邱烨，李小帆．基于动态因子法和 ESDA 的资源环境承载力时空差异研究：以武汉城市圈为例 [J]．宁夏大学学报（人文社会科学版），2015，37 (1)：153-161.
[136] 徐志伟，郝烁，郑世界，等．天津市武清区国土资源环境承载力评价研究 [J]．中国国土资源经济，2019 (1)：59-66.
[137] 王亮，刘慧．基于 PS-DR-DP 理论模型的区域资源环境承载力综合评价 [J]．地理学报，2019，74 (2)：340-352.
[138] 王敏．资源与环境综合承载力分析：以银川滨河新区总体规划为例 [J]．环境保护科学，2016，42 (6)：37-42.
[139] 邱东．我国资源、环境、人口与经济承载能力研究 [M]．北京：经济科学出版社，2014.
[140] 夏既胜，付黎涅，刘本玉，等．基于 GIS 的昆明城市发展地质环境承载力分析 [J]．地理与环境，2008，36 (2)：148-154.

[141] 郑娇玉，邹明亮，杨超兰，等．兰州市城区生态地质环境承载力空间格局［J］．兰州大学学报（自然科学版），2017（3）：355-361.
[142] 杨凯凯．西部小城镇社会承载力研究［D］．兰州：兰州大学，2013.
[143] 高占喜．可持续发展理论探索：生态承载力理论、方法及应用［M］．北京：中国环境科学出版社，2001.
[144] 白嘎力，刘尚，朱涛．安徽省郎溪县资源环境承载力评价［J］．长江大学学报（自然科学版），2018，15（22）：73-76.
[145] 卢青，胡守庚，叶菁，等．县域资源环境承载力评价研究：以湖北省团风县为例［J］．中国农业资源与区划，2019，40（1）：103-109.
[146] 黄秋森，赵岩，许新宜．基于弹簧模型的资源环境承载力评价及应用：以内蒙古自治区陈巴尔虎旗为例［J］．自然资源学报，2018（1）：173-184.
[147] 郭小兵．基于模糊综合评价的唐山市资源环境承载力研究［D］．北京：中国地质大学，2019.
[148] 王淦霖，吴大放，刘艳艳，等．广东省资源环境承载力评价研究［J］.广东土地科学，2019，18（1）：23-30.
[149] MEADOWS D H，MEADOWS D L，RANDERS J，et al. The limits to growth：a report for the club of Rome' s project on the predicament of mankind［M］. New York：Universe Books，1972.
[150] MEIER R L. Urban carrying capacity and steady state considerations in planning for the Mekong Valley region［J］. Urban ecology，1978，3（1）：1-27.
[151] HARDIN G. Cultural carrying capacity：a biological approach to human problems. Bioscience［J］，1986，36（9）：599-606.
[152] SLEESER M. Enhancement of carrying capacity option ECCO［M］. the resource use institute，1990.
[153] DAILY G C，EHRLICH P R. Population，sustainability，and earth' s carrying capacity：a framework for estimating population sizes and lifestyles that could be sustained without under mining future generations［J］. Ecological applications，1992，6（4）：991-1001.
[154] ARROW K，BOLIN B，COSTANZA R，et al. Economic growth，carrying capacity and the environment［J］. Science，1995，268（1）：89-90.
[155] WACKERNAGEL M，ONISTO L，BELLO P，et al. National natural

capital accounting with the ecological footprint concept [J]. Ecological economics, 1999, 29 (3): 375-390.

[156] KHANNA P, BADU P R, GEORGE M S. Carrying-capacity as a basis for sustainable development: a case study of national capital region in India [J]. Progress in planing, 1999, 52: 101-163.

[157] SEIDL L, TISDELL C. Carrying capacity reconsidered: from Malthus' population theory to cultural carrying capacity [J]. Ecological economics, 1999, 31: 395-408.

[158] SAVERIADES A. Establishing the social tourism carrying capacity for the tourist resorts of the east coast of the Republic of Cyprus [J]. Tourism management, 2000, 21 (2): 147-156.

[159] United States environmental protection agency (USEPA). Four townships environmental carrying capacity study [R]. Washington DC: United States environmental protection agency, 2002, 1-26.

[160] CLARKE G R G, ZULUAGA A M, MENARD C. Measuring the welfare effects of reform: urban water supply in Guinea [J]. World development, 2002, 30 (9): 1517-1537.

[161] SENBEL M, MEDANIELS, T, DOWLATABADI H. The ecological footprint: a non-monetary metric of human consumption applied to North America [J]. Global environmental change, 2003, 13: 83-100.

[162] BRADSHAW C J A, FUKUDA Y, LETNIC M, et al. Incorporating known sources of uncertainty to determine precautionary harvests of saltwater crocodiles [J]. Ecological application, 2006, 16 (4): 1436-1448.

[163] SAWUNYAMA T, SENZANJE A, MHIZHA A. Estimation of small reservoir storage capacities in LimpopoRiver basin using geographical information system (GIS) and remotely sensed surface areas: case of mzingwane catchment [J]. Physics and chemistry of the earth, 2006, 31 (15): 935-943.

[164] REES W, WACKERNAGEL M. Urban ecological footprints: why cities cannot be sustainable-and why they are a key to sustainability [J]. The Urban Sociology Reader, 2008, 5: 537-555.

[165] CHAPAGAIN A K, HOEKSTRA A Y. The global component offreshwater demand and supply: an assessment of virtual waterflows between nations as a result of trade in agricultural and industrial products [J]. Water international, 2008, 33 (1): 19-32.

[166] WILLIAM C. The opportunity of limits: global footprint network [D]. Pittsburgh: Carnegie Mellon University, 2009.

[167] GRAYMORE M L M, SIPE N G, RICKSON R E. Sustaining human carrying capacity: a tool for regional sustainability assessment [J]. Ecological economics, 2010, 69 (3): 459-468.

[168] LANE M. The carrying capacity imperative: assessing regional carrying capacity methodologies for sustainable land-use planning [J]. Land use policy, 2010, 27: 1038-1045.

[169] CARRIE B, JASON L, BARRY C P, et al. Calculating ecological carrying capacity of shellfish aquaculture using mass-balance modeling: narragansett bay, Rhode Island [J]. Ecological modelling, 2011 (3): 1743-1755.

[170] FRANCK S, BLOH W V, MÜLLER C, et al. Harvesting the sun: new estimations of the maximum population of planet earth [J]. Environmental sciences and ecology, 2011, 222 (12): 2019-2026.

[171] VETTER S, BOND W J. Changing predictors of spatial and temporal variability in stocking Rates in a severely degraded communal rangeland [J]. Land degradation and development, 2012, 23 (2): 190-199.

[172] LEIDEL M, NIEMANN S, HAGEMANT N. Capacity development as a key factor for integrated water resources management (IWRM): improving water management in the Western Bug River Basin, Ukraine [J].Environmental Earth Sciences, 2012, 65 (5): 1415-1426.

[173] TEHRANI N A, MAKHDOUM M F. Implementing a spatial model of urban carrying capacity load number (UCCLN) to monitor the environmental loads of urban ecosystems. Case study: tehran metropolis [J]. Ecological indicators, 2013 (3): 197-211.

[174] LANE M. The essential parameters of a resource-based carrying capacity assessment model: a New? Jersey case study [J]. Ecological modeling, 2014, 272: 220-231.

[175] LANE M, DAWES L, GRACE P. The essential parameters of a resource -based carrying capacity assessment model: an Australian case study [J]. Ecological modeling, 2014, 272: 220-231.

[176] WIDODO B, LUPYANTO R, SULISTIONO B, et al. Analysis of environment carrying capacity for the sustainable development in Germany Urban Area [J]. Procedia environmental science, 2015, 28: 519-527.

[177] SHRESTHA S, PANDEY V P, SHIVAKOTI B R. Water Environment in central and east Asia: an introduction [J]. Groundwater environment in Asian cities, 2016, 12: 339-343.

[178] MERIEM N A, EWA B A. Water resources carrying capacity assessment: the case of Algeria' s capital city [J]. Habitat international, 2016 (9): 51-58.

[179] MATGORZATA S. The implementation of the concept of environmental carrying capacity into spatial management of cities [J]. Management of environmental quality, 2018 (6): 1059-1074.

[180] DORINI F A, CECCONELLO M S, DORINI L B. On the logistic equation subject to uncertainties in the environmental carrying capacity and initial population density [J]. Communications in nonlinear science and numerical simulation, 2016 (33): 160-173.

[181] SAMGAM S, VISHNU P P, BINAYAI R S. Water environment in central and east Asia: an introduction [J]. Groundwater environment in Asian cities, 2016, 12: 339-343.

[182] Vishnuprsad M R, Sab J, C. UnnikrishnanW, et al. Factors affecting the environmental carrying capacity of a freshwater tropical lake system [J]. Environmental Monitoring and Assessment, 2016, 188 (11): 1-23.

[183] IRANKHAHI M, JOZI S A, FARSHCHI P, et al. Combination of GISFM and TOPSIS to evaluation of urban environment carrying capacity (casestudy: shemiran city, iran) [J]. International journal of environmental science and technology, 2017, 14 (6): 1317-1332.

[184] SWIADER M. The implementation of the concept of environmental carrying capacity into spatial management of cities [J]. Management of environmental quality, 2018 (6): 1059-1074.

[185] SHAROMI O, TORRE D L, MALIK T. A multiple criteria economic growth model with environmental quality and logistic population behaviour with variable carrying capacity [J]. Information systems and operational research, 2019 (3): 379-393.

[186] MALGORZATA S, DAVID L, et al. The application of ecological footprint and biocapacity for environmental carrying capacity assessment: a new approach for European cities [J]. Environmental science and policy, 2019, 105: 56-74.